Candidate Experience Management als Teil einer holistischen Unternehmensstrategie – Erhebung, Bedeutung und Gestaltung der Candidate Experience in Bewerbungsprozessen

Von der Philosophischen Fakultät
der Rheinisch-Westfälischen Technischen Hochschule Aachen
zur Erlangung des akademischen Grades einer
Doktorin der Philosophie
genehmigte Dissertation

vorgelegt von

Nadine Wahl

Berichter/in:

apl. Prof. Dr. phil. Viktoria Arling
Univ.-Prof. Dr. Wilhelmus Spijkers

Tag der mündlichen Prüfung: 13. Juli 2022

Diese Dissertation ist auf den Internetseiten der Universitätsbibliothek online verfügbar.

Bibliografische Information der Deutschen Nationalbibliothek
Die Deutsche Nationalbibliothek verzeichnet diese Publikation in der Deutschen Nationalbibliografie; detaillierte bibliografische Daten sind im Internet über https://portal.dnb.de abrufbar.

Nadine Wahl:

Candidate Experience Management als Teil einer holistischen Unternehmensstrategie – Erhebung, Bedeutung und Gestaltung der Candidate Experience in Bewerbungsprozessen

1. Auflage, 2022

Gedruckt auf holz- und säurefreiem Papier, 100% chlorfrei gebleicht.

Apprimus Verlag, Aachen, 2022
Wissenschaftsverlag des Instituts für Industriekommunikation und Fachmedien an der RWTH Aachen
Steinbachstr. 25, 52074 Aachen
Internet: www.apprimus-verlag.de, E-Mail: info@apprimus-verlag.de

Druck: CPI Druckdienstleistungen GmbH, Ferdinand-Jühlke-Straße 7 I 99095 Erfurt

ISBN 978-3-98555-114-9

D 82 (Diss. RWTH Aachen University, 2022)

Für

Marc

&

meine Eltern

Zusammenfassung

Die Analyse des Arbeitsmarkts in Deutschland und die Befragungen von Unternehmen zeigen einen Wandel vom Arbeitgeber- zu einem Arbeitnehmermarkt, wodurch immer mehr Unternehmen Schwierigkeiten haben, ausreichend qualifizierte MitarbeiterInnen zu akquirieren. Das Ziel der vorliegenden Arbeit ist die Beschäftigung mit der Fragestellung, wie Unternehmen MitarbeiterInnen durch ein systematisches Candidate Experience Management für sich gewinnen können. Durch die Idee des Candidate Experience Managements hat ein wesentlicher Wandel in der Betrachtungsweise von Recruitingprozessen seitens Unternehmen stattgefunden. Im Fokus steht hierbei die systematische Gestaltung eines positiven Gesamterlebnisses des/der KandidatIn mit dem Unternehmen an allen Kontaktpunkten (Kootz, 2014; Verhoeven, 2016d). Im Rahmen dieser Arbeit wurde zunächst das Konzept der Candidate Experience konkretisiert und es wurden fünf inhaltliche Aspekte der Candidate Experience definiert. Auf der Basis dieser Recherchen, Konkretisierungen sowie explorativer Interviews mit KandidatInnen wurde ein Erhebungsinstrument zur Erfassung der Candidate Experience entwickelt und anhand von zwei Vorstudien optimiert. Resultat war ein Erhebungsinstrument zur Erfassung der Candidate Experience mit 46 Items und den Aspekten Augenhöhe und Wohlwollen, Transparenz und Nachvollziehbarkeit, Zeitplanung und zügiger Prozessverlauf, Äußeres Erscheinungsbild sowie Kompetenz der Ansprechpartner. Es folgte die Durchführung der empirischen Studie in zwei Stichproben und zu zwei Befragungszeitpunkten in laufenden Bewerbungsprozessen. Neben der Candidate Experience wurden weitere Input-Variablen erfasst. Als Outcome-Variablen wurden die Haltung, die Intention und die Entscheidung der KandidatInnen erhoben. Durchgeführte Item- und Skalenanalysen sowie die Beurteilung der Gütekriterien führten zu der Schlussfolgerung, dass das entwickelte Erhebungsinstrument gut geeignet ist, um das subjektive Empfinden von KandidatInnen in Bewerbungsprozessen respektive die Candidate Experience zu erheben. Die Korrelationsanalysen zeigen, dass Zusammenhänge zwischen den Aspekten der Candidate Experience sowie den übrigen Input-Variablen und der Haltung, der Intention und der Entscheidung von KandidatInnen bestehen. Die Aspekte der Candidate Experience korrelieren insbesondere mit der Haltung und der Intention, den Arbeitgeber zu empfehlen. Aufbauend darauf werden Handlungsempfehlungen zur Einführung eines systematischen Candidate Experience Managements gegeben.

Summary

The analysis of the labour market in Germany and the interview of companies show a change from an employer's market to an employee's market, whereby more and more companies have difficulties to acquire sufficiently qualified employees. The objective of this thesis is to deal with the question of how companies can win employees through systematic Candidate Experience Management. The idea of Candidate Experience Management has brought about a significant change in the way companies view recruiting processes. The focus here is on the systematic design of a positive overall experience of the candidate with the company at all points of contact (Kootz, 2014; Verhoeven, 2016d). Within the scope of this work, the idea of the Candidate Experience was first concretized and five content-related aspects of the Candidate Experience were defined. On the basis of this research, the concretisation of the construct and the explorative interviews with candidates, a survey instrument for recording the Candidate Experience was developed and optimised using two preliminary studies. The result was a survey instrument for recording the Candidate Experience with 46 items and five aspects: Eye Level and Goodwill, Transparency and Comprehensibility, Time Planning and Rapid Process Flow, Appearance and Competence of the Contact Persons. The empirical study was conducted in two samples and at two interview times in ongoing, real application processes. In addition to the Candidate Experience, further input variables were recorded. As outcome variables the attitude, the intention and the decision of the candidates were surveyed. Item and scale analyses as well as the evaluation of the quality criteria led to the conclusion that the developed survey instrument is well suited to assess the subjective perception of candidates in application processes respectively the Candidate Experience. The correlation analyses show that there are correlations between the aspects of the Candidate Experience and the other input variables and the attitude, the intention and the decision of the candidates. The Candidate Experience aspects correlate in particular with the attitude and the intention to recommend the employer. Based on this, recommendations for the introduction of a systematic Candidate Experience Management are given.

Inhaltsverzeichnis

Content

Inhaltsverzeichnis ..... **I**

Abbildungsverzeichnis ..... **III**

Tabellenverzeichnis ..... **V**

Abkürzungsverzeichnis ..... **VII**

1 Einleitung **1**

1.1 Ziel der Arbeit und Forschungsfragen 4

1.2 Aufbau der Arbeit 7

2 Theoretischer Hintergrund **9**

2.1 Arbeitsmarkt und Fachkräftemangel in Deutschland 9

2.2 Customer Experience Management 13

2.3 Candidate Experience Management 18

2.3.1 Historie 20

2.3.2 Phasen der Candidate Journey und Kontaktpunkte 22

2.3.3 Aspekte der Candidate Experience 26

2.4 Psychologische Theorien 28

2.4.1 Theory of Planned Behaviour 28

2.4.2 Signaling Theory 29

2.4.3 Social Identity Theory 30

2.4.4 Expectancy Theory 30

2.4.5 Persönlichkeit und berufliche Selbstwirksamkeit 31

2.5 Organisationale Einbettung 33

2.6 Aufstellen des Modells und Hypothesen 39

3 Entwicklung eines Instruments zur Messung der Candidate Experience **59**

3.1 Definition des Erkenntnisinteresses 59

3.2 Bearbeitung der Literatur 59

3.3 Explorative Interviews 60

3.4 Formulierung des theoretischen Bezugsrahmens 67

3.5 Entwicklung von Items 71

3.6 Vorstudie I zur Prüfung der Validität 72

3.6.1 Fragestellung 72

3.6.2 Methode 72

3.6.3 Ergebnisse 74
3.6.4 Implikationen 74
3.7 Vorstudie II zur Prüfung der Validität 77
3.7.1 Fragestellung 77
3.7.2 Methode 77
3.7.3 Ergebnisse 79
3.7.4 Implikationen 79
4 Empirische Studie 81
4.1 Methode 81
4.1.1 Versuchsmaterial 81
4.1.2 Versuchsdurchführung 86
4.2 Ergebnisdarstellung 88
4.2.1 Beschreibung der Stichproben 89
4.2.2 Persönlichkeit und berufliche Selbstwirksamkeit 93
4.2.3 Rahmendaten zum Bewerbungsprozess 96
4.2.4 Psychometrische Gütekriterien zur Erfassung der Candidate Experience (Hypothese 1.a bis 1.e) 100
4.2.4.1 Deskriptive Statistiken der Candidate-Experience-Items 100
4.2.4.2 Berechnungen zur Reliabilität 101
4.2.5 Zusammenhang zwischen den Input- und Outcome-Variablen (Hypothesen 2.a bis 2.k) 102
4.2.5.1 Beschreibung der Input-Variablen 102
4.2.5.2 Beschreibung der Outcome-Variablen 109
4.2.5.3 Korrelative Zusammenhänge zwischen Input- und Outcome-Variablen 114
4.2.6 Einfluss der Entscheidung des Unternehmens (Hypothese 3) 125
5 Diskussion und Implikationen 127
5.1 Beurteilung des Instruments zur Erfassung der Candidate Experience 130
5.2 Zusammenhang zwischen Input- und Outcome-Variablen 136
5.3 Einfluss der Entscheidung des Unternehmens 146
5.4 Beantwortung der Forschungsfragen 148
5.5 Implikationen und Handlungsempfehlungen 151
5.6 Fazit und Ausblick 156
6 Literaturverzeichnis 159
7 Anhang 169

Abbildungsverzeichnis

List of Figures

Abbildung 1.1: Überblick über den Aufbau der Arbeit ... 7

Abbildung 2.1: Entwicklung der Erwerbstätigen und Erwerbslosen in Deutschland (Destatis, 2017) ... 10

Abbildung 2.2: Gegenüberstellung von Kundenzufriedenheitsansätzen und Customer Experience Ansätzen in Anlehnung an die Ausführungen von Schmitt & Mangold (2004) ... 17

Abbildung 2.3: Ergebnisse eigener Recherchen bei Google Scholar ... 22

Abbildung 2.4: Phasen der Candidate Journey ... 25

Abbildung 2.5: Darstellung der Theory of Planned Behavior in Anlehnung an Ajzen und Gilbert Cote (2008) ... 29

Abbildung 2.6: Darstellung der Einflussfaktoren auf die Attraktivität einer Organisation in Anlehnung an Wanous et al. (1983) ... 31

Abbildung 2.7: Gegenüberstellung der Funktionen des Personalmanagements und der Phasen der Candidate Journey ... 35

Abbildung 2.8: Übersicht über die wesentlichen Variablen und erwarteten Zusammenhänge ... 43

Abbildung 2.9: Variablen, die dem Erleben des Kandidaten zugeordnet werden ... 46

Abbildung 2.10: Darstellung der erwarteten Zusammenhänge gemäß Hypothese 3 ... 57

Abbildung 3.1: Phasen im Recruitingprozess nach Verhoeven (2016b) und Athanas und Wald (2014) ... 69

Abbildung 4.1: Überblick Kapitel Ergebnisdarstellung ... 88

Abbildung 4.2: Persönlichkeit der Befragten ... 94

Abbildung 4.3: Relative Häufigkeiten Haltung / Stichprobe I (Promovierende; erster und zweiter Befragungszeitpunkt) ... 109

Abbildung 4.4: Relative Häufigkeiten Haltung / Stichprobe II (Assessment-Center-Kandidaten; erster und zweiter Befragungszeitpunkt) ... 110

Abbildung 4.5: Relative Häufigkeiten Empfehlung des Arbeitgebers Stichprobe I (Promovierende; erster und zweiter Befragungszeitpunkt) ... 111

Abbildung 4.6: Relative Häufigkeiten Empfehlung des Arbeitgebers Stichprobe II (Assessment-Center-Kandidaten; erster und zweiter Befragungszeitpunkt) ... 111

Abbildung 4.7: Relative Häufigkeiten Wahrscheinlichkeit Annahme Angebot Stichprobe I (Promovierende; erster und zweiter Befragungszeitpunkt) ... 112

Abbildung 4.8: Relative Häufigkeiten Wahrscheinlichkeit Annahme Angebot Stichprobe II (Assessment-Center-Kandidaten; erster und zweiter Befragungszeitpunkt) ... 113

Abbildung 4.9: Relative Häufigkeiten Entscheidung Unternehmen / Zweiter Befragungszeitpunkt (Stichprobe I und II) ... 125

Abbildung 5.1: Grafische Darstellung der Zusammenhänge gemäß der Hypothesen 1.a bis 1.e ... 131

Abbildung 5.2: Grafische Darstellung der Zusammenhänge gemäß der Hypothesen 2.a bis 2.k ... 136

Abbildung 5.3: Darstellung der Zusammenhänge zwischen den Input-Variablen und der Haltung für Stichprobe I (Promovierende) und Stichprobe II (Assessment-Center-Kandidaten), jeweils für den ersten und den zweiten Befragungszeitpunkt ... 139

Abbildung 5.4: Darstellung der Zusammenhänge zwischen den Input-Variablen und der Intention, den Arbeitgeber zu empfehlen, für Stichprobe I (Promovierende) und Stichprobe II (Assess-ment-Center-Kandidaten), jeweils für den ersten und den zweiten Befragungszeitpunkt ... 140

Abbildung 5.5: Darstellung der Zusammenhänge zwischen den Input-Variablen und der Intention, ein Angebot anzunehmen, für Stichprobe I (Promovierende) und Stichprobe II (Assessment-Center-Kandidaten), jeweils für den ersten und den zweiten Befragungszeitpunkt ... 142

Abbildung 5.6: Übersicht über die wesentlichen Zusammenhänge zwischen Input- und Outcome-Variablen ... 149

Tabellenverzeichnis

List of Tables

Tabelle 2.1: Gegenüberstellung von Customer und Candidate Experience Management 20
Tabelle 2.2: Historische Entwicklung der Personalarbeit (Scholz, 2014) 37
Tabelle 2.3: Einflussfaktoren auf das Personalmanagement in Anlehnung an Scholz (2014) 38
Tabelle 2.4: Aspekte der Candidate Experience 41
Tabelle 3.1: Aspekte der Candidate Experience inklusive Operationalisierung 67
Tabelle 3.2: Vorgenommene Änderungen nach Vorstudie I 75
Tabelle 4.1: Background und Status der Befragten (Stichprobe I) 91
Tabelle 4.2: Background und Status der Befragten (Stichprobe II) 92
Tabelle 4.3: Deskriptive Statistiken für Faktoren der Persönlichkeit der Stichprobe I und II erfasst mit dem BFI-10 von Rammstedt et al. (2014) 93
Tabelle 4.4: Deskriptive Statistiken für berufliche Selbstwirksamkeit der Stichprobe I erfasst mit dem Occupational Self-Efficacy Scale (Schyns & Collani, 2002; deutsche Übersetzung von Rigotti et al., 2008) 95
Tabelle 4.5: Spearman-Brown-Koeffizient für die Candidate Experience Skalen (Stichprobe I und II / Erster und zweiter Befragungszeitpunkt) 102
Tabelle 4.6: Deskriptive Statistiken der modifizierten Candidate Experience Werte (Erster Befragungszeitpunkt) 103
Tabelle 4.7: Deskriptive Statistiken der modifizierten Candidate Experience Werte (Zweiter Befragungszeitpunkt) 104
Tabelle 4.8: Deskriptive Statistiken der sonstigen Input-Variablen (Erster Befragungszeitpunkt) 105
Tabelle 4.9: Deskriptive Statistiken der sonstigen Input-Variablen (Zweiter Befragungszeitpunkt) 106
Tabelle 4.10: Korrelationen Input- mit Outcome-Variablen (Stichprobe I – Promovierende / Erster Befragungszeitpunkt) 115
Tabelle 4.11: Korrelationen Input- mit Outcome-Variablen (Stichprobe I – Promovierende / Zweiter Befragungszeitpunkt) 117
Tabelle 4.12: Korrelationen Input- mit Outcome-Variablen (Stichprobe II – Assessment-Center-Kandidaten / Erster Befragungszeitpunkt) 119
Tabelle 4.13: Korrelationen Input- mit Outcome-Variablen (Stichprobe II – Assessment-Center-Kandidaten / Zweiter Befragungszeitpunkt) 121
Tabelle 4.14: Koeffizienten des Mann-Whitney-U-Tests in Bezug auf die Entscheidung des Kandidaten 122

Abkürzungsverzeichnis

List of Abbreviations

BFI-10	Big Five Inventory 10
BMWi	Bundesministerium für Wirtschaft und Energie
bspw.	beispielsweise
CandE Awards	Candidate Experience Awards
CEM	Customer Experience Management
FIR	Forschungsinstitut für Rationalisierung an der RWTH Aachen
HR	Human Resources
HRM	Human Resource Management
IPT	Fraunhofer-Institut für Produktionstechnologie
KMU	Kleine und mittlere Unternehmen
M	Arithmetischer Mittelwert
Mdn	Median
NPS	Net Promotor Score
o.g.	oben genannt
RWTH	Rheinisch-Westfälische Technische Hochschule Aachen / RWTH Aachen University
SD	Standardabweichung (Standard Deviation)
SPSS	IBM® SPSS® Statistics Version 26
u.v.m.	und viele mehr
Var	Varianz
vbw	Vereinigung der Bayerischen Wirtschaft e. V.
WZL	Werkzeugmaschinenlabor der RWTH Aachen
z.B.	zum Beispiel

„Seit vielen Jahren wird über ihn geschrieben, immer wieder beschäftigen sich Politikerrunden damit und Wirtschaftsverbände schlagen seinetwegen in regelmäßigen Abständen Alarm: der Fachkräftemangel - und in seinem Kielwasser der "war for talents". Vor lauter Warnungen und Prognosen geht bisweilen unter, dass er längst begonnen hat, der Kampf um die Talente."

Karriere Spiegel (Werle, 2012)

„Fachkräfte sichern Innovation und Wettbewerbsfähigkeit, Wachstum und Beschäftigung, Wohlstand und Lebensqualität. Angesichts der demografischen Entwicklung ist die Sicherung des Fachkräftebedarfs eine der großen Herausforderungen der kommenden Jahrzehnte für alle Akteure aus Politik, Wirtschaft und Wissenschaft."

BMWi Bundesministerium für Wirtschaft und Energie (2020)

„Zugegeben, es klingt martialisch, wenn vom „Krieg um Talente" die Rede ist. Doch der Fachkräftemangel in Deutschland spitzt sich zu – und die Prognosen für die Zukunft sind prekär. […] Anscheinend hat der „War for Talents" seinen Höhepunkt also noch nicht einmal erreicht."

Cancom.Info Das Business IT Journal (Cancom, 2018)

„Eine der größten Herausforderungen für Unternehmen und Personal-Verantwortliche ist heute der „War for Talents"."

it-daily.net (2020)

„Viele Mittelständler beklagen finanzielle Einbußen, weil Personal fehlt. Besserung ist nicht in Sicht: Der Fachkräftemangel wird sich voraussichtlich verschärfen."

Handelsblatt (Specht, 2018)

1 Einleitung

Introduction

Das Thema Fachkräftemangel und der daraus resultierende „War for Talents“ ist in aller Munde. Sowohl in Zeitungs- und Onlineartikeln (BMWi Bundesministerium für Wirtschaft und Energie, 2020; Cancom, 2018; Hillmer, 2018; it-daily.net, 2020; Schwieder, 2018; Specht, 2018; Werle, 2012), als auch in den Nachrichten (Tagesschau, 2017, 2018), in Politikerrunden oder im Alltag sind Berichte und Diskussionen zum Thema Fachkräftemangel allgegenwärtig. Es ist die Rede von fehlenden Erwerbstätigen auf dem deutschen Arbeitsmarkt (Schwieder, 2018), von einem bereits begonnenen Kampf um talentierte Mitarbeiter[1] (Hillmer, 2018; Werle, 2012) und von einer prognostizierten Verschlechterung dieser Entwicklungen (Cancom, 2018; Specht, 2018). „Fachkräfte sichern Innovation und Wettbewerbsfähigkeit, Wachstum und Beschäftigung, Wohlstand und Lebensqualität.“ (BMWi Bundesministerium für Wirtschaft und Energie, 2020) Insbesondere vor dem Hintergrund der zunehmenden Digitalisierung kommen immer neue Herausforderungen auf die gesamte Wirtschaft und somit immer neue Anforderungen an qualifizierte Fachkräfte zu (Hays AG, 2016). Auch die zunehmende Globalisierung und schnellere Verfügbarkeit von Informationen und Gütern wirkt sich auf die Wettbewerbssituation von Arbeitgebern aus. Dies steigert die Relevanz einer zunehmend individuelleren Differenzierung im Wettbewerb, allgemein und in Bezug auf Arbeitgeber (Verhoeven, 2016d).

Trotz dieser Präsenz des Themas und der diskutierten Auswirkungen darf jedoch nicht zwangsläufig der Schluss gezogen werden, dass der Fachkräftemangel konsistent als gegebenes Phänomen angesehen und dargestellt wird. Von kritischen Argumentationen, ob der Fachkräftemangel ein „Mythos oder [eine] reale Gefahr“ sei (Handelsblatt, 2017; Stalinski, 2015), bis hin zu Gegenstimmen, die das ganze Thema als Phantom abhaken (z. B. Straubhaar, 2016), spiegelt sich in der öffentlichen Diskussion die ganze Bandbreite von Meinungen wider. Zudem wird immer wieder deutlich, dass es sich bei dem Begriff des Fachkräftemangels um ein multidimensionales und vielschichtiges Thema handelt. Dahinter verbirgt sich ein komplexes Zusammenspiel individueller Entscheidungen von Erwerbstätigen und Unternehmensvertretern, der Unternehmensplanung sowie der gesamtwirtschaftlichen Situation (vbw Vereinigung der Bayerischen Wirtschaft e. V., 2015).

Doch nicht von der Hand zu weisen sind in dieser Diskussion die wahrgenommenen Schwierigkeiten der Unternehmen bei der qualifizierten Besetzung von offenen Vakanzen. Bei einer umfangreichen Studie zum Thema Fachkräftemangel mit mehr als 41.000 befragten Personalverantwortlichen weltweit führen 46 % der deutschen Unternehmen an, Schwierigkeiten bei der Besetzung von offenen Stellen zu haben (ManpowerGroup, 2015). Auch im Rahmen einer Studie von Staufenbiel und Kienbaum geben 55 % der befragten Unternehmen an, den Fachkräftemangel bei der Gewinnung von Mitarbeitern eher stark (37 %) oder sehr stark (18 %) zu spüren (Troesser et al., 2016). Ähnliche Herausforderungen werden im Rahmen einer Studie zu den Recruiting Trends 2017 berichtet: die befragten Unternehmen aus den Top-1.000-Unternehmen

[1] In der vorliegenden Arbeit wird zur Vereinfachung der Lesbarkeit das generische Maskulinum verwendet.

in Deutschland erwarteten für das Jahr 2017 bei 35,6 % der offenen Stellen Schwierigkeiten bei der Besetzung. 5,6 % der Stellen erwarteten sie gar nicht besetzen zu können. Auch für den Mittelstand werden ähnliche Ausprägungen berichtet (Weitzel et al., 2017). Zudem erwarten 59 % der Unternehmen in der Studie von Staufenbiel und Kienbaum (Troesser et al., 2016), dass sich der Fachkräftemangel in den nächsten fünf Jahren noch verstärken wird. Daraus lässt sich schließen, dass eine Vielzahl von Unternehmen Schwierigkeiten bei der Besetzung von Stellen hat und einen Mangel an qualifiziertem Personal auf dem Arbeitsmarkt wahrnimmt.

Die Gewinnung von Personal ist ein klassisches Thema des Human Resources Management (HRM) und somit der Personalabteilungen von Unternehmen. In der Vergangenheit lag der Fokus bei der Personalgewinnung, sowohl in den praktizierenden Personalabteilungen als auch bei entsprechenden wissenschaftlichen Untersuchungen, überwiegend sehr einseitig auf der Sicht der Unternehmen: im Kontext von Bewerbungsprozessen beschäftigten sich die Personalabteilungen und wissenschaftlichen Studien häufig mit der Qualität von Personalauswahlprozessen. Der Fokus lag auf der Selektion möglichst geeigneter Bewerber für das jeweilige Unternehmen. Ziel war es, für die Unternehmen einen möglichst geeigneten Mitarbeiter auszuwählen, eine große Anzahl an Bewerbern, also einen Arbeitgebermarkt, vorausgesetzt. Das Erleben von Bewerbern hat dabei in der Vergangenheit relativ wenig Beachtung gefunden.

In den letzten Jahren hat sich dieser Fokus verschoben. Aufgrund der diversen beschriebenen Entwicklungen auf dem Arbeitsmarkt und Veränderungen der individuellen Ansprüche von Bewerbern (Details zu diesen Themen siehe Kapitel 2.1 und 2.3), rückt immer mehr das Erleben der Bewerber in den Fokus der Betrachtung. Insbesondere hoch qualifizierte Bewerber haben einen hohen Anspruch an das Ergebnis ihres Bewerbungsprozesses. Sie sind in der exponierten Lage, eine Auswahl aus verschiedenen potenziellen Arbeitgebern treffen zu können.

Laut BMWi Bundesministerium für Wirtschaft und Energie (2020) sind von Fachkräfteengpässen besonders betroffen akademische Berufsgruppen (in den Bereichen Medizin, Ingenieurwesen im Maschinen- und Fahrzeugbau, Elektrotechnik, IT und Softwareentwicklung/ Programmierung), handwerkliche Berufsgruppen (Elektroinstallation und -montage, Zerspanungstechnik, Kunststoffverarbeitung, Rohrleitungsbau, Schweißtechnik, Maschinenbau) und die Pflege (Gesundheits-, Kranken- und Altenpflege). Eine spezifische Engpassgruppe stellen dabei qualifizierte Ingenieure dar. Die vbw Vereinigung der Bayerischen Wirtschaft e. V. (2015) prognostiziert bereits für das Jahr 2020, dass 7,9 % der Nachfrage an Ingenieuren durch das Arbeitskräfteangebot nicht gedeckt werden kann, bis zum Jahr 2040 erwartet die vbw ein Arbeitskräftesaldo von 16,3 % bei den Ingenieurwissenschaften. Daraus resultiert ein Umdenken und das damit einhergehende Interesse der Unternehmen, sich im gesamten Personalgewinnungsprozess als attraktiver Arbeitgeber darzustellen, um einen positiven Eindruck bei dem Kandidaten zu hinterlassen. Das spiegelt sich nicht nur bei der Gestaltung des Bewerbungsprozesses, sondern auch bei der gesamten Arbeitsgestaltung wider – mit flexiblen Arbeitsbedingungen wie Gleitzeit und Home Office, mit Sportangeboten oder mit der Unterstützung bei der Vereinbarkeit von Familie und Beruf versuchen Unternehmen, ihre Attraktivität als Arbeitgeber zu stärken.

Nicht nur, aber auch in Bezug auf die Personalgewinnung bedürfen die bisherigen Prozesse im Personalwesen, ausgehend von einem Arbeitgebermarkt zur Identifizierung von geeigneten Mitarbeitern aus einem großen Bewerberpool, somit einer Überarbeitung. Viele Arbeitgeber sind sich dessen bewusst. Die Kenntnis von und Beschäftigung mit Themen wie Candidate Experience Management, Employer Branding und Active Sourcing haben Einzug in die Personalabteilungen gefunden und genießen eine hohe Relevanz (siehe z. B. Troesser et al., 2016), um dem Mangel an Fachkräften entsprechend zu begegnen.

In diesem Zuge sei das Konzept des Candidate Experience Managements, welches die Bedürfnisse und das Erleben des Kandidaten in den Fokus stellt, hervorgehoben. Durch die Berücksichtigung der Bedürfnisse des Kandidaten soll das Candidate Experience Management zu einem positiven Erleben des Kandidaten im gesamtem Bewerbungsprozess beitragen und zu einem besseren Recruitingprozess, insbesondere aus Sicht des Kandidaten, führen. Dieser ganzheitliche Ansatz reicht von einem ersten Erwecken der Aufmerksamkeit des Kandidaten über den gesamten Bewerbungsprozess bis hin zum Erleben beim Onboarding / bei der Einarbeitung, um den Mitarbeiter langfristig an das Unternehmen zu binden. Dies geht mit einem Wandel der Betrachtungsweise vom klassischen „Bewerber", den ein Unternehmen aus einem quasi unendlichen Bewerberpool auswählen kann, hin zu einem anspruchsvollen „Kandidaten" oder „potenziellen Mitarbeiter" im Bewerbungsprozess einher. Ziel ist es zum einen, qualifizierte Kandidaten für das eigene Unternehmen zu rekrutieren und die Entscheidung des Kandidaten zugunsten des Unternehmens zu beeinflussen. Zum anderen, mittel- bis langfristig orientiert, ein übergreifend positives Arbeitgeberimage zu gestalten und somit einen Wettbewerbsvorteil zu erlangen (Athanas & Wald, 2014; Verhoeven, 2016d, 2016e).

Das Erleben von Kandidaten in Bewerbungsprozessen erlangt in den letzten Jahren immer mehr Aufmerksamkeit bei Unternehmen (siehe z.B. Troesser et al., 2016), Unternehmensberatungen und wissenschaftlichen Institutionen sowie Bloggern im Themenbereich HR (bspw. www.personalblogger.net, www.nocheinpersonalmarketing-blog.blogspot.de u.v.m.).

Doch was steckt eigentlich genau hinter der Begrifflichkeit der Candidate Experience und des Candidate Experience Managements? Welche Aspekte beeinflussen das Erleben des Kandidaten? Und welche Potenziale bietet das Candidate Experience Management, um den Schwierigkeiten von Unternehmen bei der Besetzung von Stellen zu begegnen? Diese Fragen haben in den letzten Jahren an Relevanz gewonnen, aber wurden bei weitem noch nicht im Detail, insbesondere nicht wissenschaftlich fundiert, untersucht ist.

1.1 Ziel der Arbeit und Forschungsfragen

Purpose of the Thesis and Research Questions

Ziel der vorliegenden Arbeit ist es, das Erleben von Kandidaten in Bewerbungsprozessen aus psychologischer Sicht zu beleuchten und Aspekte der Candidate Experience sowie praxisrelevante Potenziale aufzudecken, um Unternehmen Möglichkeiten zu bieten, Mitarbeiter durch eine positive Candidate Experience für sich zu gewinnen. Die übergeordnete Fragestellung lautet:

Wie können Unternehmen durch ein systematisches Candidate Experience Management Mitarbeiter für sich gewinnen?

Um sich der Beantwortung dieser Fragestellung anzunähern, ist es notwendig, sich detaillierter mit dem Konstrukt der Candidate Experience auseinanderzusetzen und die Aspekte zu definieren, die das Erleben von Kandidaten im Bewerbungsprozess beeinflussen. Die daraus resultierende erste Forschungsfrage lautet:

I. Welche Aspekte beeinflussen das Erleben von Kandidaten im Bewerbungsprozess?

Zur weiteren wissenschaftlichen und praktischen Auseinandersetzung mit den Aspekten der Candidate Experience ist es notwendig, diese messen zu können; die zweite Forschungsfrage lautet daher:

II. Wie kann man die Aspekte des Erlebens von Kandidaten im Bewerbungsprozess erfassen?

Neben den Aspekten der Candidate Experience ist von Interesse, welche Auswirkungen das Erleben von Kandidaten in Bewerbungsprozessen auf die Meinung des Kandidaten gegenüber dem Unternehmen hat, daher wird die untenstehende dritte Forschungsfrage abgeleitet:

III. Inwieweit beeinflussen die Aspekte des Erlebens von Kandidaten im Bewerbungsprozess
   a) die Haltung des Kandidaten?
   b) die Intention des Kandidaten?
   c) die Entscheidung des Kandidaten?

Nicht zuletzt ist von großem Interesse, inwieweit die Entscheidung des Unternehmens für oder wider einen Kandidaten sich auf den Erlebens- und Entscheidungsprozess des Kandidaten auswirkt, um die zugrunde liegenden psychologische Prozesse zu verstehen. Daraus resultiert die vierte Forschungsfrage:

IV. Inwieweit beeinflusst die Entscheidung des Unternehmens den Erlebens- und Entscheidungsprozess des Kandidaten?

Ziel dieser Arbeit ist daher die Beantwortung der oben definierten Forschungsfragen I bis IV. Im Zuge dessen wird ein ganzheitlicher Ansatz zur Beschreibung des Erlebens- und Entscheidungsprozesses des Kandidaten entwickelt, den Kern stellt die Candidate

Experience dar. Das Konstrukt der Candidate Experience, inklusive der entsprechenden beeinflussenden und beeinflussten Aspekte, wird beleuchtet und ein Instrument zur ganzheitlichen Erfassung der Candidate Experience entwickelt. Da es bisher nur wenige wissenschaftliche Studien zum Thema Candidate Experience gibt, weist die vorliegende Arbeit einen explorativen Charakter auf, um sich der Konkretisierung des Konstruktes anzunähern.

Bisher setzen sich in erster Linie Unternehmen, Unternehmensberatungen und Blogger mit dem Thema Candidate Experience Management auseinander. Diese Auseinandersetzung erfolgt schwerpunktmäßig erfahrungsbasiert und es werden bspw. praktische Hinweise zur Gestaltung einer positiven Candidate Experience gegeben (Athanas & Wald, 2014; Verhoeven, 2016b; Wald & Athanas, 2017).

In der wissenschaftlichen Literatur ist das reine Konstrukt der Candidate Experience unter Verwendung der entsprechenden Begrifflichkeit bisher selten betrachtet worden. Stattdessen haben sich vergangene Studien mit einzelnen relevanten Aspekten der Zufriedenheit von Kandidaten bzw. Einflussfaktoren der Entscheidung von Kandidaten befasst. Einzelne Aspekte der Idee der Candidate Experience spielten daher in wissenschaftlichen Studien bereits in der Vergangenheit eine Rolle – und das auch schon seit einigen Jahren (Cable & Judge, 1996; Chapman et al., 2005; Judge & Bretz Jr., 1991; Judge & Cable, 1997; Turban et al., 1995). Daher ist es nicht so, dass die grundsätzliche Idee der Candidate Experience bisher gar keine Berücksichtigung gefunden hat, dennoch gibt es bisher wenige Ansätze, die den holistischen Charakter des Konstruktes berücksichtigen. Erste wissenschaftliche Studien haben sich dem Konstrukt der Candidate Experience in jüngerer Vergangenheit gewidmet, hauptsächlich jedoch aus betriebswirtschaftlicher bzw. marketingorientierter Sichtweise (siehe z. B. Kootz, 2014; Kremer, 2016; Schmidt, 2014). In erster Linie handelt es sich hierbei um eine sehr kleine Anzahl wissenschaftlicher Arbeiten formuliert von Studierenden als Forschungsarbeiten oder Abschlussarbeiten (Kremer, 2016; Schmidt, 2014). Darüber hinaus gibt es nur sehr wenige Studien, die sich mit konkreten Punkten der Candidate Experience befassen (siehe z.B. McCarthy et al., 2018).

Die zunehmende Beschäftigung mit dem Thema Candidate Experience Management geht stark aus den USA hervor, bspw. auch forciert durch die Durchführung der sogenannten CandE Awards (http://www.thetalentboard.org/cande-awards/), einer Auszeichnung für Unternehmen mit einer besonders guten Candidate Experience. Die Auswahl erfolgt anhand eines dreistufigen Prozesses. Dieser beinhaltet die Befragung der Unternehmen zu ihrem Bewerbungsprozess, die Befragung von Kandidaten zu den Bewerbungsprozessen sowie eine Beurteilung von durchgeführten Video-Interviews durch Mitarbeiter der CandE Awards (Talent Board, 2016). Die Durchführung in den USA führt dazu, dass die üblichen Vorgehensweisen in einem Recruitingprozess in deutschen Unternehmen somit in diesen Betrachtungsweisen keine Berücksichtigung findet. Vorausgesetzt wird in der zweiten Runde eine statistisch aussagekräftige Stichprobe, sodass dadurch eine automatische Limitation der teilnehmenden Unternehmen erfolgt.

Die bisherigen Befragungen zu dem Thema weisen zudem in der Regel rein deskriptive Statistiken zu bspw. wichtigen Aspekten oder relevanten Suchkanälen aus Sicht der Kandidaten auf (Athanas & Wald, 2014; Weitzel et al., 2017). Häufig werden aber auch Unternehmen befragt, wie sie ihren Recruitingprozess gestalten und inwiefern das eine positive Candidate Experience widerspiegelt. Teilweise gibt es auch Kombinationen aus beiden Befragungsquellen bzw. einen theoretischen Abgleich der Wünsche der Kandidaten mit den Herangehensweisen von Unternehmen (Verhoeven, 2016d). Die Diskrepanz bei diesem Abgleich macht den Handlungsbedarf offensichtlich. Aus Sicht der Autorin dieser Arbeit ist für das Verständnis der Aspekte und Mechanismen, die hinter der Candidate Experience liegen, ein wesentliche Ansatz wichtig: in erster Linie ist relevant, wie ein Kandidat einen konkreten Prozess erlebt, unabhängig davon, wie das Unternehmen die Gestaltung des Recruitingprozesses beurteilt.

Darüber hinaus ist es unerlässlich, den Kandidaten in einem realen Bewerbungsprozess zu befragen. Bisherige Befragungen beziehen sich zu großen Teilen auf rein hypothetische Situationen, Präferenzen und erwartete Relevanz von Erlebtem. Die wenigen Befragungen von Kandidaten in realen Bewerbungsprozessen weisen Befragungszeitpunkte zu sehr unterschiedlichen Phasen im Prozess auf, sodass hier häufig eine Vergleichbarkeit schwierig ist. Das hat zur Folge, dass der Erlebens- und Entscheidungsprozess nicht systematisiert abgebildet werden kann. In der vorliegenden Arbeit wird davon ausgegangen, dass der Zeitpunkt der Erfassung wesentlich zum Verständnis von genauen Mechanismen des Konstruktes ist. Sofern Kandidaten in realen Bewerbungsprozessen befragt wurden, besteht zudem eine Schwierigkeit darin, dass die Befragung in der Regel vom Unternehmen, bei dem der Kandidat sich beworben hat, initiiert wurde. Eine Beeinflussung der Ergebnisse dadurch ist nicht auszuschließen, da von dem Kandidaten wiederum ein Einfluss auf das Resultat seines Prozesses erwartet werden kann.

Bisherige Befragungen wurden außerdem nicht mit ausgewählten Zielgruppen, wie beispielsweise Ingenieuren, durchgeführt, sondern allgemein mit Bewerbern, Bewerbungsinteressierten oder generell potenziellen Bewerbern. Bei nur wenigen Studien fließt die Zielgruppenspezifität mit ein (Kremer, 2016). Neben den Herangehensweisen von Unternehmen und Unternehmensberatungen ist außerdem die Durchführung der sogenannten CandE Awards (http://www.thetalentboard.org/cande-awards/) zu nennen. Dabei werden teilnehmende Unternehmen und ihre Kandidaten zu den Recruitingprozessen bei den Unternehmen befragt. Kritisch anzumerken ist in diesem Kontext, dass die Unternehmen wissen, dass sie bzgl. der Candidate Experience geprüft werden. Außerdem werden bei der Ergebnisdarstellung lediglich diejenigen Unternehmen dargestellt, die sehr gute Ergebnisse erzielt haben.

Nicht zuletzt nehmen in einem Bewerbungsprozess neben der Candidate Experience weitere Faktoren Einfluss auf den Erlebens- und Entscheidungsprozess des Kandidaten, wie beispielsweise die Attraktivität der Tätigkeit und der Organisation oder der wahrgenommen Fit des Kandidaten zu der Tätigkeit und der Organisation (Chapman et al., 2005). Eine Berücksichtigung aller Aspekte lässt sich derzeit nur in einzelnen Meta-Analysen finden.

In der vorliegenden Arbeit wird sich dem Thema der Candidate Experience aus psychologischer Sicht unter Berücksichtigung von wissenschaftlichen Kriterien und Herangehensweisen gewidmet. Die im Rahmen dieser Arbeit geplante Studie wird in Deutschland durchgeführt. So werden bei deutschen Unternehmen durchgeführte Bewerbungsprozesse und das Erleben der entsprechenden Kandidaten bei der Studie berücksichtigt, um dem Fachkräftemangel der Unternehmen begegnen zu können.

Zudem wird mit der vorliegenden Arbeit verfolgt, das Erleben der Kandidaten in realen Prozessen zu erfassen, damit die Erlebnisse aktuell sind und eine realistische Entscheidungssituation begleitet werden kann. Die reinen Eindrücke des Kandidaten, ohne Berücksichtigung dessen, was das Unternehmen beabsichtigt oder umsetzt, soll im Fokus stehen. Wichtig hierbei ist, dass das Erleben in realen Bewerbungsprozessen erfasst wird.

Um die genauen Mechanismen des Erlebens und die Auswirkungen dessen untersuchen zu können, werden außerdem die Erfassungszeitpunkte systematisch festgelegt. Außerdem soll zumindest in einer Stichprobe vermieden werden, dass die Befragung von dem Unternehmen angestoßen wird, bei dem der Kandidat sich im Bewerbungsprozess befindet, um dadurch eventuelle Einflüsse zu vermeiden.

In der vorliegenden Arbeit soll es um die Zielgruppe qualifizierter Ingenieure gehen, die laut aktuellen Statistiken eine besonders relevante Zielgruppe im Kontext des Fachkräftemangels darstellt. Im Rahmen der vorliegenden Arbeit soll ein ganzheitlicher Ansatz zur Beschreibung der Candidate Experience entwickelt werden. Zudem finden auch weitere Aspekte, die den Erlebens- und Entscheidungsprozess des Kandidaten beeinflussen, Berücksichtigung. Aus diesen Erkenntnissen werden fundierte Handlungsempfehlungen für die Gestaltung bzw. Optimierung von Bewerbungsprozessen gegeben.

1.2 Aufbau der Arbeit

Structure of the Thesis

Ein Überblick über den Aufbau der Arbeit befindet sich in Abbildung 1.1. Das Ziel dieser Arbeit ist die Auseinandersetzung mit dem Erleben von Kandidaten in Bewerbungsprozessen aus psychologischer Sicht sowie die Ableitung praxisrelevanter Potenziale, um der Herausforderung von Unternehmen, geeignete Mitarbeiter zu finden, zu begegnen. Der Hintergrund und die Motivation dessen wurde im vorangegangenen Kapitel 1.1 einleitend erläutert. Das Ziel der Arbeit und entsprechende Forschungsfragen wurden definiert.

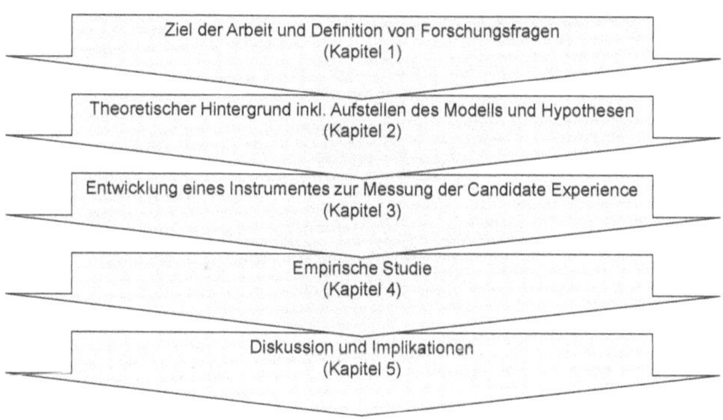

Abbildung 1.1: Überblick über den Aufbau der Arbeit

Das zweite Kapitel wird der Darstellung des theoretischen Hintergrunds gewidmet. Es erfolgt zunächst eine Schilderung der aktuellen Situation auf dem deutschen Arbeitsmarkt. Die Motivation für diese Arbeit wird dargelegt. Das Konzept des Customer Experience Managements als Themenfeld der Betriebswirtschaften wird dargestellt. Darauf aufbauend wird das Candidate Experience Management als neue Entwicklung erläutert. Im Kapitel 2.4 werden relevante psychologische Theorien eingeführt, die im weiteren Verlauf der Arbeit wieder aufgegriffen werden. Im Anschluss erfolgt eine Einbettung des Candidate Experience Managements in die Unternehmensorganisation. Aufbauend auf dem theoretischen Hintergrund werden die Hypothesen für die vorliegende Arbeit abgeleitet und dargestellt.

Für die empirische Untersuchung, die im Rahmen der vorliegenden Arbeit erfolgt, ist die Entwicklung eines Instruments zur Messung der Candidate Experience notwendig. Diese Entwicklung wird in Kapitel 3 dargestellt. In Anlehnung an die empfohlenen Schritte zur Entwicklung eines Fragebogens nach Porst (1998) wird das Vorgehen geschildert. Zunächst wird das Erkenntnisinteresse definiert, es folgen die Darstellung der Literaturrecherche, explorativer Interviews, die Formulierung des theoretischen Bezugsrahmens und die Entwicklung von Items. Im Anschluss werden zwei Vorstudien, die im Rahmen der Entwicklung des Instruments erfolgen werden, beschrieben.

Kapitel 4 stellt die empirische Studie, die im Rahmen dieser Arbeit durchgeführt wird, dar. Es wird zunächst die Methode der Studie (befragte Personen, Versuchsmaterial, Durchführung) erläutert. Im Anschluss werden die Ergebnisse der Studie wiedergegeben.

In Kapitel 5 werden die Ergebnisse der Arbeit in Bezug auf die Hypothesen diskutiert, im Anschluss werden die Forschungsfragen beantwortet. Die Arbeit schließt mit den daraus abgeleiteten Implikationen und praktischen Handlungsempfehlungen für die Implementierung eines systematischen Candidate Experience Managements und einer kritischen Reflektion der Vorgehensweise und der gewonnenen Erkenntnisse.

2 Theoretischer Hintergrund

Theoretical Background

Im Folgenden wird der theoretische Hintergrund der vorliegenden Arbeit dargelegt. Ergänzend zu der in Kapitel 1 hergeleiteten Motivation für die Beschäftigung mit dem Thema Candidate Experience Management wird in Kapitel 2.1 die Situation auf dem deutschen Arbeitsmarkt detailliert geschildert. Im Anschluss werden die Konzepte des Customer Experience Managements und des darauf aufbauenden Candidate Experience Managements beschrieben. Es folgt die Erläuterung von verschiedenen psychologischen Theorien, die im Kontext des Erlebens und Verhaltens von Menschen zur Erklärung beitragen. Dies soll zum erleichterten Verständnis der Hypothesenbildung beitragen. Es folgen die organisationale Einbettung des Themas Candidate Experience Management in Unternehmen und abschließend die Aufstellung eines Modells und die Hypothesenbildung für die vorliegende Arbeit.

2.1 Arbeitsmarkt und Fachkräftemangel in Deutschland

Labour Market and Skill Shortage in Germany

Die Situation auf dem Arbeitsmarkt ist bestimmt durch die Kombination von Arbeitsangebot und Arbeitsnachfrage. Das statistische Bundesamt erfasst als zentrale staatliche Einheit regelmäßig diverse Kennzahlen der deutschen Bevölkerung, die den Arbeitsmarkt abbilden. Wesentliche Kennzahlen sind dabei die erwerbstätigen und erwerbslosen Personen in Deutschland, die zusammen die Erwerbspersonen darstellen.

„Zu den Erwerbspersonen zählen die Erwerbslosen und Erwerbstätigen mit Wohnsitz in Deutschland (Inländerkonzept). Zu den Erwerbstätigen zählen alle Personen, die als Arbeitnehmerinnen und Arbeitnehmer (Arbeiterinnen und Arbeiter, Angestellte, Auszubildende, Beamtinnen und Beamte, geringfügig Beschäftigte, Soldatinnen und Soldaten) oder als Selbstständige bzw. mithelfende Familienangehörige eine auf wirtschaftlichen Erwerb gerichtete Tätigkeit ausüben. Zu den Erwerbslosen zählen Personen, die nicht erwerbstätig sind, für die Aufnahme einer Beschäftigung zur Verfügung stehen und aktiv danach suchen.“ (Statistisches Bundesamt [Destatis], 2017)

Die Zahl der Erwerbspersonen, die auf dem deutschen Arbeitsmarkt zur Verfügung stehen, ist von 41,023 Millionen im Jahr 1991 auf 45,284 Millionen 2016 stetig angestiegen (Statistisches Bundesamt [Destatis], 2017). Im Jahr 1991, mit dem die Datenerhebung von Deutschland als Gesamtgebiet beginnt, gab es 38,79 Millionen Erwerbstätige (Statistisches Bundesamt [Destatis], 2017). Die Anzahl der Erwerbstätigen hat sich kontinuierlich erhöht und liegt im Jahr 2017 bei 44,291 Millionen (Statistik der Bundesagentur für Arbeit, 2018a). 1991 standen den Erwerbstätigen 2,172 Millionen Erwerbslose gegenüber. Die Anzahl der Erwerbslosen hat sich seit 1991 zunächst erhöht und erreichte 2005 mit 4,506 Millionen ihren Höhepunkt, was eine Erwerbslosenquote von 11,1 % widerspiegelt (Statistisches Bundesamt [Destatis], 2017). Seit dem Jahr 2005 ist die Tendenz sinkend, so dass im Jahr 2016 die Erwerbslosenquote bei 4,1 % lag (1,775 Millionen Erwerbslose; Statistisches Bundesamt [Destatis], 2017). Im Jahr 2018 lagen die Zahlen bei 46,185 Millionen Erwerbspersonen, 44,717 Millionen Erwerbstätigen und 1,468 Millionen Erwerbslosen, was eine Erwerbslosenquote von

3,2 % darstellt (Statistisches Bundesamt [Destatis], 2019). Eine Übersicht über die Entwicklung der Erwerbstätigen und der Erwerbslosen im Fünfjahres-Rhythmus befindet sich in Abbildung 2.1 (eigene Abbildung; Daten entnommen aus Statistisches Bundesamt [Destatis], 2017).

Abbildung 2.1: Entwicklung der Erwerbstätigen und Erwerbslosen in Deutschland (Destatis, 2017)

Neben dem statistischen Bundesamt erfasst die Bundesagentur für Arbeit entsprechende Daten, beispielsweise die Anzahl der Arbeitslosen. Zur Einordnung der Daten wird die Definitionen der Bundesagentur für Arbeit aufgeführt:

„Arbeitslose [...] sind Personen, die vorübergehend nicht in einem Beschäftigungsverhältnis stehen oder nur eine weniger als 15 Stunden wöchentlich umfassende Beschäftigung ausüben (Beschäftigungslosigkeit), eine versicherungspflichtige, mindestens 15 Stunden wöchentlich umfassende Beschäftigung suchen (Eigenbemühungen), den Vermittlungsbemühungen der Agentur für Arbeit oder des Jobcenters zur Verfügung stehen, also arbeiten dürfen, arbeitsfähig und -bereit sind (Verfügbarkeit), in der Bundesrepublik Deutschland wohnen, nicht jünger als 15 Jahre sind und die Altersgrenze für den Renteneintritt noch nicht erreicht haben, sich persönlich bei einer Agentur für Arbeit oder einem Jobcenter arbeitslos gemeldet haben." (Statistik der Bundesagentur für Arbeit, 2018b)

Die Anzahl der Arbeitslosen lag 1992 bei 2,979 Millionen und hat sich bis zum Jahr 2005 auf 4,861 Millionen erhöht. Seit 2005 ist die Arbeitslosigkeit (bis auf Ausnahmen in den Jahren 2009 und 2013) kontinuierlich gesunken. Die Anzahl der Arbeitslosen hat sich mit 2,533 Millionen im Jahr 2017 seit 2005 nahezu halbiert (Statistik der Bundesagentur für Arbeit, 2018a). Im Jahr 2018 lagen die Zahlen bei 2,340 Millionen, das entspricht einer Arbeitslosenquote von 5,2% (Statistisches Bundesamt [Destatis], 2019). Im Jahr 2019 lag die Quote bei 5% (Statista, 2020).

Auch wenn sich die Erhebungsmethoden des Statistischen Bundesamtes als auch der Bundesagentur für Arbeit unterscheiden, ist ein übergreifender Trend in den dargestellten Daten eindeutig erkennbar: es gibt immer mehr Personen, die Arbeit haben, und immer weniger Personen, die auf der Suche nach einer Tätigkeit sind. Diese Entwicklungen sind in einer Gesamtbewertung des deutschen Arbeitsmarktes aus wirtschafts- und sozialpolitischer Sicht grundsätzlich positiv zu sehen, bringen aber auch Herausforderungen mit sich, insbesondere für Unternehmen, die bei der Erbringung ihrer Leistung auf qualifizierte Mitarbeiter angewiesen sind. Diese Herausforderung spiegelt sich bspw. in der Besetzung von Stellen wider.

Neben den Daten zur Arbeitslosigkeit erfasst die Bundesagentur für Arbeit bspw. die gemeldeten Arbeitsstellen, die Unternehmen besetzen möchten. Diese lagen 1991 bei 362.835 offenen Stellen. Seit 1991 hat sich diese Zahl im Vergleich zum Vorjahr immer erhöht, mit Ausnahme der Jahre 2008 und 2009 im Rahmen der Weltwirtschaftskrise sowie dem Jahr 2013. Im Jahr 2017 waren bei der Bundesagentur für Arbeit 730.551 zu besetzende Stellen gemeldet (alle Daten aus Statistik der Bundesagentur für Arbeit, 2018a) im Jahr 2018 796.427 und im Jahr 2019 774.345 (Bundesagentur für Arbeit, 2020). Die Tendenz ist also weiter steigend. Bußmann (2015) verweist zudem darauf, dass lediglich die Hälfte der offenen Vakanzen von Unternehmen bei der Bundesagentur für Arbeit gemeldet werden, sodass im Jahr 2017 von etwa 1,4 Millionen offenen Stellen ausgegangen werden kann. Stellt man die 2,533 Millionen Arbeitslosen nun den schätzungsweise etwa 1,4 Millionen offenen Stellen gegenüber, ist ein Fachkräftemangel nicht offensichtlich erkennbar. Bußmann verweist aber bei dieser Methode auf sogenannte „Teilarbeitsmärkte, die sich sowohl geographisch als auch qualifikatorisch unterscheiden“ (Bußmann, 2015). So ist es möglich, dass es trotz der positiven Differenz von Angebot und Nachfrage de facto zu Fachkräfteengpässen kommt.

Auch der Anteil der Stellen, die bei der Bundesagentur für Arbeit gemeldet waren und die länger als drei Monate offen waren, ist in den letzten Jahren deutlich gestiegen. Waren es 2003 noch 27,9 %, so sind es inzwischen 42,9 % der offenen Stellen (Stand 2017; (Statistik der Bundesagentur für Arbeit, 2018a). Die durchschnittliche Zeit zur Besetzung einer offenen Stelle ist von 90 Tagen in 2003 auf 127 Tage in 2017 gestiegen (Statistik der Bundesagentur für Arbeit, 2018a).

Neben den zentralen staatlichen Entitäten befassen sich zudem diverse Forschungseinrichtungen mit dem Arbeitsmarkt und entsprechenden Engpässen bzgl. qualifiziertem Personal. Auch in diesen Veröffentlichungen ist ein Tenor deutlich: die sinkende Arbeitslosen-Stellen-Relation zeigt, dass Arbeitskräfte in Deutschland knapper geworden sind (Sachverständigenrat zur Begutachtung der Gesamtwirtschaftlichen Entwicklung [Ed.], 2017). Bspw. sind 2 von 3 Stellen nur schwer, mit großer Zeitverzögerung oder gar nicht zu besetzen (Burstedde et al., 2017). Eine allumfassende Kennzahl zur Quantifizierung eines Fachkräftemangels gibt es jedoch nicht (Bundesagentur für Arbeit, Statistik / Arbeitsmarktberichterstattung, 2018), daher ist zunächst eine definitorische Annäherung notwendig. „In der Arbeitsmarktforschung wird von Fachkräftemangel dann gesprochen, wenn es im Verhältnis zur Arbeitsnachfrage (Stellenangebote) zu wenige passend qualifizierte Arbeitskräfte und zu wenige den Anforderungen entsprechend qualifizierbare Arbeitskräfte gibt.“ (Bundesagentur für Arbeit, Statistik / Arbeitsmarktberichterstattung, 2018, S. 5). In diversen übergreifenden Studien wird festgehalten, dass aktuell noch nicht von einem flächendeckenden Fachkräftemangel in Deutschland zu sprechen ist (bspw. Bundesagentur für Arbeit, Statistik / Arbeitsmarktberichterstattung, 2018; Burstedde et al., 2017). Es gibt jedoch bestimmte Berufsgruppen, sogenannte Engpassberufe, oder Unternehmen, in denen ein Mangel an qualifiziertem Personal verstärkt erkennbar ist.

In der Fachkräfteengpassanalyse der Bundesagentur für Arbeit (Bundesagentur für Arbeit, Statistik / Arbeitsmarktberichterstattung, 2018) werden beispielsweise 33 Berufsgruppen als Engpassberufe definiert, die hauptsächlich entweder einer technischen oder sozial / pflegerischen Ausrichtung zuzuordnen sind. Im Kontext dieser Arbeit haben insbesondere die Berufe mit der technischen Ausrichtung Relevanz, daher werden im folgenden diese Berufsgruppen näher betrachtet: In technisch geprägten Berufsgruppen werden unter anderem Fachkräfte und Experten in der Fahrzeug-, Luft-, Raumfahrt und Schiffbautechnik, Fachkräfte und Spezialisten in der Mechatronik und Automatisierungstechnik, Fachkräfte in der Energie und Elektrotechnik und Spezialisten und Experten in der Softwareentwicklung / Programmierung als Engpassberufe eingestuft (Bundesagentur für Arbeit, Statistik / Arbeitsmarktberichterstattung, 2018). Experten, das sind Personen mit Master-/Diplomabschluss oder Bachelorabschluss und Berufserfahrung, werden somit insbesondere in der Fahrzeug-, Luft-, Raumfahrt und Schiffbautechnik und in der Softwareentwicklung / Programmierung gesucht (Bundesagentur für Arbeit, Statistik / Arbeitsmarktberichterstattung, 2018). Auch Bußmann (2015) führt Engpässe in naturwissenschaftlichen und technischen Berufsgruppen an. Darüber hinaus berichtet das Institut für Arbeitsmarkt- und Berufsforschung (Czepek et al., 2015) von langen Besetzungsdauern insbesondere bei hochqualifizierten Elektroberufen, Maschinenbau-, Bau-, und Elektroingenieuren sowie Informatikern und Datenverarbeitungsfachleuten.

In der Natur der Sache liegt es, dass Unternehmen, die entsprechende Engpassberufsgruppen beschäftigen, vermehrt Schwierigkeiten bei der Besetzung von Vakanzen haben. Doch auch für kleine und mittlere Unternehmen (KMU) zeichnen sich entsprechende Schwierigkeiten vermehrt ab (Bußmann, 2015; Czepek et al., 2015), da sie häufig nicht so bekannt sind und dadurch im Vergleich zu Großkonzernen deutlich weniger Bewerbungen erhalten. Auch im produzierenden Gewerbe hat der Mangel an Fachkräften starke Auswirkungen: 47 % der Unternehmen nennen fehlende Fachkräfte als Grund für nicht wahrgenommene Produktionsmöglichkeiten, weil sie eine betriebliche Überlastung fürchten (IW-Forschungsgruppe Konjunktur, Institut der Deutschen Wirtschaft, Köln, 2017).

Es wird deutlich, dass die teils kontroverse Diskussion bezüglich der Ausprägung des Fachkräftemangels, nicht nur in der populären Presse (siehe Einleitung; bspw. Handelsblatt, 2017; Stalinski, 2015), sondern auch in wissenschaftlichen Studien präsent ist. Doch unabhängig davon, ob objektiv ein Fachkräftemangel nachgewiesen werden kann, sind die Schwierigkeiten von Unternehmen präsent, Stellen schnell und qualifiziert zu besetzen.

Wie in den vorangehenden Abschnitten bereits detailliert beschrieben, spiegeln die Daten der Bundesagentur für Arbeit wider, dass in der Entwicklung der vergangenen Jahre immer mehr offene Stellen gemeldet wurden. Der Anteil der schwierig oder gar nicht zu besetzenden Stellen steigt und die durchschnittliche Dauer zur erfolgreichen Besetzung einer Stelle wird immer länger (Statistik der Bundesagentur für Arbeit, 2018a). Dies ist konsistent mit den Ergebnissen von groß angelegten Studien in Deutschland: Wie in der Einleitung bereits aufgegriffen, geben in einer Studie der ManpowerGroup 46 % der deutschen Unternehmen an, Schwierigkeiten bei der Besetzung von offenen Stellen zu haben (ManpowerGroup, 2015). In einer weiteren Studie berichten 55 % der befragten Unternehmen, den Fachkräftemangel bei der Gewinnung von Mitarbeitern eher stark (37 %) oder sehr stark (18 %) zu spüren (Troesser et al., 2016). Auch im Themenspezial „Employer Branding und Personalmarketing" der Studien „Recruiting Trends 2017" und „Bewerbungspraxis 2017", die im Auftrag der Monster Worldwide Deutschland GmbH jährlich in Kooperation mit verschiedenen

Hochschulen durchgeführt werden, zeigen sich diese Trends. Bei 35,6 % der offenen Stellen erwarteten die befragten Großunternehmen im Jahr 2017 Schwierigkeiten bei der Besetzung, 5,6 % erwarteten sie gar nicht zu besetzen. Ähnliche Einschätzungen erfolgen auch von den befragten Unternehmen aus dem Mittelstand (Weitzel et al., 2017). 59 % der befragten Unternehmen in einer Studie von Staufenbiel und Kienbaum prognostizieren, dass sich dieser Engpass bei der qualifizierten Besetzung von offenen Stellen in den nächsten Jahren noch verstärken wird (Troesser et al., 2016).

Mit den beschriebenen Entwicklungen zeigt sich, dass in den letzten Jahren Schlagworte wie „Fachkräftemangel" oder „War for Talents" keine Mythen mehr sind, sondern tatsächlich eine relevante und spürbare Verschiebung von einem Arbeitgebermarkt hin zu einem Arbeitnehmermarkt erkennbar ist. Das bedeutet, dass sich das Machtverhältnis in der Beziehung zwischen Unternehmen und potenziellen Mitarbeitern zugunsten der potenziellen Mitarbeiter verschiebt. Dies äußert sich im Wesentlichen dadurch, dass Kandidaten, die sich beruflich verändern möchten, aus einem verhältnismäßig großen Angebot von potenziellen Arbeitgebern bzw. Positionen wählen können (Kootz, 2014). Aufgrund der zunehmenden Relevanz von wissens- und forschungsintensiven Bereichen, steigt der Bedarf an Fachkräften mit einer Berufsausbildung als auch an qualifizierten Akademikern (Otto & Stiller, 2009). Der demografische Wandel, der eine älter werdende Bevölkerung und somit weniger junge Nachwuchskräfte mit sich bringt, verstärkt diese Effekte zudem (Otto & Stiller, 2009) und lässt eine Verschlechterung der Situation für Unternehmen vermuten (Troesser et al., 2016).

2.2 Customer Experience Management

Customer Experience Management

Die ursprüngliche Idee des Candidate Experience Managements stammt aus dem Bereich des Marketings, im Speziellen aus dem Bereich des Customer Experience Managements (Verhoeven, 2016d). Beim Customer Experience Management handelt es sich um einen Marketingansatz, der die Bedürfnisse bzw. das Erleben des Kunden in den Fokus rückt (Schmitt & Mangold, 2004). Schmitt und Mangold (2004) definieren das Customer Experience Management wie folgt: „Customer Experience Management (CEM) ist der Prozess des strategischen Managements aller Kundenerlebnisse mit einer Marke an sämtlichen Kontaktpunkten." Meyer und Schwager (2007) detaillieren in diesem Kontext das Konstrukt der Customer Experience wie folgt:

"Customer Experience is the internal and subjective response customers have to any direct or indirect contact with a company. Direct contact generally occurs in the course of purchase, use, and service and is usually initiated by the customer. Indirect contact most often involves unplanned encounters with representatives of a company's products, service or brands and takes the form of word-of-mouth recommendations or criticisms, advertising, news reports, reviews, and so forth."

Bei herkömmlichen Ansätzen im Marketing steht das Produkt, die Branche oder eine bestimmte Technologie im Fokus. Im Vergleich dazu ist die Idee des Customer Experience Managements, den Kunden in den Mittelpunkt der Betrachtungsweise zu rücken (Schmitt & Mangold, 2004). Der grundlegende Gedanke ist, dass die Loyalität und das Vertrauen des Kunden die Erfolgsfaktoren für ein profitables Unternehmen darstellen (Kootz, 2014; Schmitt & Mangold, 2004). Diese Loyalität soll durch ein durchweg positives Gesamterlebnis des Kunden, speziell abgestimmt auf seine Bedürfnisse, geschaffen werden (Meyer & Schwager, 2007; Schmitt & Mangold, 2004; Verhoef et al., 2009).

Um dies zu erreichen ist es notwendig, die Bedürfnisse des Kunden zu kennen, dessen Perspektive einzunehmen und sich als Unternehmen bewusst zu machen, welcher Eindruck beim Kunden erweckt wird (Berry et al., 2002; Popp, 2005). Darauf abgestimmt kann dann ein entsprechendes Konzept entwickelt werden, welches die Bedürfnisse des Kunden berücksichtigt und so zu einem positiven Gesamterlebnis führen kann (Popp, 2005). Dieses Gesamterlebnis beinhaltet kognitive, affektive, emotionale sowie physische hervorgerufene Effekte bei dem Kunden (Verhoef et al., 2009). Es ist hervorzuheben, dass es sich beim Customer Experience Management um einen sehr ganzheitlichen Ansatz handelt, bei dem alle Kontaktpunkte („Touchpoints") des Kunden mit dem Unternehmen bzw. der Marke berücksichtigt werden (Berry et al., 2002; Schmitt & Mangold, 2004; Verhoef et al., 2009). Die Kontaktpunkte haben jedoch bei unterschiedlichen Kunden und zu unterschiedlichen Zeitpunkten nicht immer den gleichen Wert bzw. Einfluss auf die Customer Experience (Meyer & Schwager, 2007). Um alle Kontakte des Kunden mit dem Unternehmen, die „Customer Journey", gestalten zu können, ist es unerlässlich, regelmäßig einen Abgleich von den Bedürfnissen und Erwartungen des Kunden und seinen Erlebnissen mit dem Unternehmen vorzunehmen (Berry et al., 2002; Detecon, 2010). Es sind nicht alle Kontaktpunkte direkt kontrollierbar, da die Customer Experience auch Erlebnisse aus anderen Situationen mit dem Unternehmen, dem Produkt oder Gesprächen mit anderen Kunden einschließt (Verhoef et al., 2009).

Ziel des Customer Experience Managements ist es, durch ein „beeindruckendes Kundenerlebnis und ein konsistentes Bild der Marke" (Kootz, 2014) ein durchweg positives Gesamterlebnis für den Kunden zu generieren (Schmitt & Mangold, 2004; Verhoef et al., 2009). Das führt einerseits zu direkten Effekten, wie beispielsweise einer höheren Kaufbereitschaft / Nutzungsintensität oder Loyalität, und andererseits profitieren Unternehmen von indirekten Effekten, wie beispielsweise einem positiven Image durch „Mund-zu-Mund-Propaganda" (Jozic, 2015).

Laut Verhoef et al. (2009) sollte das Customer Experience Management als holistische Unternehmensstrategie verstanden werden, um erfolgreich zu sein. Diese ganzheitliche Betrachtungsweise schließt mit ein, dass alle Unternehmensbereiche – insbesondere auch alle Mitarbeiter – in das Customer Experience Management eingebettet werden sollten. Neben den offensichtlichen Bereichen wie beispielsweise Vertrieb oder Service beinhaltet dies auch andere Unternehmensbereiche, die als Schnittstellenbereiche ebenfalls für ein ganzheitliches CEM mit verantwortlich sind (Meyer & Schwager, 2007; Schmitt & Mangold, 2004), zum Beispiel die IT-Abteilung, die einen Online-Shop für den Kunden zur Verfügung stellt, oder Supportbereiche, die dem Vertrieb eine schnelle Reaktionszeit ermöglichen.

Wie oben beschrieben, ist es zur Gestaltung eines positiven Gesamterlebnisses notwendig, einen kontinuierlichen Abgleich von den Bedürfnissen und Erwartungen des Kunden und seinen Erlebnissen mit dem Unternehmen vorzunehmen (Berry et al., 2002; Detecon, 2010). Daraus ergibt sich die Notwendigkeit, die Erfahrungen des Kunden mit dem Unternehmen messen zu können. Bei den Methoden zur Erfassung von Kundenerfahrungen kann zwischen internen und externen Maßnahmen unterschieden werden. Interne Maßnahmen umfassen bspw. Kundenkontaktanalysen, Beschwerdeanalysen oder Mitarbeiterbefragungen, um intern die Kundenbeziehung bzw. das Kundenerleben zu analysieren. Externe Maßnahmen können bspw. Kundenbefragungen, Studien, Social-Media- oder Marktanalysen sein (Detecon, 2010). Als wesentliche Kennzahl führt Reichheld (2003) den Net Promotor Score plakativ als „The One Number You Need to Grow" ein. Die Idee ist, eine statistisch valide Zielgruppe zu fragen, inwieweit sie ein Unternehmen (eine Marke, ein Produkt, etc.) einem Freund oder Bekannten weiterempfehlen würden. Die Antwort erfolgt auf einer Skala von 0 bis 10. „Promotoren" sind nach Reichheld Personen, die mit 9 oder 10 geantwortet haben. Bei ihnen ist es sehr wahrscheinlich, dass sie das Unternehmen weiterempfehlen. „Passiv Zufriedene" haben mit 7 oder 8 geantwortet, sie finden bei der Berechnung des Scores keine weitere Berücksichtigung. „Destraktoren" sind all diejenigen Personen, die mit 0 bis 6 geantwortet haben, sie werden das Unternehmen wahrscheinlich nicht weiterempfehlen. Subtrahiert man den Anteil der Destraktoren vom Anteil der Promotoren, erhält man den Net Promotor Score (NPS; Reichheld, 2003). Je nachdem, wie die Empfehlungsfrage formuliert wird, kann so mit dem NPS ein sehr übergreifender Gesamteindruck einer Person von einem Unternehmen erfasst werden.

Ein differenzierterer Ansatz zur Messung von Kundenerlebnissen ist der „ServQual" (Parasuraman et al., 1988). Parasuraman et al. (1988) definieren Servicequalität bzw. Dienstleistungsqualität als Diskrepanz zwischen Kundenerwartungen und Kundenwahrnehmungen in Bezug auf den Kontakt zwischen Kunde und Unternehmen. Der Fokus der Betrachtungsweise liegt dabei auf der wahrgenommenen Qualität, in Abgrenzung zur tatsächlichen Qualität. Die Erfassung der Servicequalität ermöglicht somit eine übergeordnete Kundenbewertung, die durch den Abgleich zwischen Erwartungen und Wahrnehmungen erfolgt. Im Rahmen eines mehrstufigen Entwicklungsprozesses haben Parasuraman et al. (1988) mit dem ServQual ein Messinstrument entwickelt, das fünf Faktoren der Servicequalität erfasst. Ein positives Erleben in Bezug auf diese Faktoren führt zu einer positiv erlebten Servicequalität. Die fünf Faktoren sind (Parasuraman et al., 1988):

- Reliability: Zuverlässigkeit
- Assurance / Trust: Sicherheit
- Tangibles: Äußeres Erscheinen
- Empathy: Empathie
- Responsiveness: Reaktionsfreudigkeit

Der Faktor Reliability (Zuverlässigkeit) beinhaltet, dass Dienstleistungen geeignet für den Kunden sind, Verpflichtungen erfüllt werden und, dass die Dienstleistung wie versprochen und in vereinbarter Zeit durchgeführt wird.

Grundlage des Faktors Assurance / Trust (Sicherheit) ist, dass Mitarbeiter des Unternehmens das Wissen und die Fähigkeiten haben, Vertrauen zu generieren. Sie sind zuvorkommend, wecken Vertrauen, lassen den Kunden sich sicher fühlen und können Fragen inhaltlich richtig und glaubwürdig beantworten.

Beim Faktor Tangibles (Äußeres Erscheinen) geht es um das gepflegte äußere Erscheinen von Mitarbeitern, Räumlichkeiten und sonstigen Ressourcen / Materialien, wie bspw. ein professionelles Auftreten der Mitarbeiter, eine moderne Ausrüstung oder angenehme Öffnungszeiten.

Der Faktor Empathy (Empathie) beinhaltet die Aufmerksamkeit und Empathie der Mitarbeiter des Unternehmens gegenüber dem Kunden. Mitarbeiter des Unternehmens behandeln den Kunden individuell, fürsorglich und respektvoll und verstehen die Bedürfnisse des Kunden.

Der Faktor Responsiveness (Reaktionsfreudigkeit) bezieht sich auf eine zügige Erbringung der Dienstleistung. Die Mitarbeiter des Unternehmens sind gewillt, die Dienstleistung zu erbringen und sind jederzeit erreichbar, um Anfragen zu beantworten.

Wie oben beschrieben, werden alle Faktoren sowohl in Bezug auf die Erwartung als auch in Bezug auf die Wahrnehmung erfasst und abgeglichen. Diese Vorgehensweise wurde vielfach kritisiert. Durch die Abfrage einer Erwartungshaltung sei auch die Beurteilung der Wahrnehmung beeinflusst und die beiden Aspekte seien nicht sauber voneinander abzugrenzen, so die Kritiker. Außerdem gebe es wenig Evidenz, dass Kunden die Dienstleistungsqualität durch den aktiven Abgleich von Erwartung und Wahrnehmung beurteilen. Zudem entstehe bei den Befragten durch die Abfrage der Erwartung ein unrealistisches Anspruchsdenken (siehe z. B. Buttle, 1996; Cronin & Taylor, 1992). Cronin und Taylor (1992) haben daraufhin den ServPerf entwickelt, der die wahrgenommene Dienstleistungsqualität als Haltung (ohne eine Erwartungsabfrage) erfasst. Obwohl Parasuraman et al. (1988) sowie Cronin und Taylor (1992) ihre Überlegungen bereits in den Jahren 1988 bzw. 1992, also deutlich vor den ersten Überlegungen zum Customer Experience Management, veröffentlicht haben, stellen der ServQual bzw. der ServPerf bereits gute Ansätze für die Erfassung von Kundenwahrnehmungen dar. Aufgrund der definierten Faktoren bilden sie bereits viele prozessuale Aspekte im Kundenkontakt ab. Cronin und Taylor (1992) empfehlen bereits 1992, ganzheitlich an die Gestaltung von Dienstleistungsprozessen heranzugehen. Dies verorten sie vom Wording zwar im Bereich Customer Satisfaction / Kundenzufriedenheit, die Idee ist aber bereits mit dem Ansatz der Gestaltung der Customer Experience vereinbar.

Die Schnittmenge des Customer Experience Managements und dem Kundenzufriedenheitsansatz scheint auf den ersten Blick recht groß, daher ist es wichtig, hier eine definitorische Abgrenzung vorzunehmen. Üblicherweise wird in Kundenzufriedenheitsmodellen angenommen, dass die Zufriedenheit des Kunden maßgeblich ist, um treue Kunden zu schaffen. Die Zufriedenheit wiederum ist ein Ergebnis des Abgleiches der Erwartungen des Kunden mit den tatsächlichen Leistungen des Produktes, hierbei handelt es sich um eine ergebnisorientierte Betrachtungsweise. Wenn der Kunde bei diesem Abgleich nicht enttäuscht wird, ist er zufrieden, wenn die tatsächlichen Leistungen nicht seinen Erwartungen entsprechen, ist er unzufrieden (Schmitt & Mangold, 2004). „Damit wird Kundenzufriedenheit rein rational und funktionell betrachtet, nämlich als ein Vergleich von Leistung und Erwartung, aber die Erlebnisdimensionen des Kunden beim Produktkauf und bei der anschließenden Benutzung und Konsumierung werden völlig ignoriert" (Schmitt & Mangold, 2004). Schmitt und Mangold (2004) grenzen die verschiedenen Ansätze insofern ab, als dass Kundenzufriedenheitsansätze ergebnisorientiert sind und Kundenerlebnisansätze prozessorientiert sind. Im Customer Experience Management werden alle Kontaktpunkte des Kunden mit dem Produkt, mit dem Unternehmen, mit den Mitarbeitern des Unternehmens, etc.

berücksichtigt. Die konsequente Betrachtung des gesamten Erlebens des Kunden als stringentes Erlebnis aus Kundensicht unter Berücksichtigung der gesamten Verwendungs- und Verbrauchssituation (Kootz, 2014; Schmitt & Mangold, 2004; Verhoef et al., 2009) geht also weit über den Ansatz in klassischen Kundenzufriedenheitsmodellen hinaus, für eine visuelle Darstellung siehe Abbildung 2.2.

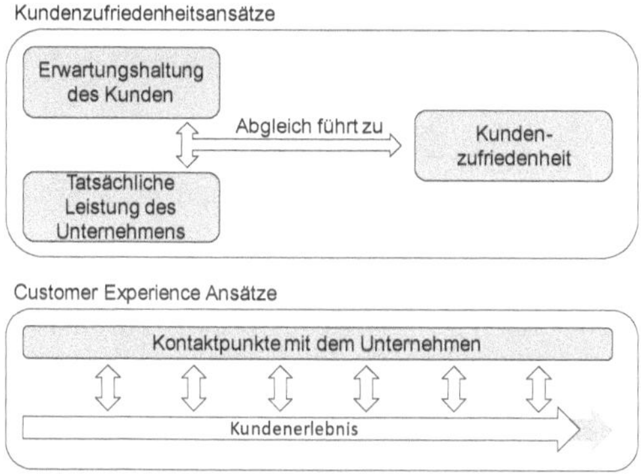

Abbildung 2.2: Gegenüberstellung von Kundenzufriedenheitsansätzen und Customer Experience Ansätzen in Anlehnung an die Ausführungen von Schmitt & Mangold (2004)

Das Customer Experience Management als Teil der strategischen Unternehmensführung wird seit einigen Jahren als Ansatz zur Implementierung eines zeitgemäßen Marketingkonzeptes diskutiert und empfohlen. Jozic (2015) sieht jedoch in diesem Kontext die Notwendigkeit einer detaillierteren konzeptionellen Auseinandersetzung mit dem Thema sowie entsprechenden Schnittstellen mit anderen relevanten Konzepten. Das zeigt, dass das Konstrukt des CEM noch nicht vollständig ausgereift ist und spiegelt die Potenziale einer weiteren Beschäftigung mit dem Konstrukt wider.

Zusammenfassend können wesentliche Aspekte des Customer Experience Managements festgehalten werden:

- Holistischer Ansatz des strategischen Managements
- Bedürfnisse bzw. das Erleben des Kunden im Fokus
- Notwendigkeit, die Bedürfnisse des Kunden zu kennen
- Ziel des durchweg positiven Gesamterlebnisses des Kunden speziell abgestimmt auf seine Bedürfnisse
- Berücksichtigung aller Kontaktpunkte des Kunden mit dem Unternehmen (Customer Journey)
- Einbindung aller relevanten Unternehmensbereiche
- Erwartung direkter (z. B. Kaufbereitschaft) und indirekter (z. B. Image) Effekte
- Potenziale zur weiteren konzeptionellen Konkretisierung des Konstruktes

2.3 Candidate Experience Management

Candidate Experience Management

Schon Schmitt und Mangold (2004) postulierten abschließend zu ihren Ausführungen zum Customer Experience Management plakativ „Lesen Sie noch einmal [...] und ersetzten Sie den Begriff „Kunden“ ganz einfach durch „Mitarbeiter““ (Schmitt & Mangold, 2004, S. 177), um ein attraktives und engagierendes Mitarbeitererlebnis zu schaffen. Das sehen sie als Basis für Commitment und Loyalität. Wenn Mitarbeiter also „interne Kunden“ sind, sollten sie auch so behandelt werden. Und wenn Kandidaten potenzielle Mitarbeiter sind, liegt der Rückschluss nicht fern, die Ansätze des Customer Experience Managements auf Kandidaten in Bewerbungsprozessen zu übertragen.

Die Idee des Candidate Experience Managements baut auf den Überlegungen zum Customer Experience Management, die im vorangegangenen Kapitel erläutert wurden, auf. Konsistent mit dem wesentlichen Fokus des Customer Experience Managements, die Bedürfnisse und das Erleben des Kunden in den Fokus zu rücken (Schmitt & Mangold, 2004), werden im Candidate Experience die Bedürfnisse und das Erleben des Kandidaten im Bewerbungsprozess betrachtet (Verhoeven, 2016d). Der grundlegende Gedanke ist, dass der Kandidat in dem Erlebensprozess Vertrauen aufbaut (Athanas & Wald, 2014).

Kootz (2014) hat in einer der ersten wissenschaftlichen Arbeiten zu dem Thema maßgebliche Definitionen entwickelt, die von Verhoeven (2016d) leicht modifiziert wurden. Bei Verhoeven (2016d) findet man, unter Berücksichtigung der vorangehenden Definitionen von Kootz (2014), folgende Definition für das Candidate Experience Management:

„Candidate Experience Management bezeichnet die aktive Gestaltung aller Kontaktpunkte des Bewerbers mit dem Unternehmen mit dem Ziel, einen positiven Gesamteindruck zu hinterlassen. Aus Sicht des Bewerbers als Kunde eines Unternehmens werden am Vorbild des Customer Experience Managements Systeme, Menschen und Prozesse schrittweise analysiert und interpretiert. Im Mittelpunkt steht das Erleben des Bewerbers. Weiterhin wird es mit der Sicht von außen möglich, zu verstehen, welche tatsächlichen Erwartungen an Prozesse des Personalmarketings, des Recruitings und darüber hinaus bestehen und wie diese am besten erfüllt werden können.“

Beim Candidate Experience Management geht es um die systematische Steuerung der Candidate Experience (Verhoeven, 2016d). Das Konstrukt der Candidate Experience konkretisiert Verhoeven (2016d), ebenfalls aufbauend auf der Definition von Kootz (2014), folgendermaßen:

„Candidate Experience bezeichnet den Gesamteindruck, den ein potenzieller Bewerber im Rahmen der Prozesse des Personalmarketings, des Recruitings und darüber hinaus vom potenziellen Arbeitgeber erhält. Es geht dabei um das individuelle Erleben in einem Bewerbungs- und Auswahlprozess an allen direkten und indirekten Kontaktpunkten mit dem Unternehmen.“

Auf die einzelnen Aspekte des Candidate Experience Managements, die in den oben genannten Definitionen eine Rolle spielen, wird im Folgenden eingegangen.

Durch die Idee des Candidate Experience Managements hat ein wesentlicher Wandel in der Betrachtungsweise von Recruitingprozessen seitens Unternehmen stattgefunden. Der bisherige Fokus, aus einer großen Anzahl von Bewerbern die geeigneten Arbeitnehmer auszuwählen, verschiebt sich. Die Bedürfnisse des Kandidaten im Bewerbungsprozess werden in den Mittelpunkt der Betrachtungsweise gerückt mit dem Ziel der Erfüllung dieser Bedürfnisse im gesamten erlebten Prozess (Kootz, 2014; Verhoeven, 2016d), um in dem Erlebensprozess Vertrauen aufzubauen (Athanas & Wald, 2014).

Wie auch beim Customer Experience Management ist eine notwendige Voraussetzung, um die Bedürfnisse des Kunden bzw. Kandidaten zu erfüllen, diese zu kennen (Berry et al., 2002; Hurni, 2016). Darauf aufbauend kann dann ein ganzheitliches Konzept zur Gestaltung der Candidate Experience entwickelt werden. Wichtig ist dabei auch, die Bedürfnisse der Kandidaten kontinuierlich zu erfassen und wiederum mit den Erfahrungen bei dem Unternehmen abzugleichen, um dauerhaft eine positive Candidate Experience gewährleisten zu können (Berry et al., 2002; Verhoeven, 2016d).

Den gesamten Erlebensprozess eines Kandidaten bei einem neuen Arbeitgeber bezeichnet man auch als „Candidate Journey“ (Athanas & Wald, 2014), konsistent mit der Begrifflichkeit der „Customer Journey“. Das Candidate Experience Management hat zum Ziel, alle Kontaktpunkte (Touchpoints), die der Kandidat im Rahmen der Candidate Journey mit dem Unternehmen hat, zu gestalten (Athanas & Wald, 2014; Kootz, 2014; Verhoeven, 2016d). Ein wesentlicher Aspekt der Definitionen (Kootz, 2014; Verhoeven, 2016d) ist, dass es sowohl direkte als auch indirekte Kontaktpunkte gibt. Direkte Kontaktpunkte sind bspw. Erfahrungen bei der Abgabe der Bewerbung oder im Bewerbungsgespräch, indirekte Kontaktpunkte hingegen können Berichte von Dritten oder Unternehmensrezensionen sein. Die direkten Kontaktpunkte sind im Vergleich zu den indirekten Kontaktpunkten in der Regel leichter kontrollierbar (Verhoef et al., 2009). Wichtig ist es im Sinne eines holistischen Ansatzes, alle Kontaktpunkte in die Betrachtungsweise einzubeziehen. Die Berücksichtigung der gesamten Candidate Journey sowie aller direkten und indirekten Kontaktpunkte charakterisiert die Ganzheitlichkeit des Ansatzes. Wann der Prozess des „Personalmarketings, des Recruitings und darüber hinaus“ (Verhoeven, 2016d) bei einem potenziellen Arbeitgeber beginnt, womit er endet und welche Phasen er umfasst, ist je nach Autor entsprechender Literatur unterschiedlich definiert. Eine detaillierte Ausführung zu den Phasen der Candidate Journey ist in Kapitel 2.3.2 zu finden.

Das durchweg positive Gesamterlebnis des Kandidaten mit dem Unternehmen umfasst, bezugnehmend auf die Überlegungen aus dem Customer Experience Management, kognitive, affektive, emotionale und physische Effekte (Verhoef et al., 2009). Es handelt sich laut den oben aufgeführten Definitionen immer um das individuelle Erleben von Einzelpersonen (Kootz, 2014; Verhoeven, 2016d). Das Erleben in den Kontakten mit dem Unternehmen hat daher in diesem Kontext nicht bei jedem Kandidaten und zu jedem Zeitpunkt den gleichen Wert (Meyer & Schwager, 2007), was bei der Gestaltung der Candidate Experience Berücksichtigung finden sollte.

Ziel des Candidate Experience Managements ist es rein definitorisch, ein positives Gesamterlebnis des Kandidaten mit dem Unternehmen herbeizuführen (Kootz, 2014; Verhoeven, 2016d). Dies erfüllt jedoch keinen Selbstzweck, sondern hat wiederum zum Ziel, gewisse Effekte hervorzurufen. Hier kann zwischen direkten und indirekten

Effekten unterschieden werden. Die direkten Effekte beinhalten bspw. die Intention, ein Angebot eines Arbeitgebers anzunehmen. Die indirekten Effekte beinhalten bspw. Mund-zu-Mund Propaganda oder die Wahrscheinlichkeit einer erneuten Bewerbung bei dem Arbeitgeber (Verhoeven, 2016e).

Wie auch das Customer Experience Management sollte das Candidate Experience Management als wichtiger Teil der Strategie eines Unternehmens gesehen werden (Verhoef et al., 2009). Durch den ganzheitlichen Charakter des Ansatzes sowie die diversen direkten und indirekten Kontaktpunkte, die in diesem Ansatz berücksichtigt werden sollten, ist eine abteilungsübergreifende Zusammenarbeit und Umsetzung des Ansatzes unerlässlich (Meyer & Schwager, 2007; Verhoeven, 2016d).

Beim Customer Experience Management sind, wie in Kapitel 2.2 beschrieben, noch konzeptionelle und empirische Lücken erkennbar. Diese Lücken spiegeln sich auch in dem sehr jungen Konstrukt der Candidate Experience bzw. des Candidate Experience Managements wider.

Die wesentlichen Aspekte des Candidate Experience Managements werden in Tabelle 2.1 zusammengefasst und den ursprünglichen Überlegungen aus dem Customer Experience (siehe Kapitel 2.2) gegenübergestellt.

Tabelle 2.1: Gegenüberstellung von Customer und Candidate Experience Management

Customer Experience Management	Candidate Experience Management
Holistischer Ansatz des strategischen Managements	Holistischer Ansatz des strategischen Managements
Bedürfnisse bzw. das Erleben des Kunden im Fokus	Bedürfnisse bzw. das Erleben des Kandidaten im Fokus
Notwendigkeit, die Bedürfnisse des Kunden zu kennen	Notwendigkeit, die Bedürfnisse des Kandidaten zu kennen
Ziel des durchweg positiven Gesamterlebnisses des Kunden speziell abgestimmt auf seine Bedürfnisse	Ziel des durchweg positiven Gesamterlebnisses des Kandidaten speziell abgestimmt auf seine Bedürfnisse
Berücksichtigung aller Kontaktpunkte des Kunden mit dem Unternehmen (Customer Journey)	Berücksichtigung aller Kontaktpunkte des Kandidaten mit dem Unternehmen (Candidate Journey)
Einbindung aller relevanten Unternehmensbereiche	Einbindung aller relevanten Unternehmensbereiche
Erwartung direkter (z.B. Kaufbereitschaft) und indirekter (z.B. Image) Effekte	Erwartung direkter (z.B. Entscheidung im Bewerbungsprozess) und indirekter (z.B. Mund-zu-Mund Propaganda) Effekte
Potenziale zur weiteren konzeptionellen Konkretisierung des Konstruktes	Potenziale zur weiteren konzeptionellen Konkretisierung des Konstruktes

2.3.1 Historie

History

Wie bereits in vorangehenden Kapiteln beschrieben, handelt es sich bei der Candidate Experience bzw. dem Candidate Experience Management noch um ein relativ junges Konstrukt (Kootz, 2014). Dieses Konstrukt ist maßgeblich durch einen Wandel auf dem

Arbeitsmarkt bedingt und ist erst in den letzten Jahren Gegenstand tiefergehender theoretischer Betrachtungen (Kootz, 2014). Die traditionelle Betrachtungsweise von Recruitingprozessen in Unternehmen, einen klassischen Arbeitgebermarkt vorausgesetzt (Details hierzu siehe auch Kapitel 2.1), fokussiert die möglichst treffende Auswahl von geeigneten Kandidaten aus einem großen Bewerberpool. Durch den in Kapitel 2.1 beschriebenen Wandel auf dem Arbeitsmarkt hat sich in den letzten Jahren dieser Fokus verschoben. Die stetig zunehmende Globalisierung und schnelle Verfügbarkeit von Informationen und Gütern wirkt sich ebenfalls auf die Wettbewerbssituation von Arbeitgebern aus. Dies steigert die Relevanz einer zunehmend individuelleren Differenzierung im Wettbewerb, allgemein und in Bezug auf Arbeitgeber (Verhoeven, 2016d). Auch bspw. Ryan und Ployhart (2000) greifen diesen Wandel hin zur Betrachtung der Sichtweise von Kandidaten in Bewerbungsprozessen in ihren Ausführungen auf und stellen verschiedene Faktoren dar, die diesen bedingen. Zum einen benennen sie ebenfalls den Wandel auf dem Arbeitsmarkt, konkret eine geringere Arbeitslosenquote als eine Ursache. Zudem stellen sie bspw. dar, dass Vorreiter im wissenschaftlichen Kontext eine tiefere Beschäftigung mit dem Thema gefordert haben (Ryan & Ployhart, 2000 mit Bezug zu Rynes, 1998). Dies stellen sie als Entwicklung der 90er Jahre dar.

Diese Gedankengänge in Kombination mit der Begrifflichkeit der Candidate Experience werden laut (Kootz, 2014) erstmals von US-amerikanischen Bloggern aufgegriffen und über Beiträge im Internet verbreitet. Kootz bezieht sich hier auf diverse Blogbeiträge; durch die Volatilität und Dynamik des Internets sind diese jedoch schwierig im Detail nachzuvollziehen. Die Prägung der konkreten Begrifflichkeit der Candidate Experience ist somit zeitlich schwierig zu definieren.

Erste Studien zu dem Thema auch im Kontext mit dem entsprechenden Wording und Verständnis des Konstruktes findet man in den frühen 2010er Jahre (siehe dazu bspw. (Verhoeven, 2016e). Aufgrund der Differenzen zwischen den Recruitingprozessen im angloamerikanischen / britischen Raum zum deutschsprachigen Raum ist die grundlegende Idee der Candidate Experience zwar übertragbar, nicht jedoch prozessuale Details im gesamten Prozess der Candidate Experience. Die erste deutschsprachige und derzeit öffentlich zugängliche Studie zu dem Thema findet man von Athanas und Wald (2014). Diese Studie legt wesentliche Grundsteine, die auch in dieser Arbeit an unterschiedlichen Stellen aufgegriffen werden.

Eine differenzierte Betrachtung der Candidate Experience und des Candidate Experience Managements als ganzheitliche Strategie geht im deutschsprachigen Raum auf Kootz (2014) und Verhoeven (2016b) zurück. Kootz (2014) betrachtet in seiner betriebswirtschaftlich geprägten Dissertation das Thema unter dem Titel „Kundenorientiertes Personalrecruiting. Eine empirische Untersuchung unter besonderer Berücksichtigung von Customer Experience Management“. Darüber hinaus gibt es wenige Studien- und Abschlussarbeiten, die sich mit dem Thema beschäftigen. Tim Verhoeven als Mitarbeiter der Unternehmensberatung BearingPoint beschäftigt sich in einem umfangreichen Buch zum Thema aus einer sehr praxisorientierten Sichtweise. Er arbeitet dabei mit den Definitionen und Überlegungen von Kootz (2014), praxisorientierten Handlungsempfehlungen und Beispielen von spezifischen Unternehmen.

Das zunehmende Interesse an dem Thema Candidate Experience zeigt sich bspw. auch in den Suchergebnissen von Google Scholar, einer Suchmaschine für die Literaturrecherche wissenschaftlicher Dokumente. Sucht man nach Dokumenten zum

Thema „Candidate Experience“ in den Jahren 2003 bis 2007 werden 234 Ergebnisse angezeigt (davon eins deutschsprachig). In den darauffolgenden fünf Jahren bereits 417 (davon zwölf deutschsprachig). In den Jahren 2013 bis 2017 weist die Recherche bereits 1050 Resultate auf (davon 140 deutschsprachig). Die steigende Tendenz spiegelt das wachsende Interesse bzw. die wachsende Beschäftigung mit dem Thema wider. Doch die Anzahl der Ergebnisse zeigt auch, dass das Konstrukt noch relativ jung und weniger bekannt ist. Zum Vergleich werden in der Abbildung 2.2 die Ergebnisse des etwas älteren und bereits etablierteren Konstrukts der Customer Experience abgebildet (eigene Recherchen unter https://scholar.google.de/; Suche nach „Candidate Experience“ und „Customer Experience“ in den jeweiligen Zeiträumen).

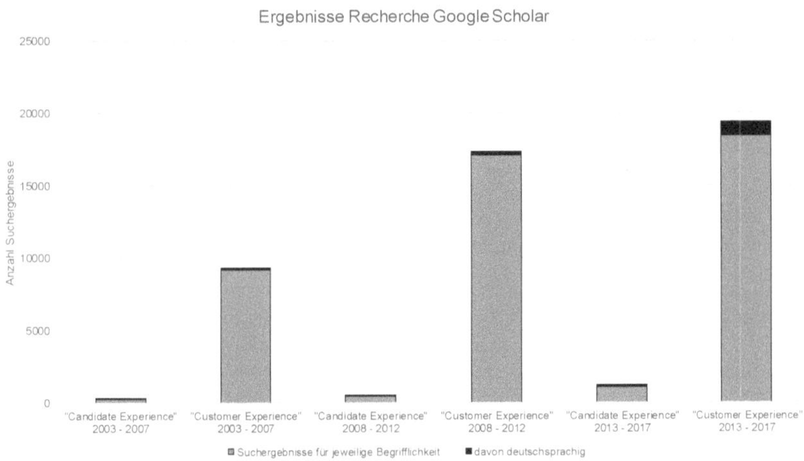

Abbildung 2.3: Ergebnisse eigener Recherchen bei Google Scholar

2.3.2 Phasen der Candidate Journey und Kontaktpunkte

Phases of the Candidate Journey and Touchpoints

Im Rahmen der Candidate Journey gibt es diverse Berührungspunkte zwischen dem Kandidaten und dem potenziellen Arbeitgeber, die das Erleben beeinflussen (sogenannte „Candidate Touchpoints“; Athanas & Wald, 2014). Wann dieser Prozess beginnt, womit er endet und welche Phasen er umfasst, ist je nach Autor entsprechender Literatur unterschiedlich definiert.

Athanas und Wald (2014) unterscheiden in ihrer Veröffentlichung vier Phasen der Candidate Journey:

1) Jobrecherche / Orientierung
2) Abgabe der Bewerbung

3) Teilnahme am Auswahlverfahren
4) Ergebniskommunikation

Die erste Phase „Orientierung und Jobrecherche" beinhaltet Touchpoints wie Suchmaschinen, Karrierewebseiten, Soziale Medien und auch direkte Berührungspunkte zwischen Kandidaten und Mitarbeitern des Unternehmens, wie bspw. Karrieremessen. Die Phase beinhaltet alle Berührungspunkte vor der eigentlichen Bewerbungsabgabe. Die „Abgabe der Bewerbung" stellt dann die zweite Phase dar. Berührungspunkte sind auch hier wieder Karrierewebseiten oder Stellenanzeigen, aber auch Bewerbungsformulare oder Empfehlungssysteme, die bei der Abgabe der Bewerbung relevant werden. Nach Athanas und Wald (2014) folgt dann die Phase „Teilnahme am Auswahlverfahren". Diese Phase umfasst die Kommunikation zwischen dem Kandidaten und dem Unternehmen in Form von E-Mails, Telefonaten, Online-Assessments, aber auch die persönlichen Gespräche (Interviews, Assessment Center). Die abschließende vierte Phase der Candidate Journey ist die „Ergebniskommunikation". Touchpoints sind wieder E-Mails und Briefe, persönliche Kontakte (Zu- / Absage), aber auch die Vertragsabwicklung oder ein Feedback zum Auswahlverfahren. Mit der Phase der Ergebniskommunikation endet die Candidate Journey. Die Weiterführung des Prozesses, einen positiven Prozessverlauf vorausgesetzt, bezeichnen Athanas und Ward als Talent Relation. Wie in diesem Abschnitt wiedergegeben, benennen die Autoren die vier Phasen und die entsprechenden wichtigen Touchpoints. Darüber hinaus geben sie auch eine Übersicht über Handlungsempfehlungen in den verschiedenen Phasen. Die einzelnen Phasen werden jedoch nicht ausführlich definiert.

Verhoeven (2016c) stellt die Candidate Journey mit einem 6-Phasen-Modell dar. Nach Verhoeven kann man in einer rein zeitlichen Dimension die Candidate Journey in „vor", „während" und „nach" dem Bewerbungsprozess unterteilen. Jede dieser zeitlich differenzierten Phasen teilt der nochmals in zwei Phasen auf und kommt somit zu den folgenden sechs Phasen der Candidate Journey:

1) Anziehung
2) Information
3) Bewerbung
4) Auswahl
5) Onboarding
6) Bindung

Die erste Phase der „Anziehung" umfasst ein initiales aufmerksam werden des Kandidaten auf das Unternehmen, bspw. durch eine Imageanzeige. Auf diese Anziehung folgt bei Interesse des Kandidaten, dass er sich über verschiedene Kanäle (Karrierewebseite, Unternehmensbewertungsportale, etc.) über das Unternehmen informiert („Information"). Es folgt die Phase der „Bewerbung" und, immer vorausgesetzt der Prozess wird auch unternehmensseitig fortgeführt, die „Auswahl" (bspw. Interviews, Assessment Center, etc.). Bei einem gegenseitigen Commitment in den ersten vier Phasen folgt in der zeitlichen Dimension „nach" dem Bewerbungsprozess nun noch das „Onboarding" und die „Bindung". Mögliche Touchpoints in der Phase 5 „Onboarding" sind laut Verhoeven das Vertragsangebot oder der Kontakt nach der

Vertragsunterzeichnung. Als möglichen Touchpoint in der Phase der „Bindung“ nennt Verhoeven den ersten Arbeitstag. Verhoeven hinterlegt die Phasen mit konkreten Beispielen und Messmöglichkeiten des Erlebens in den einzelnen Phasen, eine definitorische Schärfung derer bleibt aus. Er hebt die Wichtigkeit der Strukturierung des gesamten Prozesses durch die Phasen hervor, betont jedoch auch explizit die Notwendigkeit der Individualität eines jeden Prozesses.

Kootz (2014) subsumiert, „dass, analog zum Customer Experience Management, der kundenorientierte Ansatz Candidate Experience Management als die aktive Gestaltung aller Kontaktpunkte des Bewerbers mit dem Unternehmen zu verstehen ist, mit dem Ziel, einen positiven Gesamteindruck zu hinterlassen. Denn für den Kandidaten bildet die Abfolge vom Personalmarketing über die Bewerbung bis zum Auswahlverfahren einen zusammenhängenden Prozess.“

Die Betrachtung der oben dargestellten Phasenmodelle zeigt, dass es unterschiedliche Ansichten darüber gibt, wann die Candidate Journey beginnt, welche Phasen sie beinhaltet und wann sie endet.

Stellt man die beiden Phasenmodelle gegenüber wird deutlich, dass Verhoeven (2016c) in seiner Betrachtungsweise der Candidate Journey früher im Bewerbungsprozess beginnt und später endet. Seines Erachtens steht vor der Recherche und Information über das Unternehmen zunächst die Anziehung, also ein aufmerksam werden auf das Unternehmen. Beide Modelle enthalten eine Phase zur Jobrecherche / Orientierung / Information. Darauf folgen sowohl nach Verhoeven (2016c) als auch nach Athanas und Wald (2014) die Abgabe der Bewerbung sowie entsprechende Auswahlverfahren, wobei die Ergebniskommunikation bei Athanas und Wald (2014) als gesonderte Phase gesehen wird. Dies ist nach Athanas und Wald (2014) auch die letzte Phase der Candidate Journey, wohingegen Verhoeven (2016c) dem noch das Onboarding und die Bindung des neuen Mitarbeiters hinzufügt.

Möchte man die Candidate Journey möglichst vollständig betrachten, kann man unter Berücksichtigung der Phasenmodelle von Athanas und Wald (2014) sowie Verhoeven (2016c) und der Erfahrungen der Autorin unten aufgeführte Phasen berücksichtigen. Vollständig wird die Candidate Journey in dieser Form natürlich nur durchlaufen, wenn sowohl Kandidat als auch Unternehmen den Prozess kontinuierlich weiterverfolgen wollen. Ein Abbruch des Prozesses ist beidseitig zu vielen bzw. allen Zeitpunkten möglich. Die Definitionen der einzelnen Phasen wurden in Anlehnung an die Ausführungen von Athanas und Wald (2014) sowie Verhoeven (2016c) von der Autorin vorgenommen. Eine Übersicht befindet sich in Abbildung 2.4, die Phasen beinhalten:

1) Anziehung

   Die Phase der „Anziehung“ beinhaltet das initiale aufmerksam werden des Kandidaten auf das Unternehmen als potenzieller Arbeitgeber, bspw. durch eine vorangehende Erfahrung (Kontakt als Kunde, Erzählungen von Bekannten, etc.) oder durch einen konkreten Trigger (Werbung des Unternehmens, Stellenanzeige, etc.).

2) Jobrecherche und Orientierung

   Die Phase „Jobrecherche und Orientierung“ beinhaltet alle Aktivitäten, die der Kandidat nach dem initialen Gedanken, dass das Unternehmen ein potenzieller

Arbeitgeber sein könnte, durchführt bevor er sich bewirbt (Recherche im Internet / auf der Unternehmenshomepage, Vorabgespräche mit Mitarbeitern des Unternehmens, etc.).

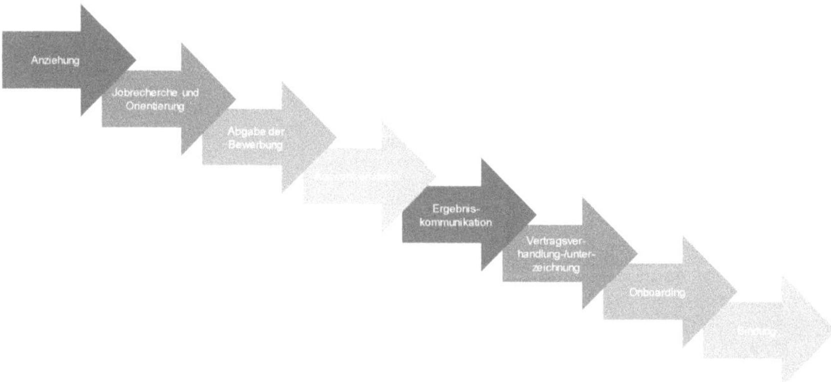

Abbildung 2.4: Phasen der Candidate Journey

3) Abgabe der Bewerbung

Die Phase „Abgabe der Bewerbung“ beinhaltet das tatsächliche Einreichen von Bewerbungsunterlagen (Bewerbung per E-Mail, über ein Bewerbungsportal, etc.).

4) Auswahlverfahren

Die Phase „Auswahlverfahren“ umfasst alle Aktivitäten, die das Unternehmen zur Prüfung der Passung des Kandidaten zu dem Unternehmen und zur Vorstellung des Kandidaten bei dem Unternehmen durchführt (persönliche Gespräche, Assessment Center, Präsentationen, etc.).

5) Ergebniskommunikation

Die „Ergebniskommunikation“ kann bei einer Absage bereits vor dem Auswahlverfahren liegen, wird aber bei der ganzheitlichen Betrachtung der Candidate Journey nach dem Auswahlverfahren verortet. Sie beinhaltet die Rückmeldung (Ab- / Zusage) des Unternehmens bzgl. des weiteren Prozessverlaufes, teilweise ergänzt um ein weiterführendes Feedback (E-Mail, Telefonat, etc.).

6) Vertragsverhandlung/ -unterzeichnung

Die Phase der „Vertragsverhandlung/ -unterzeichnung“ ist auf einer rein zeitlichen Ebene nicht ganz trennscharf zu sehen, da Aspekte dessen häufig auch schon in die Phasen des Auswahlverfahrens und der Ergebniskommunikation einfließen. Inhaltlich gesehen umfasst die Phase die Kommunikation vom Kandidaten und dem Unternehmen in Bezug auf vertragliche Rahmenbedingungen (Gehalt, Urlaubstage, sonstige vertragliche Regelungen, etc.) und bei gegenseitigem Commitment die Vertragsunterzeichnung (Kommunikation per E-Mail, im persönlichen Gespräch, telefonisch, Dokumentenaustausch, etc.).

7) Onboarding

Die Phase des „Onboardings“ umfasst die Maßnahmen eines Unternehmens für einen Kandidaten, die mit der Aufnahme in das Unternehmen beginnen und nach einer gewissen Zeit enden (vgl. Moser et al., 2018) bspw. der Kontakt nach der Vertragsunterzeichnung, Einführungsprogramme, Einarbeitung, etc. Es handelt sich um einen kontinuierlichen Prozess, der sowohl durch explizite Programme / Kommunikation als auch durch implizite Erfahrungen zu Stande kommt. Die Trennschärfe zur darauffolgenden Phase der Bindung ist eingeschränkt, der Übergang ist fließend und wird in der Regel nicht explizit gemacht. Als einen formalen und expliziten Übergang vom Onboarding zur Bindung könnte man das Bestehen einer Probezeit definieren.

8) Bindung

Die langfristige Bindung eines neu gewonnenen Mitarbeiters an den Arbeitgeber unterliegt komplexen Gegebenheiten. In Forschung und Praxis wird dies bspw. im Kontext des Organisationalen Commitments oder der Mitarbeiterzufriedenheit betrachtet. Die differenzierte Definition und Betrachtung entsprechender Konstrukte und Prozesse hat für den Fokus der vorliegenden Arbeit keine Relevanz, daher wird dies an dieser Stelle nicht im Detail betrachtet.

Welche dieser Phasen in welcher Ausprägung tatsächlich erlebt werden und inwieweit sich das auf die Entscheidung des Kandidaten auswirkt, soll im Rahmen der Vor- und Hauptstudie dieser Arbeit beantwortet werden.

2.3.3 Aspekte der Candidate Experience

Aspects of Candidate Experience

Neben der Betrachtungsweise anhand von Phasen, die den zeitlichen Verlauf der Candidate Journey abbilden, stellt sich die Frage, welche Aspekte und Verhaltensweisen des Unternehmens bzw. entsprechender Unternehmensvertreter das Erleben des Kandidaten beeinflussen. Athanas und Wald (2014) sehen das Vertrauen des potenziellen Mitarbeiters als maßgeblich für eine positiv erlebte Candidate Experience. Sie übertragen ein Modell von Shaw (1997), der als wichtige Aspekte für die Schaffung von Vertrauen im betrieblichen Umfeld „Acting with Integrity“, „Demonstrating Concern“ sowie „Achieving Results“ aufführt, auf die Candidate Experience. Nach dem Modell von Athanas und Wald (2014) führen im Wesentlichen die folgenden drei Faktoren zu Vertrauen des Kandidaten im Bewerbungsprozess:

1) Klarheit & Integrität
2) Augenhöhe & Wohlwollen
3) Ergebnisorientierung

Unter dem eher sachlichen Aspekt „Klarheit & Integrität“ verstehen Athanas und Wald (2014) zum einen ein transparentes Kommunizieren und Handeln des Unternehmens bzw. der Unternehmensvertreter. Zum andern ist aber Transparenz auch in Bezug auf die Anforderungen oder das Auswahlverfahren zu beziehen, so dass der gesamte Prozess fair und nachvollziehbar ist. Der emotional geprägte Aspekt „Augenhöhe &

Wohlwollen" im Modell von Athanas und Wald (2014) beinhaltet die emotionale Augenhöhe und Wertschätzung gegenüber dem Kandidaten in Form von einer individuellen Behandlung des Kandidaten. Zudem führen sie auch eine angenehme Atmosphäre als Teil dessen an. Der Aspekt der „Ergebnisorientierung" umfasst in einer zeitlichen Dimension ein zeitnahes Reagieren des Unternehmens sowie ein tatsächliches Handeln im Sinne einer Umsetzung der notwendigen Schritte (Entscheidungen, Termine, ...).

Zur Gestaltung einer positiven Candidate Experience beziehen sich Kootz (2014) und Verhoeven (2016c) auf die aktive Gestaltung der direkten und indirekten Touchpoints und unterfüttern dies mit konkreten Beispielen. Kootz (2014) definiert als Ergebnis seiner Arbeit sieben wesentliche Erfolgsfaktoren, die den persönlichen Dialog zwischen Kandidat und Unternehmen fördern sollen:

- Schnelligkeit, Zuverlässigkeit und Kommunikation im Prozess
- Einheitliche Botschaften über alle Kontaktpunkte vermitteln & Bewerber begeistern
- Qualität der Interviews
- Persönlicher Kontakt/ offener Dialog
- Authentisches Auftreten – erlebte Professionalität & Wertschätzung
- Reibungslose Organisation & Transparenz über Bewerbungsprozess
- Erwartungsmanagement

Darüber hinaus werden in der Literatur keine weiteren Überlegungen zu den übergreifenden Aspekten, die zu einer positiv erlebten Candidate Experience führen, ausgeführt.

2.4 Psychologische Theorien

Psychological Theories

Generell geht es in der vorliegenden Arbeit um das Erleben und Verhalten von Kandidaten in Bewerbungsprozessen. Zur Herleitung der Hypothesen und zur Interpretation der Ergebnisse werden im weiteren Verlauf verschiedene klassische psychologische Erlebens-, Verhaltens- und Persönlichkeitstheorien aufgegriffen. Die Ausführungen verschiedener Theorien in den folgenden Abschnitten sollen zum leichteren Verständnis der Theorien im Rahmen der Hypothesenbildung und der Ergebnisinterpretation beitragen. In den jeweiligen Kapiteln, in denen die Theorien aufgegriffen werden, erfolgt daher keine detaillierte Beschreibung der Theorien mehr. Im Folgenden werden die Theory of Planned Behaviour, die Signaling Theory, die Social Identity Theory und die Expectancy Theory erläutert. Außerdem wird ein Einblick in die Theorien im Hinblick auf Persönlichkeitsfaktoren und auf berufliche Selbstwirksamkeit gegeben. Darüber hinaus finden auch noch weitere (psychologische) Theorien im Laufe dieser Arbeit Anwendung, eine entsprechende Erläuterung erfolgt an der jeweiligen Stelle.

2.4.1 Theory of Planned Behaviour

Theory of Planned Behavior

Die Theory of Planned Behavior hat ihre Ursprünge in den 1980er / 1990er Jahren und stellt eine klassische Theorie zur Vorhersage und Erklärung menschlichen Verhaltens dar. Wesentliche Variable in der Theorie ist die Intention, also die Verhaltensabsicht, die hauptsächlich motivationale Faktoren widerspiegelt – wie sehr möchte jemand etwas, welchen Aufwand ist er bereits, dafür aufzunehmen (Ajzen, 1991). Grundsätzlich gilt: je höher die Intention, desto höher die Wahrscheinlichkeit, dass das Verhalten (*Behavior*) gezeigt wird. Voraussetzung ist, dass das Verhalten einer willentlichen Kontrolle unterliegt. Die Intention ergibt sich wiederum aus drei Faktoren: der persönlichen Einstellung gegenüber dem Verhalten (*Attitude toward the Bahavior*), der subjektiven Norm (*Subjective Norm*) und der wahrgenommenen Kontrolle (Ajzen, 1991). Die persönliche Einstellung ergibt sich aus der eigenen Bewertung des Verhaltens als positiv oder negativ (*Behavioral Beliefs*). Die subjektive Norm stellt den sozialen Druck dar, dass das Verhalten vom Umfeld erwünscht / unerwünscht ist (*Normative Beliefs*). Die wahrgenommene Kontrolle spiegelt die wahrgenommenen Kapazitäten zur Ausführung des Verhaltens wider (*Control Beliefs*; in Anlehnung bspw. an das Konzept der Selbstwirksamkeit; Bandura, 1977). Hierbei handelt es sich um nicht motivationale Kapazitäten wie Fähigkeiten, aber auch Zeit oder Geld (Ajzen, 1991; Ajzen & Gilbert Cote, 2008). Zusätzlich hat laut aktuellerer Veröffentlichungen zu der Theory of Planned Behavior auch die tatsächliche Kontrolle Einfluss auf die Ausführung des Verhaltens (Ajzen, 1991; Ajzen & Gilbert Cote, 2008). Eine Übersicht über die Zusammenhänge der relevanten Faktoren der Theory of Planned Behavior in Anlehnung an eine Darstellung von Ajzen und Gilbert Cote (2008) befindet sich in Abbildung 2.5.

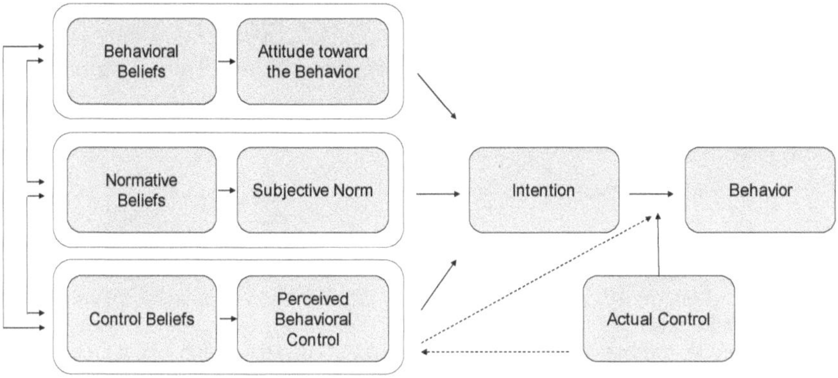

Abbildung 2.5: Darstellung der Theory of Planned Behavior in Anlehnung an Ajzen und Gilbert Cote (2008)

2.4.2 Signaling Theory

Signaling Theory

Die Ursprünge der Signaling Theory liegen in einer Veröffentlichung von Michael Spence zum Thema „Job Market Signaling“, die auf seiner Dissertation aufbaut (Spence, 1973). Als Ausgangssituation beschreibt Spence, dass ein Arbeitgeber bei der Auswahl von Kandidaten nicht alle Informationen über einen Kandidaten hat, die er für eine sichere Entscheidung benötigt. Der Arbeitgeber ist somit gezwungen, eine Entscheidung unter Unsicherheit zu treffen. Ihm stehen jedoch diverse Informationen zur Verfügung, die ihm als Hinweise für den Wert des Kandidaten für den Arbeitgeber dienen. Spence differenziert hier zum einen nicht beeinflussbare „Indizien“ wie das Geschlecht oder das Alter und zum anderen beeinflussbare „Signale“ wie bspw. die Ausbildung. Der Ansatz der Signaling Theorie ist, dass der Arbeitgeber diese Signale als Hinweise für den Wert des Kandidaten heranzieht, um somit das bestehende Informationsdefizit zu reduzieren (Spence, 1973).

Inzwischen wird die Signaling Theory allgemein als Beschreibungsansatz für Situationen herangezogen, in denen zwei Parteien (Individuen oder Unternehmen) einen unterschiedlichen Informationsstand haben. Eine Partei, der Sender, entscheidet, ob und wie er bestimmte Informationen „signalisiert“ / kommuniziert. Die andere Partei, der Empfänger, muss diese Signale interpretieren (Connelly et al., 2010; Spence, 1973, 2002).

Spence merkt bereits in seiner ersten Veröffentlichung zu dem Thema an, dass das Informationsdefizit in einer Bewerbungssituation vice versa bestehe, also, dass auch der potenzielle Mitarbeiter nur unzureichend Informationen für eine sichere Entscheidung hat. Er fokussiert jedoch die Sichtweise des Arbeitgebers. Nicht zuletzt aufgrund der zunehmenden Forschung in Bezug auf die Entscheidungsprozesse des Kandidaten sowie die zunehmende Relevanz der positiven Gestaltung von Bewerbungsprozessen, hat jedoch die Sichtweise des Kandidaten in den letzten Jahren immer häufiger im Kontext der Signaling Theory Beachtung gefunden. Diverse Autoren ziehen sie als Erklärung für das Erleben und Entscheiden von Kandidaten in Bewerbungsprozessen heran (siehe z.B. Breaugh, 2008; Rynes et al., 1990; Rynes & Cable, 2003; Turban et al., 1995).

2.4.3 Social Identity Theory

Social Identity Theory

Die Grundannahme der Social Identity Theory, die ursprünglich auf Henri Tajfel und John Turner zurück geht, ist, dass Menschen sich selbst und andere in soziale Kategorien einordnen, bspw. zu Zugehörigen einer Organisation, eines Geschlechts oder einer Altersgruppe. Das hat zwei wesentliche Funktionen. Zum einen eine kognitive Segmentierung und somit Systematisierung und zum anderen, sich selbst im sozialen Umfeld zu lokalisieren und zu definieren (siehe z.B. Ashforth & Mael, 1989; Tajfel & Turner, 1979, 2004; Turner, 1975). Laut Ashforth und Mael (1989) ist die Identifikation mit einer Organisation eine Form der sozialen Identifikation und kann Grundmotive von Individuen befriedigen, wie bspw. Sinnhaftigkeit oder Verbundenheit. Zudem identifizieren sich Individuen mit Organisationen, um das eigene positive Selbstbild zu unterstützen bzw. zu fördern (z. B. Tajfel & Turner, 1979). Auf diesem Grundgedanken aufbauend wird erwartet, dass zur Unterstützung eines positiven Selbstkonzeptes Kandidaten im Bewerbungsprozess diejenigen Organisationen als soziale Gruppe bevorzugen, die sie als positiv wahrnehmen. Durch die Zugehörigkeit zu dieser Organisation unterstützen bzw. fördern sie ihr eigenes Selbstbild (Tajfel & Turner, 1979; Turban et al., 1995).

2.4.4 Expectancy Theory

Expectancy Theory

Bereits seit den 1960er Jahren wird die Expectancy Theory (Vroom, 1964) als Erklärungsansatz für Entscheidungsprozesse herangezogen. Im Wesentlichen können laut der Expectancy Theory zwei Formeln das Handeln in Entscheidungssituationen beschreiben:

$$Entscheidung = Valenz * Erwartung$$

$$Valenz(E) = \sum_{i=1}^{n} (V'(F_i) * I(F_i))$$

Die Entscheidung für oder wider eine Handlung ergibt sich aus dem Wert (Valenz), der mit dem Ausführen der Handlung antizipiert wird, und der Erwartung, dass die Handlung zum Erfolg führt. Die Valenz wiederum ergibt sich aus einer Funktion, in der alle mit der Handlung verbundenen Outcomes einfließen. Jedes Outcome hat wiederum einen Wert ($V'(F_i)$) und eine sogenannte Instrumentalität ($I(F_i)$), also die Erwartung, dass das Outcome tatsächlich mit der Ausführung der Handlung verbunden ist (siehe z.B. (Vroom, 1964, 1966; Wanous et al., 1983). Wanous et al. (1983) konkretisieren dies anhand von Bewerbungsprozessen. Die Entscheidung für oder wider eine Bewerbung oder Angebot (*Effort expended to try to join an organization* = Entscheidung) ergibt sich aus dem Zusammenspiel zweier Aspekte: aus der Attraktivität der Organisation (*Attractiveness of the organization* = Valenz) und der Erwartung, ein Angebot zu erhalten (Vroom, 1964; Wanous et al., 1983). Die Annahme ist, dass die Attraktivität einer Organisation (*Valenz (E)*) sich aus der Summe der Funktionen jeweils zweier Aspekte ergibt: zum einen aus der Bewertung der Outcomes, die der Kandidat mit einer Tätigkeit bei der Organisation verbindet (*Desirability of each outcome to the individual* = $V'(F_i)$), und zum anderen der Erwartung, dass diese Outcomes tatsächlich mit einer Tätigkeit bei der Organisation verbunden sind (*Belief about each outcome Associated with the membership* = $I(F_i)$). In Abbildung 2.6 werden diese Zusammenhänge in Anlehnung an eine Darstellung von Wanous et al. (1983) abgebildet.

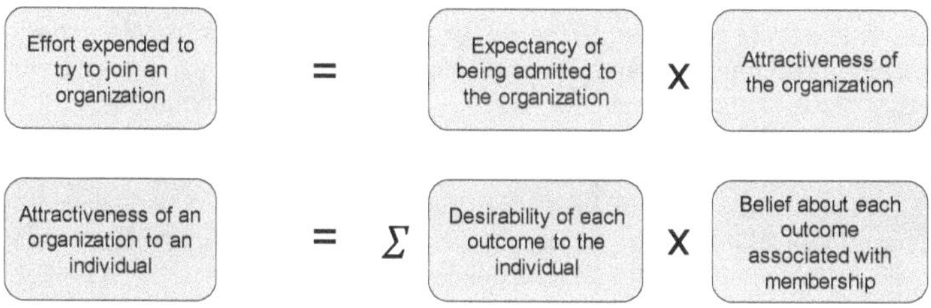

Abbildung 2.6: Darstellung der Einflussfaktoren auf die Attraktivität einer Organisation in Anlehnung an Wanous et al. (1983)

Wanous et al. (1983) schließen in ihrem Review, dass diese Annahmen zutreffen und die Expectancy Theory zur Erklärung der Attraktivität einer Organisation und Entscheidungen im Bewerbungsprozess herangezogen werden kann.

2.4.5 Persönlichkeit und berufliche Selbstwirksamkeit

Personality and Occupational Self-Efficacy

Im Kontext der Theorien zum Erleben und Verhalten und der damit verbundenen Annahmen werden in dieser Arbeit auch Persönlichkeitsfaktoren betrachtet. Diese werden zwar nicht von primärem Interesse bzw. in den Hypothesen verankert sein, stellen jedoch interessante Variablen im Kontext der Candidate Experience oder bspw. beim Vergleich verschiedener Stichproben dar. Es gibt eine Vielzahl von Modellen zum Gesamtsystem der Persönlichkeit (für eine detaillierte Übersicht siehe z.B. Amelang & Bartussek, 2001, S. 308 ff.). Ein übliches Modell in Bezug auf allgemeine Persönlichkeitsfaktoren sind die sogenannten „Big Five", das Fünf-Faktoren-Modell der Persönlichkeit (siehe z.B. Amelang & Bartussek, 2001; Goldberg, 1990; Rammstedt et al., 2014). Bei den fünf Faktoren handelt es sich um Neurotizismus, Extraversion, Offenheit für Erfahrungen, Verträglichkeit und Gewissenhaftigkeit. Der erste Faktor, Neurotizismus, beinhaltet, wie emotional labil eine Person reagiert. Die Extraversion ist in einer hohen Ausprägung mit Attributen wie Geselligkeit, Herzlichkeit und Durchsetzungsfähigkeit. Offenheit für Erfahrungen umfasst das Interesse an neuen Erfahrungen, Erlebnissen und Eindrücken. Personen mit einer hohen Ausprägung in der Verträglichkeit neigen im zwischenmenschlichen Verhalten zur Kooperation und zur Besonnenheit. Personen mit einer niedrigen Ausprägung hingegen lassen sich als kühl, kritisch und misstrauisch beschreiben. Die Dimension Gewissenhaftigkeit ist in einer hohen Ausprägung mit einem hohen Pflichtbewusstsein und Selbstdisziplin verbunden (Amelang & Bartussek, 2001; Costa & McCrae, 1992; Rammstedt et al., 2013; Rammstedt et al., 2014). Eine effiziente Möglichkeit, die Persönlichkeit in deutscher Sprache im Rahmen sozialwissenschaftlicher Untersuchungen zu erfassen ist das Big Five Inventory 10 (BFI-10; Rammstedt et al., 2014).

Im Rahmen der Theorie of Planned Behavior wurde bereits Bezug zum Konzept der Selbstwirksamkeit von Bandura (1977) genommen. Selbstwirksamkeit ist definiert als Überzeugung einer Person, durch ihre Fähigkeiten eine bestimmte Situation / Herausforderung zu bewältigen (Bandura, 1977). In den 1990er / 2000er Jahren wurde dieses Konzept immer häufiger im organisationalen Kontext betrachtet (siehe z.B. Judge & Bono, 2001; Rigotti et al., 2008; Schyns & Collani, 2002) und mündete in der domainspezifischen Betrachtung der beruflichen Selbstwirksamkeit. Diese bezieht sich auf die wahrgenommene Kompetenz einer Person in Bezug auf ihre Fähigkeiten zur erfolgreichen Bewältigung ihrer beruflichen Aufgaben (z. B. Rigotti et al., 2008). Mit dem Ziel, eine Skala für die berufliche Selbstwirksamkeit zu entwickeln, haben Schyns und Collani (2002) basierend auf verschiedenen Skalen zur allgemeinen Selbstwirksamkeit den Occupational Self-Efficacy Scale (inkl. Kurzversion) entwickelt. Zur Messung der beruflichen Selbstwirksamkeit im deutschsprachigen Raum kann die Version von Rigotti et al. (2008) herangezogen werden.

2.5 Organisationale Einbettung

Organizational Embedding

Aus den Ausführungen in Kapitel 2.3 geht hervor, dass „der kundenorientierte Ansatz Candidate Experience Management als die aktive Gestaltung aller Kontaktpunkte des Bewerbers mit dem Unternehmen zu verstehen ist, mit dem Ziel, einen positiven Gesamteindruck zu hinterlassen. Denn für den Kandidaten bildet die Abfolge vom Personalmarketing über die Bewerbung bis zum Auswahlverfahren einen zusammenhängenden Prozess“ (Kootz, 2014). In Unternehmen sind die organisatorischen Strukturen allerdings häufig (noch) nicht vollständig kundenorientiert und nicht am Prozess ausgerichtet, den der Kandidat durchlebt, sondern historisch bedingt eher funktional ausgerichtet. Es gibt häufig verschiedene Einheiten (das können je nach Unternehmensgröße Einzelpersonen, Teams oder Abteilungen sein), die spezialisiert sind auf bestimmte Teilprozesse. So gibt es in der gesamten Candidate Journey viele Unternehmensvertreter, die Kontakt zum Kandidaten haben und so (Mit-) Gestalter dieser Journey sind. Die Verantwortung für die Gestaltung einer positiven Candidate Experience ist grundsätzlich jedoch dem Bereich des Personalmanagements zuzuordnen und genießt dort auch schon eine hohe Relevanz (Troesser et al., 2016). Im Folgenden wird diese Annahme weiter erläutert.

Das Personalmanagement (auch Personalwesen oder Human Resource Management (HRM)) befasst sich mit allen Aufgaben und Tätigkeiten, die sich der Planung, Steuerung und Kontrolle menschlicher Arbeit sowie der betrieblichen Leistungserstellung durch Humanressourcen widmen (Huber, 2017; Wagner, 1989), im umfassenden Sinne also mit allen personellen Fragestellungen in einem Unternehmen. Ziel des HRM ist es, einen positiven Beitrag zum Unternehmenserfolg zu leisten (Huber, 2017). Das gesamte Personalmanagement kann dabei klassischerweise sowohl institutionell als auch funktional betrachtet werden. Institutionell betrachtet man alle formalen Organisationseinheiten die Personalarbeit wahrnehmen. In erster Linie ist das die Personalabteilung inkl. Personalleitung (oder vergleichbar), aber auch Führungskräfte in der Linie oder die Arbeitnehmervertretung. Die funktionale Betrachtungsweise beinhaltet alle Funktionen, die dem Personalmanagement zuzuordnen sind, wie bspw. Personalbeschaffung, Personalauswahl, Aus- und Weiterbildung etc. (Wagner, 1989). Eine rein funktionale Betrachtung sei jedoch aufgrund der hohen Bedeutung bis hin zur Managementebene nicht ausreichend, so Nicolai (2018). Daher wird bei der Betrachtung der Funktionen des Personalmanagements häufig zusätzlich zwischen dem strategischen, dem taktischen und dem operativen Personalmanagement differenziert (Nicolai, 2018; Scholz, 2014; Wagner, 1989).

Im strategischen Personalmanagement (Planungshorizont langfristig) wird die personalstrategische Ausrichtung des Unternehmens in Abstimmung mit der gesamtstrategischen Ausrichtung festgelegt. Dabei ist es sinnvoll, alle Funktionen des Personalmanagements im Sinne einer holistischen Herangehensweise zu berücksichtigen und zu integrieren, um gegenläufige Ausrichtungen in unterschiedlichen Feldern des Personalmanagements zu vermeiden (Nicolai, 2018; Scholz, 2014). Das taktische Personalmanagement konkretisiert diese vorgegebene Richtung und setzt entsprechende Maßnahmen mit einem Planungshorizont von etwa zwei bis fünf Jahren um. Im Fokus stehen hier Maßnahmen für gesamte Mitarbeitergruppen, bspw. die Erhöhung des

Qualitätsbewusstseins für alle Facharbeiter eines Unternehmens (Nicolai, 2018). Das operative Personalmanagement beschäftigt sich mit „gezielte[n] personelle[n] Einzelmaßnahmen“ (Nicolai, 2018), also bspw. der Besetzung einer konkreten Stelle mit einem neuen Mitarbeiter oder die Gehaltsanpassung eines Mitarbeiters.

Eine Konkretisierung und Gliederung von Funktionsbereichen wird von verschiedenen Autoren unterschiedlich vorgenommen. Es wird bspw. differenziert zwischen Metafunktionen (Strategisches Personalmanagement), Querschnittsfunktionen (bspw. Personalcontrolling, -marketing) und Prozessfunktionen (bspw. Personalbedarfsermittlung, -gewinnung; Harasymowicz-Birnbach, 2008 mit Bezug zu Thom, 2001) oder zwischen den übergeordneten Themen Mitarbeiterbetreuung, Arbeitsrecht/Soziales, Personalsysteme und Personalverwaltung (Wagner, 1989). Stock-Homburg (2010) differenziert hingegen die Gestaltung der Personalmanagement-Systeme (mit den Unterpunkten Mitarbeiterflusssysteme und Belohnungssysteme) und die Führung von Mitarbeitern und Teams (mit den Unterpunkten Führung von Mitarbeitern und Führung von Teams) als Gegenstandsbereiche des Personalmanagements. Darüber hinaus definiert sie neue Herausforderungen des Personalmanagements, wie bspw. den Umgang mit älteren Führungskräften und Mitarbeitern.

Zweifelsfrei bleibt jedoch über die verschiedenen Ansätze hinweg und unter Berücksichtigung der oben genannten Definition, dass sich das Personalmanagement mit allen personellen Fragestellungen im Unternehmen befasst (Huber, 2017) und dass unter anderem untenstehende Funktionen vom Personalmanagement abgedeckt werden sollten. Dabei handelt es sich um eine von der Autorin vorgenommene Subsumierung und Gliederung der oben genannten Ansätze / Betrachtungsweisen ohne den Anspruch auf Vollständigkeit.

- Metafunktionen
    - Personalstrategische Ausrichtung
    - Organisation des Personalmanagements
- Begleitung des Mitarbeiters über den gesamten Mitarbeiterlebenszyklus
    - Personalbedarfsplanung
    - Personalbestandsanalysen
    - Personalgewinnung
    - Personaleinsatz
    - Personalentwicklung (Aus- und Weiterbildung)
    - Personalerhaltung
    - Personalfreisetzung
- Querschnittsfunktionen
    - Personalcontrolling
    - Personalmarketing
    - Personalinformation
    - Personalsysteme

    - Arbeitsrecht / Soziales
    - Personalverwaltung
    - Lohnsysteme / Benefits
- Führungsfunktionen
- Beschäftigung mit neuen Herausforderungen des Personalmanagements

Stellt man die genannten Funktionen des Personalmanagements und die Phasen der Candidate Journey (für eine Herleitung siehe Kapitel 2.3.2 und Abbildung 2.3) gegenüber, ergeben sich einige direkte Zusammenhänge zwischen den Funktionsbereichen des Personalmanagements und der Candidate Journey und somit dem Candidate Experience Management. Eine visuelle Darstellung dieser Gegenüberstellung befindet sich in Abbildung 2.7.

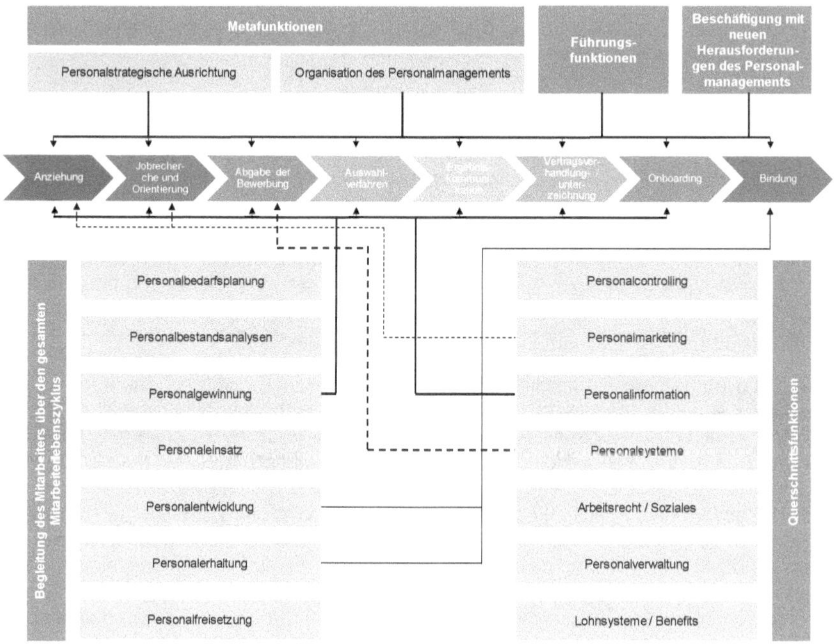

Abbildung 2.7: Gegenüberstellung der Funktionen des Personalmanagements und der Phasen der Candidate Journey

Es zeigt sich, dass definitorisch betrachtet durch alle fünf von der Autorin definierten übergeordnete Funktionsbereiche eine Möglichkeit zur Einflussnahme auf die Candidate Journey erwartet werden kann. Insbesondere von den Metafunktionen (Personalstrategische Ausrichtung und Organisation des Personalmanagements) sowie den Führungsfunktionen und der Beschäftigung mit den neuen Herausforderungen des Personalmanagements wird eine hohe Handlungsfähigkeit im Kontext des Candidate

Experience Managements erwartet. Wie in den vorangegangenen Absätzen beschrieben ist es sinnvoll, beim strategischen Personalmanagement im Sinne einer holistischen Herangehensweise alle Funktionsbereiche des Personalmanagements zu berücksichtigen und zu integrieren (Nicolai, 2018; Scholz, 2014). So kann, zumindest indirekt über die taktischen und operativen Funktionsbereiche des Personalmanagements, durch das strategische Personalmanagement Einfluss auf alle Phasen der Candidate Journey genommen werden. Vergleichbar sind auch die Einflussmöglichkeiten durch die Organisation des Personalmanagements. Durch eine strukturierte und zielorientierte Gestaltung aller operativen Personalfunktionen ist auch hier eine (mindestens indirekte) Einflussnahme auf alle Phasen der Candidate Journey möglich.

Durch die Führungsfunktionen kann aus Sicht der Autorin ebenfalls Einfluss auf die Candidate Journey genommen werden. In den früheren Phasen der Candidate Journey bspw. durch Mund-zu-Mund-Propaganda zum herrschenden Führungsstil oder dem Führungsverhalten bestimmter Führungskräfte. In den späteren Phasen der Candidate Journey durch den direkten Kontakt von Mitarbeitern des Personalmanagements und den Führungskräften zum Kandidaten.

Die Einflussmöglichkeiten durch die Beschäftigung mit neuen Herausforderungen des Personalmanagements sind aufgrund ihrer Vielfältigkeit und dem geringen Konkretisierungsgrad weniger klar umrissen. Betrachtet man jedoch bspw. die von Stock-Homburg (2010) genannten Herausforderungen wie den Umgang mit älteren Mitarbeitern oder die Förderung weiblicher Führungskräfte, ist auch hier ein Zusammenhang mit der Candidate Journey (speziell dieser Mitarbeiter) zu erwarten. Auch der in Kapitel 2.1 beschriebene Mangel an qualifiziertem Personal als neue Herausforderung des Personalmanagements lässt den Schluss zu, dass das Candidate Experience Management (als Antwort auf diesen Mangel) selbst eine relevante Personalfunktion darstellt. Ein Einfluss dessen auf die Candidate Journey ist definitorisch inhärent.

Durch die operativen Personalfunktionen (gegliedert in Begleitung des Mitarbeiters über den gesamten Mitarbeiterlebenszyklus und Querschnittsfunktionen) ist ein punktuellerer Einfluss auf einzelne Phasen der Candidate Journey zu erwarten. Lediglich bei den Funktionen Personalgewinnung und Personalinformation ist eine breite Einflussnahme auf fast alle Phasen der Candidate Journey zu erwarten. Insbesondere die Personalgewinnung weist eine enge und direkte Verbindung zum Thema Candidate Experience Management auf. Von der Funktion des Personalmarketings ist insbesondere auf die frühen Phasen der Candidate Journey, die Anziehung sowie die Jobrecherche und Orientierung, eine Einflussnahme zu erwarten. In den späteren Phasen ist eher von indirekten Zusammenhängen auszugehen, da andere Faktoren einen größeren Einfluss haben. Ein sehr punktueller Effekt mit Bezug auf die Candidate Journey ist von der Funktion der Personalsysteme anzunehmen. Lediglich bei der Abgabe der Bewerbung (und das auch nur bei einer Online-Bewerbung) ist eine direkte Schnittstelle des Kandidaten mit den Personalsystemen des Unternehmens zu erwarten. Ein Zusammenhang mit der letzten Phase der Candidate Journey, der Bindung, wird insbesondere mit den Personalfunktion Personalentwicklung und Personalerhaltung angenommen. An dieser Stelle sei angemerkt, dass die Definition der Phase der Bindung zu anderen nachhaltig orientierten Konstrukten wie bspw. dem Organisationalen Commitment oder der Mitarbeiterzufriedenheit sicherlich fließend ist.

Es zeigt sich, dass sowohl die strategischen als auch die taktischen Funktionen des Personalmanagements äußerst viele Potenziale bieten, um eine positive Candidate Journey zu gestalten. Doch das alleinige Engagement des Personalmanagements im institutionellen Sinne ist nicht ausreichend. Alle relevanten Akteure, die Schnittstellen zum Prozess der Candidate Journey aufweisen, müssen integriert werden, um ein einheitliches Verständnis und Verantwortlichkeiten zu definieren. Darüber hinaus wird bei der Betrachtung der Funktionen des Personalmanagements und der Phasen der Candidate Journey die Relevanz der Unterstützung durch das strategische (Personal) Management deutlich. Dieser Trend, dass das Personalmanagement nicht als eigenständiges und unabhängiges Silo in einer Organisation betrachtet werden und tätig sein kann, spiegelt sich auch im grundlegenden Wandel der Personalarbeit in den letzten Jahrzehnten wider.

In den 50er Jahren fokussierten sich die Personalabteilungen noch auf die reine Personalverwaltung. Schritt für Schritt wurden dann unterschiedliche Schwerpunkte in der Personalarbeit gelegt, sodass sich der Aufgaben- und Verantwortungsbereich der Personalabteilungen in den letzten Jahrzehnten stetig verändert / ausgeweitet hat (Scholz, 2014). Eine Übersicht über diese Entwicklung ist in Tabelle 2.2 in Anlehnung an Scholz (2014) zu sehen. „Betriebliche Personalarbeit hat in diesem Sinne einen grundlegenden Wandel erfahren, von einer ursprünglich verwaltungs- und produktivitätsorientierten Ausrichtung weg, hin zu einer an Arbeitszufriedenheit und Wertschöpfung orientierten Grundhaltung" (Huber, 2017).

Tabelle 2.2: Historische Entwicklung der Personalarbeit (Scholz, 2014)

Zeitraum	Entwicklungsschichten	Exemplarische Schwerpunkte
Ab 1950	Personalverwaltung	Abrechnung, Mitbestimmung
Ab 1960	Personalstrukturierung	Institutionalisierung, Identität der Personalabteilung, Personalplanung
Ab 1970	Personalentwicklung	Personalaktivierung, Karriereplanung
Ab 1980	Personalstrategie	Wertschöpfung durch die Personalarbeit
Ab 2000	Personalprozessintegration	Personal-Professionalisierung in allen Bereichen, verteilte Kompetenzen, „Personal-Vision"
Ab 2010	Personalabteilungsrenaissance	Reformierte Personalabteilung mit mehr Kompetenzen im Sinne von Befugnissen und Befähigung

Auch aktuelle Bestrebungen – Unternehmen zu sinnstiftenden, selbststeuernden und kundenorientierten Organisationen zu entwickeln – erfordern ein weiteres Umdenken in Personalthemen (Laloux, 2015). Personalprozesse sollten überarbeitet werden, das Involvement aller Beteiligten in die Personalthemen sollte gesteigert werden und damit sollte die weitere Entwicklung der Personalabteilung hin zu strategischen Partnern einhergehen.

Als wesentliche Ursachen für diesen Wandel zieht Troger (2019) makroökonomische Aspekte (bspw. den Anteil der Erwerbstätigen an der Gesamtbevölkerung) sowie gesellschaftspolitische Aspekte (bspw. neue Familienmodelle) heran. Der demografischen Entwicklung gibt er einen besonderen Stellenwert in dieser Ursachenüberlegung, da sie sich langsam und schleichend ankündigt, aber schwierig zu beeinflussen ist. Scholz (2014) sieht das Personalmanagement im Spannungsfeld von einer Wertedynamik, einer Technologiedynamik, einer Marktdynamik und einer Organisationsdynamik sowie den zusätzlichen treibenden Kräften Globalisierung und Ökologie. Eine Übersicht zur Konkretisierung dieser Kräfte befindet sich in Tabelle 2.3. Sie spiegelt in einer eigenen Darstellung die Ausführungen dazu von Scholz (2014) wider.

Tabelle 2.3: Einflussfaktoren auf das Personalmanagement in Anlehnung an Scholz (2014)

Einflussfaktor	Exemplarische Konkretisierung
Wertedynamik	Wandel von Werten über die Zeit und über verschiedene Generationen, bspw. hin zu Balance, Leidenschaft, Lembereitschaft (in der Generation Y), verwischen von Grenzen zwischen Arbeit und Freizeit
Technologiedynamik	Informationstechnologie, Vernetzung, Informationsbereitstellung über das Internet, elektronische Prozesse (z.B. Recruiting, Administration)
Marktdynamik	Veränderungen im Güter- und Dienstleistungsmarkt, Kapitalmarkt und Arbeitsmarkt, turbulente Veränderungen und offener Wandel, davon abhängige notwendige Qualifikationsstruktur
Organisationsdynamik	Auflösen von Grenzen innerhalb und zwischen Unternehmen und zwischen Funktionen, Steuerung von Unternehmen (zentral oder dezentral), Auswirkungen auf das Personalmanagement (Bedarfe, Kompetenzen etc.)
Globalisierung	Internationalisierung, damit verbundene Qualifizierung und Einstellung, Arbeitszeitgestaltung bei unterschiedlicher geografischer Lage, Berücksichtigung von politischen, rechtlichen, kulturellen, ökonomischen Rahmenbedingungen
Ökologie	„Green HR“ mit ökologischer, sozialer und wirtschaftlicher Nachhaltigkeit in HR-Prozessen, Reiseminimierung, Denken und Handeln durch Personal- und Organisationsentwicklung beeinflussen

Zusammenfassend ist festzuhalten, dass das Personalmanagement einem stetigen Wandel unterliegt, der sich auch zukünftig aufgrund diverser treibender Kräfte fortsetzen wird. Sowohl dieser Wandel als auch das Candidate Experience Management erfordern eine Integration und Verbindung von Personalthemen, sowohl institutionell als auch funktional betrachtet. Für ein zielführendes und effektives Candidate Experience Management ist ein Commitment auf (personal-) strategischer Ebene unerlässlich. Im nächsten Schritt ist die Einbindung aller relevanter Personalfunktionen und darüber hinaus aller weiteren Schnittstellen im Unternehmen notwendig. Dennoch ist es sinnvoll, die konzeptionelle und gestalterische Verantwortung für das Candidate Experience Management in einer Person / in einem Team / in einer Projektgruppe zu bündeln, um das Thema systematisch zu verankern und voranzutreiben.

2.6 Aufstellen des Modells und Hypothesen

Establishing the Model and Hypotheses

Im Kern geht es in der vorliegenden Arbeit zum einen um das Thema Candidate Experience und die Fragen, welche Aspekte des Erlebens im Bewerbungsprozess einen Einfluss auf die Candidate Experience haben und wie man diese Aspekte erfassen kann. Um sich der Beantwortung dieser Fragen anzunähern, werden bezugnehmend auf bisherige Studien und Überlegungen (Details siehe Kapitel 2.3.3) zunächst wesentliche Aspekte herausgearbeitet und definiert, die theoriegeleitet und argumentativ einen Einfluss auf die Candidate Experience haben könnten. Im Anschluss daran wird auf die Frage eingegangen, wie man diese Aspekte erfassen kann.

Zum anderen geht es um die Auswirkungen der Aspekte der Candidate Experience auf die generelle Haltung des Kandidaten gegenüber dem Unternehmen / der Tätigkeit und entsprechende Handlungsintentionen / Handlungen (übergreifend in der vorliegenden Arbeit als „Outcomes" bezeichnet, differenziert in „Haltung", „Intention" und „Entscheidung des Kandidaten"). Dass die Candidate Experience jedoch nicht der einzige Faktor ist, der die Haltung / Intention des Kandidaten gegenüber dem Unternehmen sowie die daraus resultierende Entscheidung determiniert, liegt auf der Hand und wurde bereits in Kapitel 1.1 aufgegriffen. Eine Vielzahl von Studien stellt unterschiedlichste Einflussfaktoren und deren Auswirkungen in diesem Kontext dar (Cable & Judge, 1996; Chapman et al., 2005; Judge & Bretz Jr., 1991; Judge & Cable, 1997; Turban et al., 1995) und setzt sie in den Zusammenhang mit entsprechenden erklärenden Theorien (siehe z.B. Rynes et al., 1990; Turban et al., 1995; van Hooft et al., 2006). Um ein vollständiges Modell zur Beschreibung des Erlebens- und Entscheidungsprozesses eines Kandidaten abzubilden, werden diese anderen Einflussfaktoren ebenfalls in die Betrachtungsweise dieser Arbeit einbezogen.

Im Folgenden wird das aufgestellte Modell auf einer übergeordneten Ebene abgebildet und erläutert, um die relevanten Aspekte und die Zusammenhänge übersichtlich darzustellen. Im Anschluss werden die Aspekte, die das Modell beinhaltet, definitorisch geschärft. Es folgt die Hypothesenbildung, um die verschiedenen Variablen und deren Zusammenhänge darzustellen und in dem erarbeiteten Modell zu beschreiben.

Zunächst wird auf die grobe Struktur des Modells eingegangen mit dem Fokus darauf, welche Aspekte die Candidate Experience beeinflussen. In Kapitel 2.3 wurde das Konstrukt der Candidate Experience erläutert und definiert. Zudem wurden Aspekte der Candidate Experience, die in bereits bestehenden Veröffentlichungen hervorgehoben wurden, sowie angrenzende Konstrukte und dessen Aspekte vorgestellt (bspw. Athanas & Wald, 2014; Parasuraman et al., 1988; Verhoeven, 2016b; Wald & Athanas, 2017).

Zusammenfassend sei an dieser Stelle erneut das Modell von Athanas und Wald (2014) mit Bezug auf Shaw (1997) aufgegriffen. Nach diesem Modell führen die folgenden drei Aspekte zu Vertrauen des Kandidaten im Bewerbungsprozess und somit zu einer positiv erlebten Candidate Experience:

- Klarheit & Integrität
- Augenhöhe & Wohlwollen
- Ergebnisorientierung

Der Grundsatz des Modells von Athanas und Wald (2014) ist, dass durch das positive Erleben im Hinblick auf die drei genannten Faktoren Vertrauen und damit der Glaube, dass die eigenen Erwartungen erfüllt werden, geweckt wird.

In Kapitel 2.2 wurde außerdem das Konstrukt der Servicequalität mit dem ServQual (Parasuraman et al., 1988) als Erhebungsinstrument ausführlich dargestellt. Auch hier werden verschiedene Faktoren zu Grunde gelegt, anhand derer das Erleben des „Betroffenen" kategorisiert wird. Laut Parasuraman et al. (1988) findet ein Abgleich zwischen Erwartungen und Wahrnehmungen statt, der zu einem Eindruck im Hinblick auf die verschiedenen Faktoren führt. Ein positives Erleben in Bezug auf diese Faktoren führt zu einer positiv erlebten Servicequalität. Die Faktoren sind:

- Reliability / Zuverlässigkeit
- Assurance / Trust / Sicherheit
- Tangibles / Äußeres Erscheinen
- Empathy / Empathie
- Responsiveness / Reaktionsfreudigkeit

Wie in Kapitel 2.2 beschrieben, sind aus Sicht der Autorin viele Aspekte der Servicequalität auch bei der Betrachtung des Erlebens von Kandidaten in Bewerbungsprozessen relevant. Zur Schaffung eines umfassenden theoretischen Bezugsrahmens wurden daher die beiden Modelle integriert, um vielfältige Faktoren in die Betrachtungsweise der Candidate Experience mit einzubeziehen. Das Ergebnis dieser Integration sind fünf Faktoren mit den in der Tabelle 2.4 aufgeführten Benennungen, Attributen und Definitionen.

Dabei wurden unter 1) die Faktoren Augenhöhe & Wohlwollen von Athanas und Wald (2014) und Empathy aus dem ServQual (Parasuraman et al., 1988) zusammengeführt. In beiden Modellen finden sich hier emotionale Aspekte mit dem Fokus auf Attributen wie Personalisierung, Aufmerksamkeit und Wertschätzung wieder. Sie wurden zu einem Faktor unter der beibehaltenen Benennung Augenhöhe und Wohlwohlen integriert.

Unter 2) ist der Faktor Transparenz und Nachvollziehbarkeit aufgeführt, der im Wesentlichen aus dem Faktor Klarheit & Integrität aus dem Modell von Athanas und Wald (2014) resultiert. Kern dieses Faktors ist die sachliche Nachvollziehbarkeit von Vorgehensweisen und Entscheidungen.

Der Faktor Ergebnisorientierung (3) enthält hauptsächlich Attribute des gleichnamigen Faktors aus dem Modell von Athanas und Wald (2014) sowie des Faktors Responsiveness aus dem ServQual (Parasuraman et al., 1988). Zudem fließen einzelne Attribute des Faktors Reliability des ServQuals (Parasuraman et al., 1988) ein, sodass die Ergebnisorientierung im Sinne des Modells der Autorin das wahrgenommene zügige

Vorankommen im gesamten Bewerbungsprozess beinhaltet. Es sei an dieser Stelle bereits darauf hingewiesen, dass der Faktor Ergebnisorientierung im weiteren Verlauf dieser Arbeit aufgrund von Ergebnissen aus den Vorstudien umbenannt wird in Zeitplanung und zügiger Prozessverlauf.

Tabelle 2.4: Aspekte der Candidate Experience

Faktor	Attribute	Definition
Augenhöhe und Wohlwollen	Persönlich / Personalisierung, Augenhöhe, Respekt, emotional, Wertschätzung, Zeit nehmen, Empathie, Atmosphäre, Angemessenheit, Interesse (nicht Prüfung), Kennenlernen, Gefühl, den Kandidaten zu wollen, individuell, überzeugen, Höflichkeit	Der Aspekt Augenhöhe und Wohlwollen beschreibt im Wesentlichen die persönliche Beziehungsebene zwischen dem Kandidaten und Mitarbeitern des Unternehmens. Der Kandidat fühlt sich wertschätzend behandelt und nimmt eine angenehme Atmosphäre wahr.
Transparenz und Nachvollziehbarkeit	Transparenz, Klarheit, Aufrichtigkeit, eher sachlich, Nachvollziehbarkeit, Fairness, persönlicher Ansprechpartner, Struktur, Relevanz von Fragen, Transparenz bzgl., Anforderungen, Aufgaben, Entwicklung, Organisation (Stelle und Unternehmen)	Transparenz und Nachvollziehbarkeit beschreibt eine sachliche Ebene der verbalen und schriftlichen Kommunikation. Der Kandidat fühlt sich gut informiert. Darüber hinaus umfasst dieser Aspekt die sachliche Nachvollziehbarkeit von bestimmten Vorgehensweisen oder Fragen für den Kandidat.
Ergebnisorientierung (später: Zeitplanung und zügiger Prozessverlauf)	Rückmeldung, Fortschritt, vereinbarte Zeit, Absprachen, Verbindlichkeit, Planung, einhalten der Planung, Flexibilität, Pünktlichkeit, Effizienz (nicht mehrmals die gleichen Fragen von unterschiedlichen AP), Reisekosten, Termine vereinbaren (nicht spontan), feste Teilnehmer am Gespräch	Der Aspekt der Ergebnisorientierung beinhaltet das wahrgenommene Vorankommen im Bewerbungsprozess mit dem Ziel, eine Entscheidung herbeizuführen.
Äußeres Erscheinungsbild	Personen, Standort, gepflegt, Equipment, Materialien, Erreichbarkeit, Portal, Emails, Authentizität, Räume, Getränke, Telefonate und Emails, Sitzordnung	Das äußere Erscheinungsbild umfasst das gepflegte Erscheinen des gesamten Unternehmens in der Wahrnehmung des Kandidaten.
Kompetenz der Ansprechpartner	Wissen und Fähigkeit, um Vertrauen zu generieren, Professionalität, Glaubwürdigkeit, Wissen des Ansprechpartners, Kompetenz, Vorbereitung	Der Aspekt Kompetenz der Ansprechpartner beinhaltet, dass die Mitarbeiter des Unternehmens aus der Sicht des Kandidaten als kompetent und glaubwürdig wahrgenommen werden.

Aus dem ServQual (Parasuraman et al., 1988) wurde zudem der Faktor Tangibles für das Modell der Autorin als Faktor Äußeres Erscheinungsbild inkludiert. Dieser spiegelt das gepflegte äußere Erscheinen des Unternehmens und dessen Mitarbeitern wider. Bei Athanas und Wald (2014) finden diese Aspekte nicht explizit Berücksichtigung.

Der letzte definierte Faktor Kompetenz der Ansprechpartner resultiert maßgeblich aus dem Faktor Assurance / Trust des ServQual (Parasuraman et al., 1988). Er beinhaltet, dass Ansprechpartner relevantes Wissen und relevante Fähigkeiten haben, um Vertrauen generieren zu können. Dieser Aspekt spielt im Modell von Athanas und Wald (2014) eine übergeordnete Rolle: alle aufgeführten Faktoren dienen aus Sicht der Autoren (mit Bezug auf Shaw, 1997) dazu, bei dem Kandidaten das Vertrauen zu generieren, dass seine Erwartungen erfüllt werden.

Aufgrund der in den vorangegangenen Abschnitten erläuterten Herangehensweise werden Augenhöhe und Wohlwollen, Transparenz und Nachvollziehbarkeit, Ergebnisorientierung, Äußeres Erscheinungsbild und Kompetenz der Ansprechpartner als Aspekte der Candidate Experience festgehalten.

Neben der Identifikation von Aspekten der Candidate Experience (Forschungsfrage I) ist ein wesentliches Ziel der vorliegenden Arbeit, diese Aspekte erfassbar zu machen (Forschungsfrage II). Um dieses aufgeführte Ziel der Arbeit zu adressieren, wird ein Fragebogen entwickelt, der die fünf identifizierten Aspekte der Candidate Experience mit Hilfe von entwickelten Items für jeden Aspekt messbar machen soll. Es wird davon ausgegangen, dass hierbei ein Zusammenhang zwischen dem jeweiligen Aspekt der Candidate Experience und den entsprechend zugeordneten entwickelten Items besteht, woraus sich folgende Hypothesen ableiten:

Hypothese 1

H1a: Es besteht ein Zusammenhang zwischen den im Rahmen dieser Arbeit entwickelten „Augenhöhe und Wohlwollen“-Items und dem Aspekt I Augenhöhe und Wohlwollen (korrelativ).

H 1b: Es besteht ein Zusammenhang zwischen den im Rahmen dieser Arbeit entwickelten „Transparenz und Nachvollziehbarkeit“-Items und dem Aspekt II Transparenz und Nachvollziehbarkeit (korrelativ).

H 1c: Es besteht ein Zusammenhang zwischen den im Rahmen dieser Arbeit entwickelten „Ergebnisorientierung“-Items und dem Aspekt III Ergebnisorientierung (korrelativ).

H 1d: Es besteht ein Zusammenhang zwischen den im Rahmen dieser Arbeit entwickelten „Äußeres Erscheinungsbild“-Items und dem Aspekt IV Äußeres Erscheinungsbild (korrelativ).

H 1e: Es besteht ein Zusammenhang zwischen den im Rahmen dieser Arbeit entwickelten „Kompetenz der Ansprechpartner“-Items und dem Aspekt V Kompetenz der Ansprechpartner (korrelativ).

Darauf aufbauend ist ein weiteres Ziel dieser Arbeit, sich mit der Frage zu beschäftigen, inwieweit die Aspekte des Erlebens von Kandidaten im Bewerbungsprozess die Haltung, die Intention und die Entscheidung eines Kandidaten beeinflussen (Forschungsfrage III). Um sich der Beschäftigung mit dieser Fragestellung anzunähern, wird zunächst die übergeordnete Struktur des Modells beschrieben. Bei der Betrachtung auf einer übergeordneten Ebene werden die oben beschriebenen Input- (Erleben, u. a. Aspekte der Candidate Experience) und Outcome-Variablen (Haltung, Intention und Entscheidung) unterschieden. Bei den Input-Variablen handelt es sich um die Einflussfaktoren, die im weiteren (zeitlichen) Verlauf mit den Outcome-Variablen im Zusammenhang stehen. In dieser Arbeit werden bei den Input-Variablen zunächst einmal alle Faktoren zusammengefasst, die das Erleben das Kandidaten im Bewerbungsprozess abbilden. Sowohl bspw. die Beurteilung von Faktoren des Unternehmens / der Tätigkeit, als auch das subjektive Empfinden des Kandidaten im Bewerbungsprozess (Candidate Experience) spielen hier eine Rolle. Auf die einzelnen Variablen und

Konstrukte, die hinter diesem Stichwort des Erlebens stehen, wird im Folgenden noch im Detail eingegangen. Die Outcome-Variablen bilden die Meinung des Kandidaten gegenüber dem Unternehmen / der Tätigkeit ab, beeinflusst durch das Erleben. So baut das Modell auf der stark abstrahierten Annahme auf, dass der Kandidat im Bewerbungsprozess etwas erlebt (Input) und sich das auf seine Meinung gegenüber dem Unternehmen / der Tätigkeit (Outcome) auswirkt.

Um diesen Zusammenhang frei von Entscheidungsprozessen (sowohl seitens des Kandidaten als auch seitens des Unternehmens) und entsprechenden Effekten wie bspw. der Vermeidung von Dissonanz betrachten zu können, werden die Input-Variablen und die Outcome-Variablen zum ersten Mal bereits in einem sehr frühen Stadium des Bewerbungsprozesses erfasst. Im weiteren Prozessverlauf (Verlauf t von t1 zu t2) erfolgt die Betrachtung erneut. Zum zweiten Zeitpunkt t2 wird ebenfalls ein entsprechender Zusammenhang erwartet, dieses Mal jedoch beeinflusst von weiteren Faktoren: der Entscheidung des Unternehmens und der Entscheidung des Kandidaten. In Abbildung 2.8 ist eine Übersicht über die wesentlichen Variablen und Zusammenhänge dargestellt.

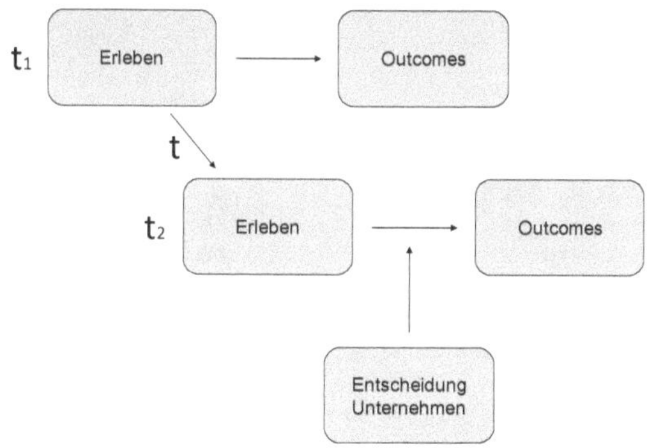

Abbildung 2.8: Übersicht über die wesentlichen Variablen und erwarteten Zusammenhänge

Doch was verbirgt sich hinter den genannten übergeordneten Stichworten des Erlebens oder der entsprechenden Outcomes? Eine definitorische Schärfung der Variablen sowie eine Konkretisierung der Zusammenhänge erfolgt in den kommenden Abschnitten.

Zunächst werden die Outcome-Variablen definiert. Als Outcomes werden in der vorliegenden Arbeit die Haltung, die Intention und die Entscheidung des Kandidaten in die Betrachtungsweise einbezogen.

Haltung

Unabhängig von der Entscheidung des Kandidaten wird in Studien zur Erfassung von Attraktoren im Bewerbungsprozess als Outcome-Variable häufig die Haltung des Kandidaten gegenüber dem Unternehmen / der Tätigkeit betrachtet (siehe bspw. Cable & Judge, 1996; Chapman et al., 2005; Turban et al., 1995; van Hooft et al., 2006). Die Haltung beinhaltet dabei die subjektiv empfundene Attraktivität der Organisation bzw. einer konkreten Tätigkeit und den damit verbundenen Wunsch, für dieses Unternehmen arbeiten zu wollen. Sie wird bspw. mit Items wie "How attractive is the job to you?" (Saks et al., 1994) erfasst. Eine frühe Erfassung dieser Variablen im Bewerbungsprozess ermöglicht, die Haltung des Kandidaten unabhängig von dem weiteren Prozessverlauf zu betrachten. Zum einen ist dies als Prädiktor für die langfristige Haltung des Kandidaten gegenüber dem Unternehmen zu sehen, was vor allem praktische Relevanz hat, um ein positives Unternehmensimage langfristig zu fördern. Zum anderen ist eine unabhängige Einschätzung der Zusammenhänge in dem Gesamtprozess möglich, was vor allem bei wissenschaftlichen Untersuchungen, wie der vorliegenden Arbeit, von Nutzen ist (Turban et al., 1995).

Intention

Neben der Haltung des Kandidaten wird als Outcome-Variable häufig auch die Intention zur Handlung (sich für das Unternehmen zu entscheiden) betrachtet (und nicht ausschließlich die Entscheidung; siehe ebenfalls Cable & Judge, 1996; Chapman et al., 2005; Turban et al., 1995; van Hooft et al., 2006). Die Kandidaten werden hierfür in der Regel gebeten anzugeben, wie hoch sie die Wahrscheinlichkeit einschätzen, dass sie sich für das Unternehmen entscheiden, vorausgesetzt sie erhalten ein Angebot. Teilweise wird die Intention, ein potenzielles Angebot anzunehmen, als Alternative zur Entscheidung erfasst, wenn keine Informationen bzgl. der Entscheidung vorliegen / zugänglich sind. Die systematische Erfassung der Intention vor der Entscheidung des Unternehmens sowie der Entscheidung des Kandidaten ermöglicht es, eine weitere Outcome-Variable unabhängig vom weiteren Prozessverlauf zu betrachten.

Entscheidung des Kandidaten

Die Entscheidung des Kandidaten für oder wider ein Unternehmen – respektive ein konkretes Angebot – ist für Unternehmen wohl die relevanteste Outcome-Variable, zumindest kurzfristig gedacht und bei Kandidaten, die das Unternehmen für gut befunden hat. Sie hat einen direkten Effekt auf den weiteren Verlauf bzw. Erfolg des Recruitingprozesses. Die Entscheidung des Kandidaten ist nicht unabhängig vom weiteren Prozessverlauf zu erfassen, da die Entscheidung des Kandidaten in der Regel zeitlich nach der Entscheidung des Unternehmens einzuordnen ist. Somit ist die Entscheidung des Kandidaten üblicherweise von der Entscheidung des Unternehmens beeinflusst. Bei der Entscheidung des Kandidaten handelt es sich um eine dichotome Variable mit den zwei Möglichkeiten Zusage und Absage. Die Entscheidung des Kandidaten kann nur erfasst werden, wenn das Unternehmen eine Zusage ausgesprochen hat. Spricht das Unternehmen eine Absage aus, kann lediglich die Intention des Kandidaten (siehe vorangehender Abschnitt) erfasst werden. Kandidaten können dann nach der Einschätzung der Wahrscheinlichkeit für eine Annahme des Angebots gefragt werden für den hypothetischen Fall, dass das Unternehmen sich für den Kandidaten entschieden hätte. An dieser Stelle sei bereits angemerkt, dass Letzteres einen sehr konstruierten Fall darstellt.

Zusammenhang zwischen Haltung, Intention und Entscheidung

Die Theory of Planned Behavior (Ajzen, 1991; Details siehe Kapitel 2.4.1) bietet eine gute Grundlage für die Beschreibung des Zusammenhangs zwischen Haltung, Intention und Entscheidung. Laut der Theorie von Ajzen resultiert das Verhalten aus der Verhaltensabsicht. Diese wiederum ergibt sich aus der persönlichen Einstellung, subjektiven Normen sowie der wahrgenommenen Kontrolle. Die persönliche Einstellung ist ein Resultat aus der Erwartung bzgl. des Ergebnisses und der Bewertung dessen (Ajzen, 1991). Wendet man diese Theorie nun auf den Erlebens- und Entscheidungsprozess eines Kandidaten an, kann davon ausgegangen werden, dass das Erleben des Kandidaten zu einer Erwartung bzgl. des Ergebnisses und der Bewertung dessen führt. Die dadurch hervorgerufene persönliche Einstellung stellt die oben geschilderte Outcome-Variable der Haltung dar. Die Haltung, ergänzt um den Einfluss subjektiver Normen und der wahrgenommenen Kontrolle, führt nach Ajzen zur Verhaltensabsicht, also zur Intention. Abschließend wird davon ausgegangen, dass das tatsächliche Verhalten (die Entscheidung) durch die Verhaltensabsicht (Intention) bestimmt wird. Es ist jedoch wichtig anzumerken, dass eine Verhaltensabsicht nicht immer zum Verhalten führt. Zudem stellen Erlebens- und Entscheidungsprozesse von Kandidaten im Bewerbungsprozess sehr komplexe Situationen dar. Doch der theoriegeleitete oben dargestellte Zusammenhang von Haltung, Intention und Entscheidung kann auch in entsprechenden Studien nachgewiesen werden: bspw. schließen Turban et al. (1995) aus den Ergebnissen einer ihrer Studien, dass die Intention eines Kandidaten als direkter Prädiktor für die Entscheidung gesehen werden kann. Dieser Zusammenhang ist besonders stark bei denjenigen, die eine geringe Intention aufweisen, ein Angebot anzunehmen. Diese Kandidaten haben sich meistens tatsächlich gegen das Unternehmen entschieden. Kandidaten mit einer starken Intention, ein Angebot anzunehmen, haben sich aber teilweise doch noch gegen das Unternehmen entschieden. Turban et al. (1995) vermuten, dass diese Kandidaten aufgrund des damals starken Arbeitsmarktes ggf. mehrere alternative Angebote vorliegen gehabt haben und so noch andere Faktoren wie die wahrgenommenen Alternativen mit in die Entscheidung einflossen (Details dazu siehe Abschnitt zu „Wahrgenommene Alternativen"). Auch Cable und Judge (1996) schätzen den Nachweis des Zusammenhangs von Haltung, Intention und Entscheidung aufgrund der komplexen Erlebens- und Entscheidungssituation als methodisch schwierig ein. Teilergebnisse ihrer Studie lassen jedoch auf einen relativ starken signifikanten Zusammenhang zwischen Intention und Entscheidung schließen ($r = .48$, $p < .001$; Cable & Judge, 1996). Cable und Judge (1996) schließen daraus, dass Einflüsse auf die Intention eines Kandidaten auf die Entscheidung generalisiert werden können.

Aufgrund der Theory of Planned Behavior (Ajzen, 1991) und den dargestellten Studien wird von einem positiven Zusammenhang der Outcome-Variablen untereinander ausgegangen. Somit werden die im folgenden dargestellten Einflüsse der Input-Variablen auf die Haltung, die Intention und die Entscheidung nicht differenziert betrachtet, sondern über die drei Outcome-Variablen hinweg generalisiert.

Nachdem nun die Outcome-Variablen Haltung, Intention und Entscheidung des Kandidaten sowie deren Zusammenhang dargestellt wurden, werden in den folgenden Abschnitten die Einflussfaktoren (Erleben) und deren erwartete Auswirkungen erläutert. Unter dem Erleben auf der übergeordneten Modellebene sind alle Einflussfaktoren zusammengefasst, die das Erleben des Kandidaten im Bewerbungsprozess im erarbeiteten Modell beeinflussen. An dieser Stelle sei hervorgehoben, dass es bei diesen Variablen immer um die subjektive Einschätzung des Kandidaten geht, da genau diese Einschätzung auch als relevant für die spätere Entscheidung erachtet wird. Die relevanten Variablen, die dem Erleben zugeordnet werden, werden im Folgenden beschrieben, es handelt sich zum einen um die Aspekte der Candidate Experience:

Aspekt I der Candidate Experience: Augenhöhe und Wohlwollen

Aspekt II der Candidate Experience: Transparenz und Nachvollziehbarkeit

Aspekt III der Candidate Experience: Ergebnisorientierung

Aspekt IV der Candidate Experience: Äußeres Erscheinungsbild

Aspekt V der Candidate Experience: Kompetenz der Ansprechpartner

Darüber hinaus werden folgende Variablen dem Erleben zugeordnet:

a) Eigenschaften der Tätigkeit / der Organisation
b) Fit (Person-Job-Fit / Person-Organisation-Fit)
c) Erwartung einer Zusage
d) Wahrgenommene Alternativen

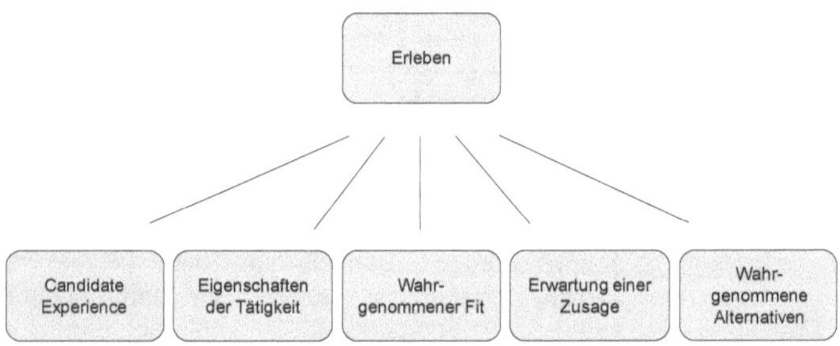

Abbildung 2.9: Variablen, die dem Erleben des Kandidaten zugeordnet werden

Als wesentliche Einflussfaktoren beim Erleben des Bewerbungsprozesses seitens des Kandidaten werden die Aspekte der Candidate Experience betrachtet. Das Konstrukt der Candidate Experience wurde in diesem Kapitel bereits im Detail erläutert und definiert, fünf Aspekte der Candidate Experience wurden abgeleitet:

Aspekt I: Augenhöhe und Wohlwollen

Der Aspekt Augenhöhe und Wohlwollen beschreibt im Wesentlichen die persönliche Beziehungsebene zwischen dem Kandidaten und Mitarbeitern des Unternehmens. Der Kandidat fühlt sich wertschätzend behandelt und nimmt eine angenehme Atmosphäre wahr.

Athanas und Wald (2014) heben in ihren Ausführungen zur Candidate Experience und entsprechenden relevanten Aspekten dieser die Wichtigkeit der emotionalen Verbundenheit des Kandidaten mit dem Unternehmen respektive den Unternehmensvertretern hervor. Ein „wertschätzendes Verhalten der Unternehmensvertreter ist hierfür zentral" (Athanas & Wald, 2014). Auch Parasuraman et al. (1988) postulieren im Kontext der Servicequalität die Relevanz der individuellen Aufmerksamkeit und des Kümmerns der agierenden Unternehmensvertreter. Zudem haben bspw. Berthon et al. (2005) in ihren Untersuchungen zur Definition von Dimensionen der Attraktivität von Arbeitgebern die Wichtigkeit von sozialen Aspekten, wie zum Beispiel eine gute Beziehung zu Vorgesetzen und Kollegen, hervorgehoben. Diese Aspekte können in Ansätzen bereits im Bewerbungsprozess von den Kandidaten berücksichtigt werden und spiegeln sich im Aspekt Augenhöhe und Wohlwollen der Candidate Experience wider. Aufgrund dessen wird erwartet, dass diese Aspekte einen positiven Zusammenhang mit den Outcomes aufweisen. An dieser Stelle sei auch Bezug genommen zur Signaling Theory (Spence, 1973). Sie besagt, dass das Erleben im Bewerbungsprozess ein Signal für die tatsächlichen Gegebenheiten in der Organisation darstellt. Die Relevanz dessen ist insbesondere aufgrund einer begrenzten Informationsmenge über die tatsächlichen Gegebenheiten stark ausgeprägt. Verschiedene Autoren haben die Signaling Theory bereits im Kontext vom Erleben in Bewerbungsprozessen aufgegriffen (siehe z.B. Breaugh, 2008; Rynes et al., 1990; Rynes & Cable, 2003; Turban et al., 1995). Mit Bezug auf den Aspekt Augenhöhe und Wohlwollen, der im Wesentlichen die persönliche Beziehungsebene abbildet, sind zudem auch Anknüpfungspunkte zur Social Identity Theory (siehe z.B. Ashforth & Mael, 1989; Tajfel & Turner, 1979, 2004; Turner, 1975) erkennbar. Laut dieser Theorie ist das Selbstkonzept eines Individuums durch die Gruppe / Organisation geprägt, in der es sich bewegt. Auf diesem Grundgedanken aufbauend wird erwartet, dass zur Unterstützung eines positiven Selbstkonzeptes des Kandidaten eher diejenigen Organisationen als positiv wahrgenommen werden, in denen wiederum die Unternehmensvertreter persönlich als positiv wahrgenommen werden und sich der Kandidaten mit ihnen identifizieren kann (Turban et al., 1995). Auch diese Ausführungen zu der Signaling Theory und der Social Identity Theory lassen darauf schließen, dass positiv wahrgenommene Aspekte von Augenhöhe und Wohlwollen einen positiven Zusammenhang mit der Haltung, der Intention und der Entscheidung eines Kandidaten aufweisen. Die geschilderten vorangegangenen Studien und Überlegungen führen zu den folgenden Hypothesen zum Zusammenhang des Aspekts Augenhöhe und Wohlwollen der Candidate Experience und den Outcome-Variablen:

Hypothese 2.a

H 2.a.1 Es besteht ein Zusammenhang zwischen dem Aspekt I Augenhöhe und Wohlwollen und der Haltung.

H 2.a.2 Es besteht ein Zusammenhang zwischen dem Aspekt I Augenhöhe und Wohlwollen und der Intention.

H 2.a.3 Es besteht ein Zusammenhang zwischen dem Aspekt I Augenhöhe und Wohlwollen und der Entscheidung.

Aspekt II: Transparenz und Nachvollziehbarkeit

Transparenz und Nachvollziehbarkeit beschreibt eine sachliche Ebene der verbalen und schriftlichen Kommunikation. Der Kandidat fühlt sich gut informiert. Darüber hinaus umfasst dieser Aspekt die sachliche Nachvollziehbarkeit von bestimmten Vorgehensweisen oder Fragen für den Kandidaten.

In den Ausführungen von Athanas und Wald (2014) werden Transparenz, Fairness und Nachvollziehbarkeit als äußerst wichtige Aspekte einer positiv erlebten Candidate Experience hervorgehoben. Zudem konnten Chapman et al. (2005) in ihrer Metaanalyse zu Attraktoren im Bewerbungsprozess signifikante Zusammenhänge zwischen dem Gerechtigkeitsempfinden des Kandidaten in Bezug auf den Prozess (bspw. Konsistenz, Tätigkeitsbezug) und der Haltung sowie der Intention des Kandidaten nachweisen. Auch greifen in Bezug auf den Aspekt Transparenz und Nachvollziehbarkeit wieder die Grundsätze der Signaling Theory (Spence, 1973): aufgrund der begrenzten zur Verfügung stehenden Informationen sehen Kandidaten einzelne Aspekte des Bewerbungsprozesses – im Kontext der Transparenz und Nachvollziehbarkeit bspw. die Nachvollziehbarkeit von bestimmten Fragen – als Signal für Charakteristika des Unternehmens. Erleben Kandidaten in ihrem Bewerbungsprozess Transparenz und Nachvollziehbarkeit, ist ein Zusammenhang mit einem positiven Gesamtbild des Unternehmens zu erwarten. Aufgrund der geschilderten Studien und der theoretischen Überlegungen wird ein Zusammenhang zwischen dem Aspekt Transparenz und Nachvollziehbarkeit und den Outcome-Variablen erwartet.

Hypothese 2.b

H 2.b.1 Es besteht ein Zusammenhang zwischen dem Aspekt II Transparenz und Nachvollziehbarkeit und der Haltung.

H 2.b.2 Es besteht ein Zusammenhang zwischen dem Aspekt II Transparenz und Nachvollziehbarkeit und der Intention.

H 2.b.3 Es besteht ein Zusammenhang zwischen dem Aspekt II Transparenz und Nachvollziehbarkeit und der Entscheidung.

Aspekt III: Ergebnisorientierung

Der Aspekt der Ergebnisorientierung beinhaltet das wahrgenommene Vorankommen im Bewerbungsprozess mit dem Ziel, eine Entscheidung herbeizuführen.

Nach Athanas und Wald (2014) steht im Kontext der Ergebnisorientierung der wahrgenommene Fortschritt des Bewerbungsprozesses im Fokus, insbesondere in Bezug auf zeitliche Faktoren. Ein zügiges Voranschreiten ist hier somit von besonderem Interesse und hat laut der Autoren einen positiven Einfluss auf das Erleben des Kandidaten. Auch Parasuraman et al. (1988) heben in ihren Ausführungen im Kontext der Servicequalität die Wichtigkeit einer zügigen Erbringung des Services hervor. Dies können auch Chapman et al. (2005) durch die Ergebnisse ihrer Meta-Analyse in Ansätzen bekräftigen: es besteht ein Zusammenhang zwischen dem Gerechtigkeitsempfinden, wovon ein Teilaspekt die Variable „Zeitnahe Rückmeldung" darstellt, und der Haltung und der Intention des Kandidaten. Insbesondere hat der Aspekt der Ergebnisorientierung aus Sicht der Autorin bei der relevanten Zielgruppe hochqualifizierter Ingenieure eine besondere Relevanz, weil für die Kandidaten eine zügige und ergebnisorientierte Arbeitsweise im beruflichen Alltag unerlässlich ist. Auch Rynes et al. (1990) haben entsprechende Ergebnisse vorzuweisen; bspw. hatten Verspätungen im Bewerbungsprozess insbesondere bei männlichen Kandidaten mit guten Leistungen und großem Erfolg in der Jobsuche besonders negative Effekte. Aufgrund dessen wird ein positiver Zusammenhang zwischen dem Aspekt Ergebnisorientierung und den Outcome-Variablen erwartet, woraus sich die folgenden Hypothesen ableiten:

<u>**Hypothese 2.c**</u>

H 2.c.1 Es besteht ein Zusammenhang zwischen dem Aspekt III Ergebnisorientierung und der Haltung.

H 2.c.2 Es besteht ein Zusammenhang zwischen dem Aspekt III Ergebnisorientierung und der Intention.

H 2.c.3 Es besteht ein Zusammenhang zwischen dem Aspekt III Ergebnisorientierung und der Entscheidung.

Aspekt IV: Äußeres Erscheinungsbild

Das äußere Erscheinungsbild umfasst das gepflegte Erscheinen des gesamten Unternehmens in der Wahrnehmung des Kandidaten.

Laut Parasuraman et al. (1988) sind die physischen Gegebenheiten des Standortes, ein professionelles Equipment sowie das äußere Erscheinen von Unternehmensvertretern wichtige Faktoren für eine positiv wahrgenommene Service-Qualität. Auch im Kontext von Studien zur Arbeitszufriedenheit spielen Faktoren der Arbeitsumgebung eine wichtige Rolle (siehe z. B. Raziq & Maulabakhsh, 2015). Raziq und Maulabakhsh (2015) haben bspw. die Wichtigkeit von physischen Arbeitsbedingungen oder dem Zustand der Gebäude für die Arbeitszufriedenheit nachgewiesen. Diese Aspekte können

Kandidaten bereits zu großen Teilen im Bewerbungsprozess prüfen und tun dies auch, wie z.B. die Relevanz der Eindrücke des Besuches eines Standortes in einer Studie von Turban et al. (1995) zeigt. Zudem können Kandidaten von ihren Eindrücken im Bewerbungsprozess auf ihre spätere Arbeitsumgebung / ihren späteren Arbeitsplatz schließen, sofern sie diesen im Bewerbungsprozess nicht gezeigt bekommen (Signaling Theory; Spence, 1973). Neben dem gepflegten Erscheinen von Gebäuden und Räumlichkeiten spielt auch das äußere Erscheinen von Unternehmensvertretern eine Rolle. Mit Bezug auf die Social Identity Theory (Ashforth & Mael, 1989; Tajfel & Turner, 1979, 2004; Turner, 1975) wird erwartet, dass zur Unterstützung eines positiven Selbstkonzeptes des Kandidaten eher diejenigen Organisationen als positiv wahrgenommen werden, in denen wiederum das äußere Erscheinen der Unternehmensvertreter als positiv wahrgenommen wird und sich der Kandidaten mit ihrem Erscheinen identifizieren kann. Die geschilderten Theorien und Studien führen zu der Annahme, dass ein Zusammenhang zwischen dem Aspekt Äußeres Erscheinen und den Outcome-Variablen besteht:

Hypothese 2.d

H 2.d.1 Es besteht ein Zusammenhang zwischen dem Aspekt IV Äußeres Erscheinungsbild und der Haltung.

H 2.d.2 Es besteht ein Zusammenhang zwischen dem Aspekt IV Äußeres Erscheinungsbild und der Intention.

H 2.d.3 Es besteht ein Zusammenhang zwischen dem Aspekt IV Äußeres Erscheinungsbild und der Entscheidung.

Aspekt V: Kompetenz der Ansprechpartner

Der Aspekt Kompetenz der Ansprechpartner beinhaltet, dass die Mitarbeiter des Unternehmens aus der Sicht des Kandidaten als kompetent und glaubwürdig wahrgenommen werden.

Parasuraman et al. (1988) heben in ihren Ausführungen zur Service-Qualität das notwendige Wissen und die Fähigkeiten der Unternehmensvertreter als wesentliche Aspekte hervor, um Vertrauen beim Gegenüber generieren zu können. Auch Athanas und Wald (2014) stellen das Generieren von Vertrauen als übergeordnetes Ziel dar. Die Wichtigkeit der Kompetenz der Ansprechpartner in diesem Kontext konnten zum Beispiel Chapman et al. (2005) in ihrer Meta-Analyse zu Attraktoren im Bewerbungsprozess darstellen: es besteht ein wesentlicher Zusammenhang zwischen dem Verhalten von Unternehmensvertretern – und ein Faktor dieses Verhaltens ist Kompetenz – und der Intention des Kandidaten. Auch die Identifikation des Kandidaten mit den Unternehmensvertretern im Sinne der Social Identity Theory (Ashforth & Mael, 1989; Tajfel & Turner, 1979, 2004; Turner, 1975) kommt hier zum Tragen – um das eigene positive Selbstkonzept eines kompetenten und qualifizierten Kandidaten zu bekräftigen, wird angenommen, dass sich ein Kandidat eher mit kompetenten Unternehmensvertretern identifiziert. Diese Annahme wird auch insbesondere vor dem Hintergrund der relevanten Zielgruppe der hochqualifizierten Ingenieure getroffen. Nicht zuletzt lassen kompetente Ansprechpartner auch im Sinne der Signaling Theory (Spence, 1973) auf ein kompetentes, anspruchsvolles und somit attraktives Arbeitsumfeld schließen. Die erläuterten Mechanismen und Studien führen zu der Annahme, dass ein Zusammenhang zwischen dem Aspekt Kompetenz der Ansprechpartner und den Outcome-Variablen besteht.

Hypothese 2.e

H 2.e.1 Es besteht ein Zusammenhang zwischen dem Aspekt V Kompetenz der Ansprechpartner und der Haltung.

H 2.e.2 Es besteht ein Zusammenhang zwischen dem Aspekt V Kompetenz der Ansprechpartner und der Intention.

H 2.e.3 Es besteht ein Zusammenhang zwischen dem Aspekt V Kompetenz der Ansprechpartner und der Entscheidung.

Über die Aspekte der Candidate Experience hinaus bestehen weitere Faktoren, die Auswirkungen auf die Haltung, Intention und Entscheidung des Kandidaten in einem Bewerbungsprozess haben. Chapman et al. (2005) haben in ihrer umfassenden Meta-Analyse zu diesem Thema im Wesentlichen 6 Prädiktoren hervorgehoben und deren Einfluss auf verschiedene Outcome-Variablen überprüft: „Job and organizational characteristics" (Eigenschaften der Tätigkeit und der Organisation), „Recruiter characteristics" (Eigenschaften des Recruiters), „Perceptions of the recruitment process" (Erleben des Recruiting-Prozesses), „Perceived fit" (Wahrgenommener Fit), „Perceived alternatives" (Wahrgenommene Alternativen) und „Hiring expectancies" (Erwartung einer Zusage). Der Faktor „Erleben des Recruiting-Prozesses", der rein definitorisch einen Teilbereich der Candidate Experience abbildet, weist moderate Einflüsse auf die Outcome-Faktoren „Job-organization attraction" (Attraktivität der Tätigkeit / Organisation) und „Acceptance Intentions" (Intention, ein Jobangebot anzunehmen) auf. Darüber hinaus konnten für alle anderen Prädiktoren ebenfalls Auswirkungen auf die Outcome-Variablen nachgewiesen werden. Lediglich der Faktor „Eigenschaften des Recruiters" weist keine signifikanten Ergebnisse auf. Die von Chapman et al. (2005) herausgestellten relevanten Faktoren dienen als Basis für die Identifikation weiterer Input-Variablen in der vorliegenden Arbeit und werden in den nächsten Absätzen erläutert sowie zur Generierung von Hypothesen um weitere Studienergebnisse ergänzt.

a) Eigenschaften der Tätigkeit / Organisation

Als wichtiger Faktor im Erlebens- und Entscheidungsprozess eines Kandidaten werden häufig die Eigenschaften der Tätigkeit bzw. der Organisation hervorgehoben, die wesentliche (vermeintlich objektive) Faktoren in diesem Prozess darstellen. Bei den Eigenschaften der Tätigkeit kann es sich um Aspekte wie Bezahlung, die Art der Tätigkeit, Aufgabenvielfalt oder die Bedeutung der Tätigkeit (Chapman et al., 2005; Hackman & Oldham, 1976) handeln. Bei den Eigenschaften der Organisation um Aspekte wie Image, Werte, Arbeitsumfeld, o.ä. (Cable & Judge, 1996; Chapman et al., 2005). Es sei an dieser Stelle bereits darauf hingewiesen, dass in der vorliegenden Arbeit immer die subjektive Beurteilung des Kandidaten erfasst wird, sodass auch in Bezug auf die Eigenschaften der Tätigkeit und der Organisation keine objektiven Daten erhoben werden.

Turban et al. (1995) haben in einer Studie Einflussfaktoren auf Intentionen und Entscheidungen von Kandidaten (Graduierte eines Colleges) untersucht. Wichtig in diesem Kontext waren die Eigenschaften der Tätigkeit und der Organisation. Auch Chapman et al. (2005) konnten die Eigenschaften der Tätigkeit und der Organisation als wichtigen Prädiktor für die Haltung und die Intention des Kandidaten nachweisen. Ähnliche Ergebnisse liegen auch von Judge und Bretz Jr. (1991) vor, die bspw. die Bezahlung und Aufstiegschancen als relevante Determinanten für die Attraktivität eines Angebots herausstellen konnten. In dieser Studie sind auch Werte als Teil einer Unternehmenskultur relevante Determinanten. Auch im Kontext der Forschung zur Attraktivität von Arbeitgebern werden Entwicklungsmöglichkeiten und Gehalt, aber auch das Umfeld / die Organisation als wesentliche Faktoren genannt (Berthon et al., 2005).

Daher wird auch in der vorliegenden Studie ein Zusammenhang zwischen den Eigenschaften der Tätigkeit / der Organisation und den Outcome-Variablen erwartet:

Hypothese 2.f

H 2.f.1 Es besteht ein Zusammenhang zwischen den Eigenschaften der Tätigkeit und der Haltung.

H 2.f.2 Es besteht ein Zusammenhang zwischen den Eigenschaften der Tätigkeit und der Intention.

H 2.f.3 Es besteht ein Zusammenhang zwischen den Eigenschaften der Tätigkeit und der Entscheidung.

Hypothese 2.g

H 2.g.1 Es besteht ein Zusammenhang zwischen den Eigenschaften der Organisation und der Haltung.

H 2.g.2 Es besteht ein Zusammenhang zwischen den Eigenschaften der Organisation und der Intention.

H 2.g.3 Es besteht ein Zusammenhang zwischen den Eigenschaften der Organisation und der Entscheidung.

b) Person-Job-Fit / Person-Organisation-Fit

Der Fit, also generell die Passung von einer Person mit seiner Umgebung (Person-Environment-Fit; für eine detaillierte Übersicht zur Fit-Forschung siehe z. B. Kristof, 1996; Kristof-Brown et al., 2005), stellt einen weiteren wesentlichen Faktor im Erleben des Kandidaten dar. Beim Fit handelt es sich um ein in der Forschung sehr weitreichend untersuchtes komplexes und multidimensionales Konstrukt (siehe z. B. Kristof-

Brown et al., 2005; Saks & Ashforth, 1997; Sekiguchi, 2004). Zum einen wird zwischen „supplementary“ Fit (Passung aufgrund von Ähnlichkeit) und „complementary“ Fit (Passung aufgrund von Ergänzung) unterschieden. Die Differenzierung im Hinblick auf diese Dimension hat jedoch im vorliegenden Kontext keine maßgebliche Bedeutung (Sekiguchi, 2004). Die zweite wesentliche Differenzierung ist jene zwischen „perceived / subjective“ Fit und „actual / objective“ Fit. Der Fokus in dieser Arbeit soll auf dem wahrgenommenen / subjektiven Fit des Kandidaten liegen, da dieser als wesentlicher Einflussfaktor im individuellen Erlebensprozess erachtet wird. Um sowohl die subjektiv wahrgenommene Passung mit der Tätigkeit als auch mit der Organisation zu erfassen, werden sowohl Person-Job-Fit als auch Person-Organisation-Fit im Sinne der Definitionen bspw. von Kristof-Brown et al. (2005) oder Saks und Ashforth (1997) betrachtet.

Vorangegangene Studien können vielfach einen Zusammenhang vom wahrgenommenen Person-Organisation-Fit und einer ersten Attraktion sowie der Haltung und Intention des Kandidaten nachweisen (siehe bspw. Cable & Judge, 1996; Judge & Bretz Jr., 1991; Judge & Cable, 1997; van Hooft et al., 2006). Auch Chapman et al. (2005) diskutieren in ihrer Meta-Analyse den Person-Organisation-Fit, vor allem in frühen Phasen des Bewerbungsprozesses, als Prädiktor für ein weiteres Verfolgen des Bewerbungsprozesses seitens des Kandidaten. Daran anknüpfend sei die Studie von Judge und Cable (1997) erneut genannt, die zwar einen Zusammenhang zwischen Person-Organisation-Fit und der Haltung und Intention, nicht jedoch zwischen Person-Organisation-Fit und der Entscheidung nachweisen konnte. Auch diese Ergebnisse geben einen Hinweis darauf, dass der Einfluss des Person-Organisation-Fit gegebenenfalls im Laufe des Prozesses zu Gunsten von anderen erhaltenen Informationen abnimmt.

Die Ergebnisse zum Zusammenhang von Person-Job-Fit und entsprechenden Outcome-Variablen sind konträr. Carless (2005) bspw. konnte sowohl Person-Job-Fit als auch Person-Organisation-Fit als Prädiktoren für eine erste Attraktion nachweisen, nicht jedoch als Prädiktoren für die Entscheidung des Kandidaten. Auch Cable und Judge (1996) sowie van Hooft et al. (2006) konnten in ihren Studien keinen Zusammenhang von Person-Job-Fit und Outcome-Variablen feststellen. van Hooft et al. (2006) diskutieren, dass der Person-Job-Fit insbesondere am Anfang des Prozesses durch fehlende Informationen durch den Kandidaten schwierig zu beurteilen sein könnte.

Trotz der konträren Ergebnisse ist aus Sicht der Autorin insbesondere bei qualifizierten Ingenieuren die Relevanz des Person-Job-Fit nicht außer Acht zu lassen. Ausgehend von einem Arbeitnehmermarkt und anspruchsvollen Kandidaten, zeigt die tagtägliche Arbeit der Autorin die Ansprüche der Kandidaten im Hinblick auf die Passung der Tätigkeit mit ihrer Person.

Aufgrund der vorangehenden Studien und Erfahrungen wird erwartet, dass ein Zusammenhang zwischen dem Person-Job-Fit sowie dem Person-Organisation-Fit und den Outcome-Variablen besteht:

Hypothese 2.h

H 2.h.1 Es besteht ein Zusammenhang zwischen dem Person-Job-Fit und der Haltung.

H 2.h.2 Es besteht ein Zusammenhang zwischen dem Person-Job-Fit und der Intention.

H 2.h.3 Es besteht ein Zusammenhang zwischen dem Person-Job-Fit und der Entscheidung.

Hypothese 2.i

H 2.i.1 Es besteht ein Zusammenhang zwischen dem Person-Organisation-Fit und der Haltung.

H 2.i.2 Es besteht ein Zusammenhang zwischen dem Person-Organisation-Fit und der Intention.

H 2.i.3 Es besteht ein Zusammenhang zwischen dem Person-Organisation-Fit und der Entscheidung.

c) Erwartung einer Zusage

Bei der Erwartung einer Zusage handelt es sich um die subjektive Bewertung einzelner Aspekte des Bewerbungsprozesses und die entsprechende Ableitung der Erwartung einer Zusage, bspw. aufgrund von positivem Feedback während des Prozesses durch die Mitarbeiter des Unternehmens. Bezugnehmend auf die Expectancy Theory von Vroom (Vroom, 1964, 1966), die bereits in Kapitel 2.4.4 im Detail erläutert wurde, wird auch die Erwartung einer Zusage als wichtiger Faktor im Erlebens- und Entscheidungsprozess eines Kandidaten gesehen (Chapman et al., 2005).

Wie in Kapitel 2.4.4 bereits beschrieben, ist die Annahme der Expectancy Theory (Vroom, 1964), dass die Attraktivität einer Organisation sich aus der Funktion jeweils zweier Aspekte ergibt: zum einen aus der Bewertung der Outcomes, die der Kandidat mit einer Tätigkeit bei der Organisation verbindet, und zum anderen der Erwartung, dass diese Outcomes tatsächlich mit einer Tätigkeit bei der Organisation verbunden sind. Die Entscheidung für oder wider eine Bewerbung oder Angebot ergibt sich wiederum aus dem Zusammenspiel zweier Aspekte: aus der Attraktivität der Organisation und der Erwartung, ein Angebot zu erhalten (Vroom, 1964; Wanous et al., 1983). Wanous et al. (1983) bestätigen, dass die Expectancy Theory zur Erklärung der Attraktivität einer Organisation und Entscheidungen im Bewerbungsprozess herangezogen werden kann. Chapman et al. (2005) konnten in ihrer Meta-Analyse einen Zusammenhang von der Erwartung einer Zusage und der Attraktivität einer Organisation / Tätigkeit sowie der Intention feststellen. Mediiert über die Attraktivität einer Organisation / Tätigkeit konnte zudem ein Zusammenhang zur Entscheidung der Kandidaten nachgewiesen werden. Auch in einer Studie von Chapman und Webster (2006) war ein Zusammenhang der Erwartung einer Zusage und der Intention nachweisbar.

Bspw. van Hooft et al. (2006) können diesen Zusammenhang nicht bestätigen, allerdings wurde er in ihrer Studie sehr früh im Prozess geprüft. Die Autoren merken an, dass es den Kandidaten gegebenenfalls so früh im Prozess schwerfällt, die Erwartung einer Zusage abzuschätzen und diesem Aspekt daher kein zu großes Gewicht zukommen lassen.

Die Expectancy Theory und die erläuterten Studien führen zu der Annahme, dass ein Zusammenhang zwischen der Erwartung einer Zusage und den Outcome-Variablen besteht.

Hypothese 2.j

H 2.j.1 Es besteht ein Zusammenhang zwischen der Erwartung einer Zusage und der Haltung.

H 2.j.2 Es besteht ein Zusammenhang zwischen der Erwartung einer Zusage und der Intention.

H 2.j.3 Es besteht ein Zusammenhang zwischen der Erwartung einer Zusage und der Entscheidung.

d) Wahrgenommene Alternativen

In der vorliegenden Arbeit werden zudem die wahrgenommenen Alternativen als Faktor des Erlebens des Kandidaten in das Modell aufgenommen. Vorangehende Studien, die sich mit dem Einfluss der wahrgenommenen Alternativen auf den Erlebens- und Entscheidungsprozess des Kandidaten befasst haben, weisen teils konträre Ergebnisse auf (Cable & Judge, 1996; Chapman et al., 2005; Turban et al., 1995). Dennoch soll dieser Faktor in der vorliegenden Studie Berücksichtigung finden.

Vermutungen über den Zusammenhang zwischen wahrgenommenen Alternativen und den Outcome-Variablen im Bewerbungsprozess haben in frühen Überlegungen zu Attraktoren im Bewerbungsprozess bspw. Turban et al. (1995) aufgestellt. Sie sind jedoch nicht von individuellen Unterschieden in Bezug auf die wahrgenommenen Alternativen ausgegangen, sondern hauptsächlich bedingt durch den Arbeitsmarkt. Sie vermuteten bei einem schwachen Arbeitsmarkt einen geringeren Einfluss anderer Input-Variablen auf die Haltung / Intention / Entscheidung von Kandidaten. Ursache dafür sei, dass Kandidaten in diesem Fall auch schlechte Angebote weiter verfolgen / annehmen müssen (Turban et al., 1995). Empirisch untersucht haben diesen Zusammenhang unter anderem Cable und Judge (1996), die belegen konnten, dass mehr wahrgenommene Alternativen zu einer geringeren Intention des Kandidaten führten, eine Tätigkeit anzunehmen. Auch Chapman et al. (2005) haben in ihrer Meta-Analyse die wahrgenommenen Alternativen berücksichtigt. Ihre Ergebnisse zeigen jedoch, dass die Variable den schwächsten Prädiktor in Bezug auf die Outcome-Variablen darstellt. Allerdings verweisen sie darauf, dass diese Variable in den inkludierten Studien tendenziell eher die Quantität als die Qualität der Alternativen beinhaltet. Die Qualität der wahrgenommenen Alternativen sei jedoch voraussichtlich der wesentliche Faktor (Chapman et al., 2005).

Auch für die wahrgenommenen Alternativen können die Mechanismen der oben bereits dargestellten Expectancy Theory (Vroom, 1964) betrachtet werden. Der individuelle Wert einer Organisation / Tätigkeit ergibt sich aus dem Zusammenspiel der Attraktivität der Organisation und der Erwartung, ein Angebot zu erhalten. Schätzt der Kandidat viele Alternativen als attraktiv und aussichtsreich ein, steigert das den Wert der Alternativen. Bei einer Entscheidung zwischen verschiedenen Unternehmen, steigt somit die Wahrscheinlichkeit für das attraktivste und aussichtsreichste Angebot und es sinkt für die anderen Angebote.

Daher wird erwartet, dass ein Zusammenhang zwischen den wahrgenommenen Alternativen (qualitativ betrachtet) und der Haltung / Intention / Entscheidung des Kandidaten besteht.

Hypothese 2.k

H 2.k.1 Es besteht ein Zusammenhang zwischen den wahrgenommenen Alternativen und der Haltung.

H 2.k.2 Es besteht ein Zusammenhang zwischen den wahrgenommenen Alternativen und der Intention.

H 2.k.3 Es besteht ein Zusammenhang zwischen den wahrgenommenen Alternativen und der Entscheidung.

Entscheidung des Unternehmens

Um die zugrundeliegenden psychologischen Prozesse zu verstehen, ist es zudem von großem Interesse, inwieweit die Entscheidung des Unternehmens sich auf den Erlebens- und Verhaltensprozess des Kandidaten auswirkt. Daher wird die Entscheidung des Unternehmens – definiert als Zusage oder Absage im Verlauf des Bewerbungsprozesses – in das Modell aufgenommen. Das Ziel eines systematischen Candidate Experience Managements ist es, unabhängig von der Entscheidung des Unternehmens ein positives Erleben bei dem Kandidaten hervorzurufen. Dies ist insbesondere bei einer Absage durch das Unternehmen eine besondere Herausforderung.

Um die erwarteten Zusammenhänge in Bezug auf den Einfluss der Entscheidung des Unternehmens herzuleiten, wird die Theorie der kognitiven Dissonanz von Leon Festinger (2012) herangezogen. Die grundlegende Annahme von Festinger (2012) ist, dass Menschen nach Konsistenz (bei Festinger „Konsonanz“) streben und Inkonsistenz (bei Festinger „Dissonanz“) als unangenehm empfinden und daher versuchen, diese zu vermeiden bzw. zu reduzieren. Auch beim Treffen von Entscheidungen sieht Festinger das Entstehen von Dissonanz – eine Person trifft beispielsweise eine Wahl zwischen zwei Alternativen und verwirft somit eine Option, obwohl diese Option durchaus neben negativen Eigenschaften auch positive Eigenschaften beinhaltete. Allein durch das Treffen der Entscheidung entstehe somit Dissonanz zwischen der Handlung (der Entscheidung) und den positiven Eigenschaften der verworfenen Option. Es folgt ein Druck bei der Person, die Dissonanz zu reduzieren. Als gebräuchlichste Art der

Dissonanzreduktion führt Festinger (2012) die Änderung der Kognition insofern an, als dass kognitive Elemente, die mit der getroffenen Entscheidung konsistent sind, erhöht werden. Kognitive Elemente, die mit der getroffenen Entscheidung inkonsistent sind, werden eliminiert. Zum Beispiel werden positive Eigenschaften der gewählten Option besonders stark hervorgehoben oder als besonders wichtig herausgestellt. Oder es werden neue Informationen gefunden, die die getroffene Entscheidung konsistent unterstützen. Die Theorie der kognitiven Dissonanz wurde beispielsweise von Homburg et al. (1998) im Kontext des Kundenerlebens aufgegriffen und Festinger (2012) selbst nennt Beispiele aus dem Kontext von Bewerbungsprozessen.

Wenn nun das Unternehmen eine Entscheidung in Form einer Zusage oder Absage trifft, liegt die Entscheidungsgewalt zwar nicht bei dem Kandidaten, dennoch kann Dissonanz entstehen. Hat der Kandidat die Option bei dem Unternehmen für sich positiv bewertet und erhält eine Zusage oder hat er die Option negativ bewertet und erhält eine Absage, entsteht Konsonanz, es ist keine kognitive Anpassung erforderlich. Nehmen wir jedoch an, der Kandidat hat die Option positiv bewertet und erhält eine Absage, so entsteht Dissonanz und eine kognitive Umbewertung trägt zur Dissonanzreduktion bei. Es ist anzunehmen, dass die Option nachträglich negativer beurteilt wird, damit eine Absage für ihn nicht so negativ ist. Hat der Kandidat die Option für sich negativ bewertet und erhält eine Zusage, ist entsprechend der vorangegangenen Schilderung ebenfalls von Dissonanz auszugehen. Dadurch, dass er jedoch noch wählen kann, ob er das Angebot annimmt oder ablehnt, kann er durch Absage des Angebots die Dissonanz reduzieren. Es ist keine nachträgliche kognitive Umbewertung erforderlich.

Mit Bezug zur Theorie der kognitiven Dissonanz (Festinger, 2012) wird erwartet, dass diejenigen Bewerber, die eine Absage erhalten, ihr Erleben im Nachhinein negativer beurteilen als vor der Rückmeldung. Zudem wird angenommen, dass dies bei Kandidaten, die eine Zusage erhalten, nicht passiert, sodass davon ausgegangen wird, dass es einen Unterschied zwischen den Beurteilungen der Kandidaten gibt, die eine Zusage erhalten, und denen, die eine Absage erhalten. Dies wird sowohl bei der Beurteilung der Candidate Experience als auch bei den Eigenschaften der Tätigkeit und der Organisation sowie dem Person-Job Fit und dem Person-Organisation-Fit erwartet. Daraus ergeben sich die im Folgenden aufgeführten Hypothesen, die in Abbildung 2.10 dargestellt sind.

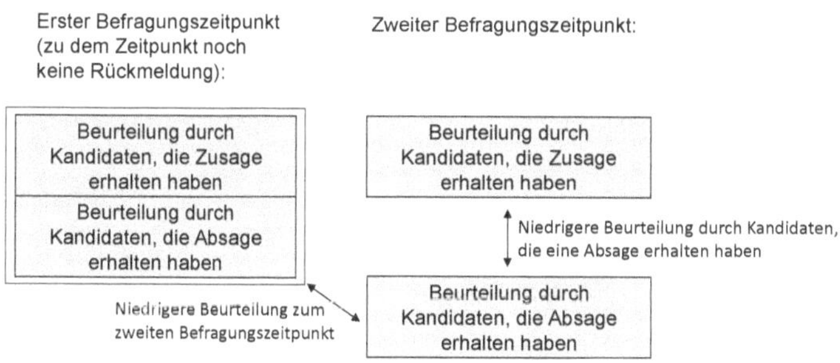

Abbildung 2.10: Darstellung der erwarteten Zusammenhänge gemäß Hypothese 3

Hypothese 3

H 3.a Kandidaten, die eine Absage erhalten, beurteilen den Aspekt Augenhöhe und Wohlwollen beim zweiten Befragungszeitpunkt und im Vergleich zu Kandidaten, die eine Zusage erhalten haben, niedriger.

H 3.b Kandidaten, die eine Absage erhalten, beurteilen den Aspekt Transparenz und Nachvollziehbarkeit beim zweiten Befragungszeitpunkt und im Vergleich zu Kandidaten, die eine Zusage erhalten haben, niedriger.

H 3.c Kandidaten, die eine Absage erhalten, beurteilen den Aspekt Zeitplanung und zügiger Prozessverlauf beim zweiten Befragungszeitpunkt und im Vergleich zu Kandidaten, die eine Zusage erhalten haben, niedriger.

H 3.d Kandidaten, die eine Absage erhalten, beurteilen den Aspekt Äußeres Erscheinungsbild beim zweiten Befragungszeitpunkt und im Vergleich zu Kandidaten, die eine Zusage erhalten haben, niedriger.

H 3.e Kandidaten, die eine Absage erhalten, beurteilen den Aspekt Kompetenz der Ansprechpartner beim zweiten Befragungszeitpunkt und im Vergleich zu Kandidaten, die eine Zusage erhalten haben, niedriger.

H 3.f Kandidaten, die eine Absage erhalten, beurteilen die Eigenschaften der Tätigkeit beim zweiten Befragungszeitpunkt und im Vergleich zu Kandidaten, die eine Zusage erhalten haben, niedriger.

H 3.g Kandidaten, die eine Absage erhalten, beurteilen die Eigenschaften der Organisation beim zweiten Befragungszeitpunkt und im Vergleich zu Kandidaten, die eine Zusage erhalten haben, niedriger.

H 3.h Kandidaten, die eine Absage erhalten, beurteilen den Person-Job-Fit beim zweiten Befragungszeitpunkt und im Vergleich zu Kandidaten, die eine Zusage erhalten haben, niedriger.

H 3.i Kandidaten, die eine Absage erhalten, beurteilen den Person-Organisation-Fit beim zweiten Befragungszeitpunkt und im Vergleich zu Kandidaten, die eine Zusage erhalten haben, niedriger.

3 Entwicklung eines Instruments zur Messung der Candidate Experience

Development of an Instrument to measure the Candidate Experience

Um einen fundierten Fragebogen zur Erhebung der Candidate Experience zu entwickeln, wurde eine systematische Vorgehensweise zu Grunde gelegt, anhand derer die Entwicklung des Fragebogens erfolgte. Laut Porst (1998) sind zunächst theoretische Vorarbeiten (Definition des Erkenntnisinteresses; Bearbeitung der Literatur; Formulierung des theoretischen Bezugsrahmens; Generierung der Hypothesen) notwendig, bevor die konkrete Planung und Durchführung der Datenerhebung erfolgen kann (Operationalisierung der Forschungsfragen; Planung der Durchführung der Umfrage; Bestimmung der Population; Stichprobe für den Pretest; Pretesting; Stichprobe für die Hauptstudie; Durchführung der Hauptstudie). Da einige dieser Aspekte im Gesamtkontext der empirischen Studie betrachtet werden, wird im aktuellen Kapitel der Fokus auf die Punkte gelegt, die bei der Entwicklung des Messinstrumentes relevant sind:

- Definition des Erkenntnisinteresses (Kapitel 3.1)
- Bearbeitung der Literatur; ergänzt um Explorative Interviews (Kapitel 3.2 und 3.3)
- Formulierung des theoretischen Bezugsrahmens (Kapitel 3.4)
- Entwicklung von Items (Kapitel 3.5)
- Pretesting (Inhaltsvalidität; Vorstudie I und II; Kapitel 3.6 und 3.7)

Eine ausführliche Erklärung der einzelnen Schritte folgt im Anschluss.

3.1 Definition des Erkenntnisinteresses

Definition of the Interest in Knowledge

Ein Ziel der vorliegenden Arbeit ist es, die Candidate Experience von potenziellen Mitarbeitern systematisch zu erfassen, um deren Auswirkungen auf verschiedene Outcomes untersuchen zu können. Notwendige Bedingung für die Erfassung ist die Entwicklung eines geeigneten Messinstrumentes.

3.2 Bearbeitung der Literatur

Editing the Literature

Zunächst wurde eine umfangreiche Literaturrecherche zu der Herkunft und den Grundlagen der Candidate Experience, der Candidate Journey sowie Aspekten der Candidate Experience durchgeführt. Eine ausführliche Darstellung der Ergebnisse der Literaturrecherche befindet sich in Kapitel 2.3.

3.3 Explorative Interviews

Explorative Interviews

Da bisher nur wenige, insbesondere wenige wissenschaftlich fundierte Kenntnisse im Themenfeld der Candidate Experience existieren, wurden ergänzend zur Literaturrecherche explorative Interviews durchgeführt, um über die bisher definierten theoretischen Erkenntnisse hinaus die Erfahrungen von Kandidaten in realen Bewerbungsprozessen in die Betrachtung einfließen zu lassen. Unabhängig von den bisherigen theoretischen Erkenntnissen lag der Fokus dabei auf einem offenen Gespräch bzgl. des Erlebten und besonders positiven und negativen Aspekten. Dies sollte zum einen sicherstellen, dass bei der rein theoretischen Herleitung keine wichtigen Punkte außer Acht gelassen wurden, und zum anderen einen hilfreichen Beitrag zur Operationalisierung der theoretischen Aspekte leisten. Zudem können die Inhalte einen wichtigen Beitrag zu konkreten Handlungsempfehlungen für Unternehmen leisten.

Befragte Personen

Bei der explorativen Befragung wurden vier Kandidaten interviewt (davon vier männlich). Das Alter der Befragten lag zwischen 29 und 33 Jahren, der Mittelwert lag bei 31,75 Jahren mit einer Standardabweichung von 1,89 Jahren. Alle Kandidaten befanden sich zum Zeitpunkt der Befragung kurz nach dem Abschluss einer Bewerbungsphase und hatten im Rahmen dessen Bewerbungsprozesse bei verschiedenen Unternehmen erlebt.

Entwicklung des Interviewleitfadens

Ziel der explorativen Interviews war es, die Sicht von Kandidaten auf für sie persönlich relevante Aspekte im Bewerbungsprozess zu erfahren. Ein besonderer Fokus sollte hier auf den relevanten Faktoren der Candidate Experience sowie den wahrgenommenen Phasen des Bewerbungsprozesses liegen, um die Erkenntnisse aus der Literaturrecherche kritisch zu prüfen.

Da es bei der Befragung der Kandidaten um die explorative und qualitative Erhebung von Informationen ging, wurde entschieden, persönliche Interviews mit Hilfe eines entwickelten Leitfadens durchzuführen. Durch die Entwicklung eines Leitfadens zur Durchführung der explorativen Interviews kann sichergestellt werden, dass der Ablauf bei wiederholter Durchführung des Interviews mit verschiedenen Kandidaten ähnlich ist. Bei einem sogenannten Leitfadeninterview werden Fragen und Themenbereiche vorab schriftlich festgehalten, um einen Rahmen bzw. eine Struktur zu bieten, von der bei Bedarf auch abgewichen werden kann (Flick, 1999; Helfferich, 2005). Es empfiehlt sich, offene Fragen zu stellen, um möglichst unabhängige qualitative Informationen zu erhalten (Mayer, 2008); Nachfragen ermöglichen eine schrittweise inhaltliche Konkretisierung / Fokussierung. Fragen sollten nicht zu lang, unklar, schwierig oder unverständlich sein. Außerdem sollten keine überladenen Fragen gestellt werden, die verschiedene Aspekte gleichzeitig ansprechen, oder welche, die eine gemeinsame Vorerfahrung bzw. einen gemeinsamen Kontext voraussetzen (Hopf, 1978). Darüber hinaus sollten suggestive oder vorschnell-interpretierende Fragen vermieden werden (Hopf, 1978).

Unter Wahrung der im vorangegangenen Abschnitt geschilderten Empfehlungen zur Entwicklung des Interviewleitfadens wurde dieser mit folgendem Aufbau erstellt:

Einleitung

- Dank und Erklärung der Vorgehensweise im Gespräch
- Erläuterung des Hintergrundes der Befragung
- Bitte um Erlaubnis zur Sprachaufnahme

Fragen zu konkreten Bewerbungsprozessen (einzelne Unternehmen nacheinander)

- Offene Schilderung des Gesamtprozesses
- Besonders positive / negative Erfahrungen
- Fragen zu Phasen
- Fragen zur Wichtigkeit
- Fragen zur Gliederung der Aspekte

Übergreifende Fragen

- Unterschiede zwischen Unternehmen
- Entscheidungsfaktoren

Durchführung der explorativen Interviews

Die Ansprache der Kandidaten erfolgte durch die Autorin im Rahmen ihrer beruflichen Tätigkeit am Karrierepool[2] der WZL Aachen PS GmbH. Alle Kandidaten wurden von ihr in einem ganzheitlichen Bewerbungsberatungsprozess betreut, so dass die Durchführung der Interviews jeweils unmittelbar nach dem Abschluss der Bewerbungsphase terminiert werden konnte. Die Interviews fanden im Zeitraum vom 04.04.2017 bis zum 16.05.2017 in den Räumlichkeiten des Karrierepools statt und dauerten jeweils circa 60 Minuten. Als Grundlage für den Gesprächsverlauf diente der entwickelte Interviewleitfaden. Die Interviews wurden – nach Zustimmung der Befragten – mit Hilfe der Diktierfunktion eines Mobiltelefons aufgezeichnet und zusätzlich mit Stichworten von der Interviewerin schriftlich dokumentiert.

Analyse der Daten aus den explorativen Interviews

Die Tonaufnahmen wurden zunächst vollständig transkribiert. Im Anschluss wurden die Aussagen aller Befragten zusammengeführt. Sie wurden gegliedert in von den Kandidaten als positiv und als negativ wahrgenommene Aspekte. Hervorgehoben

[2] Der Karrierepool ist die Personalberatung der WZL Aachen PS GmbH. Hier werden Angehörige, Ehemalige und Partner diverser produktionstechnischer Hochschulinstitute der RWTH Aachen in persönlichen Veränderungsprozessen, Führungsfragen und organisatorischen Fragestellungen beraten und gecoacht. Für die Institute ist der Karrierepool Ansprechpartner und aktiver Mittler im Recruiting von Fach- und Führungskräften im Bereich der Produktionstechnik.

wurden außerdem die Aspekte, die laut der Kandidaten besonders wichtig für die Entscheidung waren. Darüber hinaus wurden die Aussagen zum Gesamtprozess zusammengeführt. Um eine Strukturierung der Ergebnisse vorzunehmen wurde geprüft, inwieweit die Aussagen der Befragten den in Kapitel 2.6 definierten Aspekten der Candidate Experience sowie den darüber hinaus definierten Faktoren zuzuordnen sind. Da nahezu alle Aussagen diesen Aspekten zuzuordnen sind, wurden die Ergebnisse der explorativen Interviews anhand dieser Gliederung geclustert und werden in den folgenden Abschnitten zusammenfassend wiedergegeben. Der Fokus liegt dabei, bedingt durch die Fragestellungen des Interviews, auf den Aspekten der Candidate Experience (und nicht auf den darüber hinaus definierten Faktoren).

An dieser Stelle sei angemerkt, dass sich positive (z. B. schnelle Rückmeldung) und negative (z. B. langsame Rückmeldung) Aspekte gegenseitig bedingen können, also der gleiche Inhalt von zwei Seiten betrachtet werden kann. Die Ergebnisse werden so aufgeführt, wie sie der jeweilige Befragte eingeordnet, beurteilt und geäußert hat.

Ergebnisse der explorativen Interviews

Zunächst werden die Ergebnisse der explorativen Interviews, geclustert anhand der fünf definierten Aspekte der Candidate Experience, aufgeführt.

<u>Aspekt I der Candidate Experience: Augenhöhe und Wohlwollen</u>

Alle vier befragten Personen nannten positive und negative Punkte, die dem Aspekt Augenhöhe und Wohlwollen zuzuordnen sind. Als positiv wurde beurteilt, wenn sich die Gesprächspartner intensiv mit den Unterlagen des Kandidaten auseinandergesetzt haben und so individuelle Fragen zum Lebenslauf stellen konnten (jeweils zwei Nennungen). Zudem wurde es von den Befragten als positiv empfunden, wenn eine angenehme Atmosphäre in Gesprächen, Telefonaten und E-Mails herrschte (zwei Nennungen) und ein respektvoller und freundlicher Umgang an den Tag gelegt wurde (drei Nennungen). Positiv hervorgehoben wurde zudem von zwei Befragten, wenn sich die Vorgesetzen viel Zeit für den Kandidaten genommen haben, um einen guten Eindruck bekommen und geben zu können. Besonders hervorgehoben wurde hier ein Überzeugungstelefonat eines Vorgesetzten des potenziellen Vorgesetzten, nachdem ein Angebot ausgesprochen wurde.

Als negativ empfunden haben zwei Befragte, wenn Gesprächspartner im Gespräch den Raum verlassen haben oder verspätet zum Gespräch erschienen sind. Zudem wurden (teil-) automatisierte bzw. anonyme E-Mails aus Bewerbungsportalen als negativ bewertet (drei Nennungen). Als weiteren negativen Aspekt führte ein Befragter eine negative Grundhaltung im Gespräch an (viele Äußerungen, dass er keine Erfahrung habe, statt ihn offen dazu zu fragen).

Als besonders wichtig für ihre Entscheidung heben jeweils zwei Befragte hervor, wenn sich organisational hoch aufgehangene Mitarbeiter des Unternehmens / der Vorgesetzte viel Zeit nehmen und wenn den Kandidaten das Gefühl gegeben wird, dass sie wirklich als Mitarbeiter gewollt und gebraucht werden.

Aspekt II der Candidate Experience: Transparenz und Nachvollziehbarkeit

In Bezug auf den Aspekt Transparenz und Nachvollziehbarkeit wurden positive und negative Erlebnisse genannt. Als positiv haben drei Befragte hervorgehoben, wenn Transparenz über den Prozess (Vorgehen, Schritte, Anforderungen an den potenziellen Mitarbeiter, etc.) bestand. Zudem wurde es als positiv empfunden, wenn sinnvolle und nachvollziehbare Fragen gestellt wurden (zwei Nennungen). Auch die Transparenz über die Inhalte der zukünftigen Tätigkeit stellten für zwei Befragte einen wichtigen Punkt dar. Ebenfalls haben zwei Befragte ein direktes Feedback der Gesprächspartner zum Gespräch als positiv empfunden, in dem ein Eindruck (keine Entscheidung) geschildert wurde. Ein Befragter beurteilte es als positiv, dass die Gesprächspartner in seine fachlichen Qualifikationen vertrauten und den Fokus auf persönliche Aspekte legten, ein anderer hob den Fokus auf fachliche Inhalte positiv hervor. Zudem wurde die Vorabinformationen über die teilnehmenden Gesprächspartner positiv beurteilt.

Zwei Befragte kritisierten es, dass kein Ansprechpartner im Prozess genannt wurde bzw. keine persönlichen Kontaktdaten übermittelt wurden. Zudem wurde von den Befragten negativ hervorgehoben, wenn sie das Gefühl hatten, dass eine intransparente versteckte Agenda verfolgt wurde oder wenn Fragen ohne transparenten Zusammenhang zur Tätigkeit gestellt wurden (jeweils zwei Nennungen). Darüber hinaus wurde es von den Befragten als negativ empfunden, wenn die Inhalte der Tätigkeit nicht klar definiert waren (zwei Nennungen), wenn keine Information zu den Gesprächspartnern erfolgt ist oder wenn Anliegen des Kandidaten (z. B. Wünsche, sich weiter zu entwickeln) im Gespräch nicht aufgegriffen wurden (jeweils eine Nennung). Ein Befragter berichtete von einem ad hoc Telefoninterview ohne Ankündigung, welches er aufgrund der mangelnden Möglichkeit zur Vorbereitung als negativ empfunden hat. Ein Befragter empfand es als negativ, dass der Eingang seines unterschriebenen Vertrages nur auf Nachfrage bestätigt wurde. Ein weiterer Befragter wurde in seinem Gespräch mit den Ergebnissen aus einem Leistungstest konfrontiert – grundsätzlich bewertet er diese Transparenz als positiv, fühlte sich aber in der Situation vor den Kopf gestoßen durch die direkte Art und Weise, auf die diese Konfrontation erfolgte.

Als besonders wichtig für ihre Entscheidung hoben zwei Befragte ein klar definiertes Bild über die zukünftigen Tätigkeiten hervor. Ein weiterer Befragter nannte hier Informationen über den Vorgänger und seine / ihre Entwicklung im nächsten Schritt. Zudem wurde von einem Kandidaten die Transparenz über den Bewerbungsprozess als wichtiges Entscheidungskriterium genannt.

Aspekt III der Candidate Experience: Ergebnisorientierung

Alle vier Befragten nannten Schnelligkeit als wesentlichen positiven Aspekt im Bewerbungsprozess, sowohl in Bezug auf den Prozess generell als auch bei Antworten auf Rückfragen. Zudem haben die Befragten einen strukturierten und gut organisierten Prozess (in Bezug auf Planung, involvierte Personen) und einen professionellen Prozess (bspw. in Bezug auf die Reisekostenabrechnung) als positiv hervorgehoben (jeweils zwei Nennungen). Verbindlichkeit / Zuverlässigkeit, eine angemessene Gesprächsdauer sowie eine zielführende Gesprächsführung „auf den Punkt" wurden darüber hinaus als positiv empfunden (jeweils eine Nennung). Ein Befragter hob positiv hervor, dass das Unternehmen im Prozess flexibel / unkonventionell agiert hat, um eine schnelle Handhabe möglich zu machen. Ein Befragter merkte positiv an, dass zur Rücksendung des Vertrages ein frankierter Rückumschlag beigefügt wurde.

Als negativ empfunden haben zwei Befragte, dass keine Rückmeldung im angekündigten Zeitraum erfolgt ist. Zudem haben zwei Befragte negativ angemerkt, dass sich die Unternehmen bei Terminen vor Ort nicht an den geplanten Ablauf gehalten haben, sodass die Termine für die Befragten unstrukturiert bzw. willkürlich angepasst erschienen. Es wurde als negativ empfunden, wenn sich Rückmeldungen / der gesamte Prozess / Reisekostenerstattungen sehr lange hinzogen (z.B. mehr als sechs Wochen bis zur ersten Reaktion auf eine Bewerbung, mehr als vier Monate für Gesamtprozess; drei Nennungen). Zudem kritisierten die Befragten das Zuspätkommen von Unternehmensvertretern und häufige Terminverschiebungen (jeweils eine Nennung). Ein Befragter empfand es als negativ, dass ein strukturierter Prozess lediglich zur strikten Einhaltung desselben durchgeführt wurde, obwohl eine Entscheidung eigentlich schon gefällt war. Ein Befragter empfand es als negativ im zweiten Gespräch mit teilweise gleichen Gesprächspartnern erneut seinen Lebenslauf zu erläutern.

Als besonders wichtig für die Entscheidung wurden schnelle Rückmeldungen hervorgehoben.

Aspekt IV der Candidate Experience: Äußeres Erscheinungsbild

Positiv in Bezug auf das äußere Erscheinungsbild wurde von einem Befragten hervorgehoben, dass Getränke angeboten wurden.

Zwei der Befragten beurteilten alte und triste Gebäude als negativ, ein Befragter kritisierte chaotische Räumlichkeiten, in denen Gespräche stattfanden.

Als besonders wichtig für die Entscheidung wurde der Eindruck, den man bei einem Fertigungsrundgang erhalten kann, genannt.

Aspekt V der Candidate Experience: Kompetenz der Ansprechpartner

Als positiv wurde beurteilt, wenn die Gesprächspartner kompetent, erfahren und geschult für den Prozess auftraten (zwei Nennungen). Zudem wurden das Halten des Kontaktes über den gesamten Prozess sowie die Glaubwürdigkeit der Ansprechpartner positiv empfunden (jeweils eine Nennung). Außerdem beurteilte ein Befragter es als positiv, dass ein Ansprechpartner aus der Fachabteilung von Beginn an in den Prozess eingebunden war (nicht nur ein Ansprechpartner aus dem Personal). Darüber hinaus wurde es als positiv empfunden, wenn die Entscheidungsbefugnis bei den Gesprächsteilnehmern selbst lag.

Es wurde als negativ empfunden, dass ein Ansprechpartner einen falschen Lebenslauf ausgedruckt hatte (eine Nennung) und dass der Kontakt ausschließlich über ein Service-Center lief und nicht über die Ansprechpartner selbst (eine Nennung). Zudem wurde negativ beurteilt, dass bei einer Initiativbewerbung im Personalwesen keine Auskunft über Einsatzmöglichkeiten gegeben werden konnte und dass ein Ansprechpartner im Gespräch eine „zu lockere“ Körperhaltung einnahm.

In den vorangegangenen Abschnitten wurden die Ergebnisse der explorativen Interviews aufgeführt, die den Aspekten der Candidate Experience zugeordnet werden konnten. Im Folgenden werden die Ergebnisse aufgeführt, die den anderen definierten Entscheidungsfaktoren zuzuordnen sind.

a) Eigenschaften der Tätigkeit / der Organisation

Positiv beurteilte ein Befragter, dass sich das Unternehmen zukünftig positiv entwickelt.

Als besonders wichtig für die Entscheidung hoben alle vier Befragten Entwicklungsmöglichkeiten (inhaltlich oder hierarchisch) hervor. Darüber hinaus führten drei Befragte die Inhalte der Tätigkeit als relevant für ihre Entscheidung an, zwei die organisationale Einordnung der Stelle und zwei die Erfüllung der Gehaltsvorstellungen.

b) Fit (Person-Job-Fit / Person-Organisation-Fit)

Ein Befragter beurteilte Gespräche mit direkten zukünftigen Kollegen oder dem Vorgesetzten positiv, um einen guten Eindruck vom Umfeld zu erlangen. Zwei Befragte haben diesen Punkt als wesentlich für ihre Entscheidung eingeordnet.

c) Erwartung einer Zusage

Zwei der Befragten beurteilten positiv, wenn die Ansprechpartner ihnen im Bewerbungsprozess das Gefühl gaben, dass sie den Kandidaten gerne einstellen wollen. Zwei Befragte haben diesen Punkt als wesentlich für ihre Entscheidung eingeordnet.

d) Wahrgenommene Alternativen

Es wurden in den explorativen Interviews keine Aussagen getroffen, die dem Faktor Wahrgenommene Alternativen zugeordnet werden konnten.

Sonstiges

Drei Befragte beurteilten es positiv, wenn es private Kontakte in den Unternehmen gab, mit denen sie informelle Gespräche führen konnten (Anmerkung der Autorin: Dieser Aspekt ergibt sich aus dem starken Netzwerk des Arbeitsumfeldes der Befragten und stellt eine Besonderheit dar, die in üblichen Bewerbungsprozessen nicht in dem Maße zum Tragen kommt).

Als negativ wurden Wartezeiten gemeinsam mit Unternehmensvertretern empfunden, wenn kein Gespräch oder Smalltalk geführt wurde (eine Nennung). Zudem merkte ein Befragter negativ an, dass seine Gesprächspartner so weit auseinander saßen, dass er immer hin und her blicken musste. Ein Befragter empfand die Beantwortung der Frage nach der Gehaltsvorstellung in schriftlicher Form als negativ.

Wahrgenommener Prozess

Drei der Befragten gaben an, dass der Prozess, also die Candidate Journey, mit der Kenntnisnahme von der Stelle begann. Zwei gaben an, dass der Prozess mit der

Abgabe der Bewerbung begann, einer gab an, dass der Prozess mit einer Einladung zu einem ersten Gespräch – also mit der Sicherheit darüber, dass es einen Prozess geben wird – begann. Die Ergebnisse zeigen, dass die Wahrnehmung der Befragten in unterschiedlichen Prozessen verschieden war. Insgesamt gab es mehr als vier verschiedene Aussagen, da die Befragten zu jeweils mehreren Prozessen berichtet haben.

Alle vier Befragten gaben an, dass der Prozess mit der Absage durch den Kandidaten oder durch das Unternehmen endete, einer gab an, dass er durch Vertragsunterzeichnung endete, einer gab an, dass er mit der eigenen Entscheidung endete. Auch hier berichten die vier Befragten von mehreren Prozessen, sodass es in Summe mehr als vier Aussagen sind.

Alle vier Kandidaten haben den Prozess eher als Gesamtprozess wahrgenommen. Zwei Befragte ergänzten dies jedoch damit, dass man diesen in die Phasen „Ungewissheit vor Rückmeldung“, „Gespräche“ und „Entscheidung“ unterteilen könnte. Ein Befragter nahm mehrere Zeitpunkte als Stufen wahr, an denen er als Kandidat oder das Unternehmen eine Entscheidung treffen konnte, ob der Prozess fortgesetzt würde.

Implikationen für das weitere Vorgehen

Es können fast alle getroffenen Aussagen zu positiven und negativen Erlebnissen sowie wichtigen Entscheidungsfaktoren den fünf Aspekten der Candidate Experience oder den darüber hinaus definierten Faktoren (Eigenschaften der Tätigkeit / der Organisation, Fit, Erwartung einer Zusage, Wahrgenommene Alternativen) zugeordnet werden. Dies bestärkt die Annahme, dass mit den Aspekten der Candidate Experience und den darüber hinaus definierten Faktoren ein wesentlicher Teil des Erlebens von Kandidaten in Bewerbungsprozessen abgedeckt wird.

Die aus den explorativen Interviews erlangten Erkenntnisse bilden eine wichtige Grundlage für die folgenden Schritte der Entwicklung des Instruments zur Messung der Candidate Experience. Insbesondere die konkreten Aussagen bieten wichtige Erkenntnisse für die Operationalisierung der Aspekte und für die Entwicklung von Items.

Zudem können die Inhalte der explorativen Interviews einen wichtigen Beitrag zu konkreten Implikationen und Handlungsempfehlungen für Unternehmen leisten. Diese befinden sich am Ende dieser Arbeit.

3.4 Formulierung des theoretischen Bezugsrahmens

Formulation of the theoretical frame of reference

Um den theoretischen Rahmen, der als Grundlage für die Entwicklung des Erhebungsinstrumentes dienen soll, zu definieren, wird Bezug genommen auf die Ausführungen in Kapitel 2.6. Hier wurden die bisherigen Überlegungen und Erkenntnisse zu relevanten Aspekten, die zu einer positiv erlebten Candidate Experience führen, und Phasen des Bewerbungsprozesses, in denen die Candidate Experience eine Rolle spielt, dargestellt.

Relevante Aspekte

Die Herleitung, welche Aspekte als relevant erachtet werden, wurde in Kapitel 2.6 detailliert erläutert. Das Resultat dieser Herleitung sind die Faktoren Augenhöhe und Wohlwollen, Transparenz und Nachvollziehbarkeit, Ergebnisorientierung, Äußeres Erscheinungsbild und Kompetenz der Ansprechpartner, die entsprechende Übersicht ist in Tabelle 2.4 des Kapitels 2.6 aufgeführt.

Um für die Erstellung des Fragebogens auch entsprechende Operationalisierungen zu haben, wurden die fünf Aspekte, insbesondere durch die Ergebnisse der explorativen Interviews und Erfahrungswissen, um Operationalisierungen ergänzt.

Das Ergebnis ist die untenstehende Tabelle 3.1, mit den vollständig aufgeführten Benennungen, Attributen, Definitionen und Operationalisierungen der fünf Aspekte der Candidate Experience, die als Grundlage für die Entwicklung des Fragebogens dienen.

Tabelle 3.1: Aspekte der Candidate Experience inklusive Operationalisierung

Aspekt	Attribute	Definition	Operationalisierung im Sinne der Candidate Experience
Augenhöhe und Wohlwollen	Persönlich / Personalisierung, Augenhöhe, Respekt, emotional, Wertschätzung, Zeit nehmen, Empathie, Atmosphäre, Angemessenheit, Interesse (nicht Prüfung), Kennenlernen, Gefühl, den Kandidaten zu wollen, individuell, überzeugen, Höflichkeit	Der Aspekt Augenhöhe und Wohlwollen beschreibt im Wesentlichen die persönliche Beziehungsebene zwischen dem Kandidaten und Mitarbeitern des Unternehmens. Der Kandidat fühlt sich wertschätzend behandelt und nimmt eine angenehme Atmosphäre wahr.	Es ist wichtig, dass die Mitarbeiter des Unternehmens dem Kandidaten auf Augenhöhe begegnen, ihn respektvoll behandeln sowie Interesse an ihm und seiner Bewerbung zeigen. Beispielsweise durch höfliches und respektvolles Verhalten. Wertschätzung kann durch verbale Äußerungen oder durch nonverbale Signale, wie beispielsweise sich ausreichend Zeit für den Kandidaten zu nehmen, entgegengebracht werden.
Transparenz und Nachvollziehbarkeit	Transparenz, Klarheit, Aufrichtigkeit, eher sachlich, Nachvollziehbarkeit, Fairness,	Transparenz und Nachvollziehbarkeit beschreibt eine sachliche Ebene der verbalen	Beispielsweise durch die Transparenz von Anforderungen oder die Weitergabe von Informationen zur Tätigkeit, zur Organisation oder zum

	persönlicher Ansprechpartner, Struktur, Relevanz von Fragen, Transparenz bzgl., Anforderungen, Aufgaben, Entwicklung, Organisation (Stelle und Unternehmen)	und schriftlichen Kommunikation. Der Kandidat fühlt sich gut informiert. Darüber hinaus umfasst dieser Aspekt die sachliche Nachvollziehbarkeit von bestimmten Vorgehensweisen oder Fragen für den Kandidaten.	Auswahlverfahren durch Materialien oder die Mitarbeiter des Unternehmens wird der Aspekt der Transparenz und Nachvollziehbarkeit erfüllt.
Ergebnisorientierung	Rückmeldung, Fortschritt, vereinbarte Zeit, Absprachen, Verbindlichkeit, Planung, einhalten der Planung, Flexibilität, Pünktlichkeit, Effizienz (nicht mehrmals die gleichen Fragen von unterschiedlichen AP), Reisekosten, Termine vereinbaren (nicht spontan), feste Teilnehmer am Gespräch	Der Aspekt der Ergebnisorientierung beinhaltet das wahrgenommene Vorankommen im Bewerbungsprozess mit dem Ziel, eine Entscheidung herbeizuführen.	Dies umfasst eine zügige Vorgehensweise in allen Schritten des Bewerbungsprozesses, sowohl bei Rückmeldungen an den Kandidaten als auch ein inhaltliches Vorankommen in Gesprächen. Eine strukturierte Planung, das Treffen von Absprachen sowie die Einhaltung dieser Planung und Absprachen (Pünktlichkeit, Verbindlichkeit) sind dabei wichtige Punkte.
Äußeres Erscheinungsbild	Personen, Standort, gepflegt, Equipment, Materialien, Erreichbarkeit, Portal, Emails, Authentizität, Räume, Getränke, Telefonate und Emails, Sitzordnung	Das äußere Erscheinungsbild umfasst das gepflegte Erscheinen des gesamten Unternehmens in der Wahrnehmung des Kandidaten.	Das gepflegte und ansprechende Erscheinen von Mitarbeitern, Standorten, Räumlichkeiten und im Bewerbungsprozess verwendetem Equipment und Materialien (Sauberkeit, gepflegtes Aussehen, etc.).
Kompetenz der Ansprechpartner	Wissen und Fähigkeit, um Vertrauen zu generieren, Professionalität, Glaubwürdigkeit, Wissen des Ansprechpartners, Kompetenz, Vorbereitung	Der Aspekt Kompetenz der Ansprechpartner beinhaltet, dass die Mitarbeiter des Unternehmens aus der Sicht des Kandidaten als kompetent und glaubwürdig wahrgenommen werden.	Die Ansprechpartner haben das relevante Wissen über das Unternehmen, die Tätigkeit, den Bewerbungsprozess und das Auswahlverfahren sowie über den jeweiligen Kandidaten, um in Kontakten mit dem Kandidaten kompetent zu agieren. Sie können Fragen über das Unternehmen, die Tätigkeit, den Bewerbungsprozess und das Auswahlverfahren jederzeit beantworten und wirken dadurch kompetent und glaubwürdig.

Relevante Phasen

Zur Definition der relevanten Phasen in der Candidate Journey wird Bezug genommen zu bestehenden Modellen, die entsprechende Phasen der Candidate Journey definieren. Eine ausführliche Erläuterung dessen befindet sich in Kapitel 2.3.2.

Verhoeven (2016c) unterscheidet die folgenden Phasen:

1) Anziehung
2) Information
3) Bewerbung
4) Auswahl
5) Onboarding
6) Bindung

Athanas und Wald (2014) hingegen unterscheiden:

1) Jobrecherche / Orientierung
2) Abgabe der Bewerbung
3) Auswahlverfahren
4) Ergebniskommunikation

Zur Übersicht werden die Phasenmodelle von Verhoeven (2016c) sowie Athanas und Wald (2014) an dieser Stelle im direkten Vergleich abgebildet (siehe Abbildung 3.1).

Abbildung 3.1: Phasen im Recruitingprozess nach Verhoeven (2016b) und Athanas und Wald (2014)

Im direkten Vergleich wird deutlich, dass Verhoeven's (2016c) Phasenmodell im Sinne eines ganzheitlichen Ansatzes im vollständigen Erlebensprozess des Kandidaten (Verhoeven, 2016d) bereits in einer sehr frühen Phase, der Anziehung, beginnt. Es reicht bis hin zu einer langfristigen Bindung des Kandidaten, also über das Ende des eigentlichen Recruiting-Prozesses hinaus. Athanas und Wald (2014) hingegen fokussieren sich auf einen komprimierteren Zeitraum in der Candidate Journey, nehmen aber im Vergleich zur Verhoeven (2016c) noch die Ergebniskommunikation als gesonderte Phase in ihrem Prozess mit auf. Im Sinne einer möglichst ganzheitlichen Berücksichtigung der beiden Modelle, sowohl in Bezug auf Beginn und Ende der Candidate Journey als auch auf die einzelnen Phasen der Candidate Journey, wurden diese zusammengeführt. Außerdem wurden sie durch die Phase der Vertragsgespräche ergänzt, die aus der Beratungserfahrung der Autorin eine nicht außer Acht zu lassende Phase in der Candidate Journey darstellt. Dieses integrierte Phasenmodell dient als Ausgangspunkt für die Definition relevanter Phasen. Eine Darstellung dessen befindet sich in Kapitel 2.3.2, Abbildung 2.4.

In der vorliegenden Arbeit werden Kandidaten zu ihren Erfahrungen in realen Bewerbungsprozessen befragt, die sie selbst angestoßen haben. Ein grundsätzlich positives Erleben in den Phasen der Anziehung und Informationsbeschaffung (durch direkte oder indirekte Kontaktpunkte) muss also unweigerlich vorausgesetzt werden, da die Kandidaten sich für eine Bewerbung bei dem Unternehmen entschieden haben. Daher muss hier bereits von einer selektiven Stichprobe ausgegangen werden. Dennoch sollen diese Phasen im Sinne einer ganzheitlichen Betrachtungsweise einbezogen werden. Der Fokus soll aber auf den Phasen Bewerbung und Auswahlverfahren liegen. Die Kandidaten haben sich zuvor bereits für eine Bewerbung bei dem Unternehmen entschieden und treten nun in intensiveren Austausch mit den Unternehmen. In diesen intensiven Phasen kann sich das vorweg positive Bild des Unternehmens entweder verfestigen oder es kann widerlegt werden. Die darauffolgende Phase der Ergebniskommunikation hat für die Kandidaten nur einen direkten Einfluss, wenn die Rückmeldung positiv ist, weil dann eine Entscheidung durch den Kandidaten gefordert ist. Für Unternehmen hat diese Phase insofern einen Einfluss, als dass dies bei einer Zusage an den Kandidaten den letzten Eindruck vor einer Entscheidung des Kandidaten wiedergibt und bei einer Absage an den Kandidaten der letzte Eindruck vor seinem langfristigen Bild von dem Unternehmen ist – sofern kein Kontakt in anderen Kontexten erfolgt.

Ziel dieser Arbeit ist es, die Frage zu beantworten, wie durch ein systematisches Candidate Experience Management Mitarbeiter für das Unternehmen gewonnen werden können; konkret, wie dadurch die Entscheidung von Kandidaten im Bewerbungsprozess beeinflusst werden kann. Daher soll der Fokus auf den geschilderten Phasen von der Anziehung bis zur Ergebniskommunikation liegen, auf die in der Regel die Entscheidung des Kandidaten folgt.

3.5 Entwicklung von Items

Development of Items

Aufbauend auf dem geschaffenen Ordnungsrahmen mit den Aspekten Augenhöhe und Wohlwollen, Transparenz und Nachvollziehbarkeit, Ergebnisorientierung, Äußeres Erscheinungsbild und Kompetenz der Ansprechpartner und den relevanten Phasen von der Anziehung, über die Phasen Information, Bewerbung sowie Auswahlverfahren bis hin zur Ergebniskommunikation erfolgte die Entwicklung der Items. Dabei stand im Fokus, dass sie ein subjektives Empfinden des Befragten erfassen und keine objektive Betrachtung von bestimmten Handlungsweisen von Ansprechpartnern oder Eigenschaften des Unternehmens. Die meisten Items wurden selbst entwickelt, bei einzelnen Items wurde auf bestehende Items zurückgegriffen bzw. es wurden Items in Anlehnung an bestehende Items entwickelt (diese sind im Anhang A entsprechend gekennzeichnet; Athanas & Wald, 2014; Parasuraman et al., 1988). Zunächst wurden die Aspekte und relevanten Phasen in einer Matrix angeordnet und für jede Kombination wurden Items entwickelt. Dabei wurden für jeden Aspekt übergreifende Items entwickelt, die einen Gesamteindruck eines Faktors beinhalteten (bspw. eingeleitet durch „Alles in allem…“ oder „Im gesamten Bewerbungsprozess…“), und konkrete Items, die einzelne Detailaspekte des jeweiligen Aspekts erfragten. Durch die systematische und sorgfältige Berücksichtigung aller Aspekte und relevanter Phasen konnte gewährleistet werden, dass kein Detail außer Acht gelassen wurde. Es stellte sich heraus, dass in den verschiedenen Phasen Redundanzen hinsichtlich vieler Aspekte auftraten, die nicht phasenspezifisch waren. Aufgrund dessen und der Tatsache, dass die Kandidaten in den Bewerbungsprozessen die Phasen nicht explizit als solche wahrgenommen haben (siehe Ergebnisse der Interviews, Kapitel 3.3), wurden bei der weiteren Betrachtungsweise alle Items eines Aspekts, unabhängig von der jeweiligen relevanten Phase, zusammengeführt. Redundante Items wurden entfernt. So entstand im ersten Schritt ein Pool aus 67 Items, davon 17 übergreifende Items. Vier dieser 17 übergeordneten Items beziehen sich im Kontext des Aspekts Ergebnisorientierung auf die Angemessenheit von konkreten Zeiträumen und sind somit im Kontext des Fragebogens eine spezielle Art von Items. Die gesamten Items sind in Anhang A einzusehen. Die 67 Items gingen in die verschiedenen Vorstudien ein, die in den folgenden Kapiteln geschildert werden.

3.6 Vorstudie I zur Prüfung der Validität

Pilot Study I to Test Validity

Um die Inhaltsvalidität der entwickelten Items zu prüfen wurde die Vorstudie I durchgeführt. Im Folgenden werden die Fragestellung definiert, die Methode der Vorstudie beschrieben sowie die Ergebnisse der Vorstudie dargestellt und diskutiert, Implikationen für die Anpassungen der Items werden abgeleitet.

3.6.1 Fragestellung

Problem Definition

Die Entwicklung und Zuordnung der Items zu den verschiedenen Aspekten wurden in den vorangegangenen Schritten durch die Autorin vorgenommen. Um zu untersuchen, ob die Zuordnung allgemeine Gültigkeit hat, wurde im Sinne der Überprüfung der Inhaltsvalidität des entwickelten Instruments die Vorstudie I durchgeführt. Ziel dieser Vorstudie war es, zu prüfen, inwieweit verschiedene Beurteiler („Rater") die Zuordnung der Items zu den Aspekten gleich bzw. ähnlich vornehmen, um einen Rückschluss auf die Inhaltsvalidität des Instrumentes ziehen zu können. Dazu wurde Fleiss' Kappa als statistisches Maß zur Berechnung der Übereinstimmung verschiedener Beurteiler herangezogen. An dieser Stelle sei angemerkt, dass es sich bei der Berechnung der Beurteilerübereinstimmung in diesem Kontext nicht um das Maß der Interrater-Reliabilität im Kontext des Gütekriteriums der Objektivität handelt, sondern um eine Herangehensweise zur Gewährleistung der Inhaltsvalidität.

3.6.2 Methode

Method

In diesem Kapitel wird die Methode der Vorstudie I beschrieben. Zunächst wird Bezug zu den befragten Personen genommen, im Anschluss werden das Versuchsmaterial sowie der Ablauf geschildert.

Befragte Personen

Im Rahmen der Vorstudie I wurden Dozenten und Studierende der Psychologie der RWTH Aachen als Beurteiler herangezogen. Durch das Studium der Psychologie konnte eine gewisse Expertise in Bezug auf Fragebogenbogen- / Testkonstruktion bzw. Itementwicklung vorausgesetzt werden. An der Vorstudie I, die in der Woche vom 24.07.2017 bis 28.07.2017 in dem Seminar Berufliche Rehabilitation des Lehr- und Forschungsgebietes Berufliche Rehabilitation durchgeführt wurde, nahmen insgesamt 12 Befragte teil, darunter Dozenten und Studierende. Drei ausgefüllte Fragebögen wurden in der Auswertung nicht berücksichtigt, da doppelte Nennungen vorgenommen wurden und die Ergebnisse somit nicht genutzt werden konnten, sodass die Fragebögen von neun Teilnehmern ausgewertet wurden (davon 5 weiblich und 3 männlich). Das Alter der Befragten lag zwischen 22 und 65 Jahren, ein Teilnehmer machte keine Angabe, bei einem Mittelwert von 29,75 Jahren und einer Standardabweichung von 14,36 Jahren. Sieben Teilnehmer haben Psychologie studiert, zwei machten keine

Angabe. Der höchste Abschluss der Teilnehmer war der Bachelor (fünf Teilnehmer), der Master (zwei Teilnehmer), eine Promotion (ein Teilnehmer) und keine Angabe (ein Teilnehmer).

Versuchsmaterial

Die Vorstudie I wurde basierend auf den entwickelten Items (siehe Kapitel 3.5) aufgebaut und um einen Einleitungstext und die Erfassung der wesentlichen demografischen Daten der Befragten ergänzt. Das vollständige Instrument der Vorstudie I befindet sich im Anhang A. In den folgenden Abschnitten werden die einzelnen Elemente des Instrumentes erläutert.

Einleitung

Zunächst wurde ein Einleitungstext formuliert, in dem das Thema Candidate Experience sowie der Hintergrund der Befragung kurz erläutert wurden. Es wurde der Arbeitsauftrag – die Zuordnung der Items zu den Aspekten der Candidate Experience – formuliert.

Demografische Informationen

In Bezug auf die demografischen Daten wurden von den Studienteilnehmern das Geschlecht, das Alter, das Studienfach sowie der höchste Studienabschluss erfragt.

Definition der Aspekte

Die Zuordnung der Items zu den Aspekten sollte anhand der Definitionen und Operationalisierungen erfolgen, die bei der Entwicklung der Items zugrunde gelegt wurden. Aus diesem Grund wurden die Definitionen und Operationalisierungen der fünf Aspekte der Candidate Experience abgebildet. Die Definitionen und Operationalisierungen sind in Tabelle 3.1 einzusehen.

Items

Im Anschluss an die Definitionen und Operationalisierungen wurden alle 67 entwickelten Items (siehe Anhang A; Entwicklung siehe Kapitel 3.5) in zufälliger Reihenfolge in der linken Spalte einer Tabelle dargestellt, sodass durch Ankreuzen die Zuordnung der verschiedenen Items zu den Aspekten möglich war.

Offene Anmerkungen

Zuletzt wurde den Befragten die Möglichkeit gegeben, offene Anmerkungen zu machen.

Ablauf / Durchführung

Die Vorstudie I fand im Rahmen des Seminars Berufliche Rehabilitation des Lehr- und Forschungsgebietes Berufliche Rehabilitation des Instituts für Psychologie statt. Die Befragung wurde als Paper-Pencil-Befragung durchgeführt. Es wurde eine kurze mündliche Einleitung in den Fragebogen gegeben und die Studierenden wurden gebeten, sich alle Instruktionen sorgfältig durchzulesen und den Fragebogen durch Ankreuzen zu bearbeiten. Das Ausfüllen des Fragebogens nahm etwa 15 bis 20 Minuten in Anspruch.

Analyse der Daten

Die Daten aus den ausgefüllten Fragebögen wurden zunächst digital erfasst. Die demografischen Daten wurden rein deskriptiv dargestellt (siehe „Befragte Personen"). Für die Zuordnung der einzelnen Items zu den Aspekten wurde Fleiss' Kappa als Maß der Interrater-Übereinstimmung bei mehr als zwei Ratern berechnet (Fleiss, 1971). Fleiss' Kappa wurde sowohl für jedes einzelne Item als auch als Gesamtwert für die gesamte Itemmenge berechnet. Zudem wurde die Beurteiler-Übereinstimmung jeweils für die verschiedenen Faktoren ermittelt.

3.6.3 Ergebnisse

Results

12 Personen füllten den Fragebogen aus. Drei Fragebögen wurden in der Analyse nicht berücksichtigt, da doppelte Nennungen oder fehlende Antworten vorlagen, sodass 9 Fragebögen mit in die Analyse eingingen. Die Gesamt-Interrater-Übereinstimmung lag bei 62 % (κ=.62). Die Übereinstimmungen für die einzelnen Items lagen zwischen 19 % und 100 %. Für die einzelnen Kategorien lag Fleiss' Kappa bei κ=.76 für Augenhöhe und Wohlwollen, κ=.56 für Transparenz und Nachvollziehbarkeit, κ=.48 für Ergebnisorientierung, κ=.83 für Äußeres Erscheinungsbild sowie bei κ=.63 für Kompetenz der Ansprechpartner.

Es wurde von einer befragten Person eine offene Anmerkung gemacht. Kern dieser Anmerkung war es, dass sich die einzelnen Items teilweise schwierig voneinander differenzieren ließen, da lediglich einzelne Wörter unterschiedlich sind.

3.6.4 Implikationen

Implications

Mit einer Gesamt-Interrater-Übereinstimmung von κ=.62 ist das Ausmaß der Übereinstimmung durchaus zufriedenstellend (siehe z. B. Landis & Koch, 1977). Dennoch bestehen Optimierungsmöglichkeiten im Hinblick auf diejenigen Items, die eine Übereinstimmung $\kappa\leq$.60 aufwiesen, sowie auf die Aspekte Ergebnisorientierung (κ=.48) und Transparenz und Nachvollziehbarkeit (κ=.56). Die vorgenommenen Änderungen der Items sind im Detail in Tabelle 3.2 abgebildet.

Tabelle 3.2: Vorgenommene Änderungen nach Vorstudie I

Itemnummer in Vorstudie I	Relevanter Aspekt I	Iteminhalt in Vorstudie	Vorgenommene Änderungen nach Vorstudie I
13	Ergebnisorientierung	Das Auswahlverfahren wurde wie geplant durchgeführt.	Anpassung Kategorie Ergebnisorientierung
14	Transparenz & Nachvollziehbarkeit	Für mich ist ersichtlich, welche Anforderungen an mich in meiner zukünftigen Position gestellt werden.	streichen, siehe auch 25
17	Transparenz & Nachvollziehbarkeit	Ich fühle mich im gesamten Bewerbungsprozess gut informiert.	Ich fühle mich im gesamten Bewerbungsprozess dauerhaft transparent informiert.
19	Kompetenz der Ansprechpartner	Alles in allem empfinde ich die Mitarbeiter des Unternehmens als glaubwürdig.	Alles in allem empfinde ich die Mitarbeiter des Unternehmens als kompetent.
24	Äußeres Erscheinungsbild	Während des Auswahlverfahrens standen ausreichend Getränke zur Verfügung.	Anpassung der Operationalisierung
25	Transparenz & Nachvollziehbarkeit	Mir wurde im Auswahlverfahren ein umfangreiches Bild von meiner zukünftigen Position vermittelt.	Für mich ist ersichtlich, wie meine zukünftige Position ausgestaltet sein wird. siehe auch 14
26	Ergebnisorientierung	Das Auswahlverfahren begann pünktlich.	Anpassung Kategorie Ergebnisorientierung
27	Kompetenz der Ansprechpartner	Die Mitarbeiter des Unternehmens sind glaubwürdig.	streichen, siehe 19
35	Ergebnisorientierung	Die Mitarbeiter des Unternehmens sind telefonisch oder per E-Mail gut erreichbar.	Die Mitarbeiter des Unternehmens sind telefonisch oder per E-Mail gut erreichbar, um das zügige Voranschreiten des Prozesses zu ermöglichen.
41	Transparenz & Nachvollziehbarkeit	Die Homepage / Karriere-Homepage des Unternehmens ist für mich als Bewerber informativ.	Die Homepage / Karriere-Homepage des Unternehmens bietet hilfreiche Informationen für mich als Bewerber.
47	Ergebnisorientierung	Der Zeitraum von der Einladung zum Auswahlverfahren bis zum Auswahlverfahren war aus meiner Sicht angemessen.	Anpassung Kategorie Ergebnisorientierung
48	Transparenz & Nachvollziehbarkeit	Bei der Einladung zum Auswahlverfahren wurden mir Details zu Ort und Dauer des Auswahlverfahrens mitgeteilt.	Bei der Einladung zum Auswahlverfahren wurden mir Details zum Zeitpunkt und der Gesprächsdauer mitgeteilt.

49	Augenhöhe & Wohlwollen	Die Mitarbeiter des Unternehmens haben mich im Auswahlverfahren gut betreut.	Die Mitarbeiter des Unternehmens haben mich im Auswahlverfahren wertschätzend behandelt.
53	Ergebnisorientierung	Der zeitliche Aufwand für das Auswahlverfahren wurde wie geplant eingehalten.	Anpassung Kategorie Ergebnisorientierung
54	Ergebnisorientierung	Der zeitliche Aufwand für das Auswahlverfahren war angemessen.	Anpassung Kategorie Ergebnisorientierung
56	Augenhöhe & Wohlwollen	Die Mitarbeiter des Unternehmens waren bei der Rückmeldung (Absage / Angebot) zu meiner Bewerbung höflich und respektvoll.	Die Mitarbeiter des Unternehmens waren bei der Rückmeldung (Absage / Angebot) zu meiner Bewerbung wertschätzend und respektvoll.
59	Ergebnisorientierung	Bei vorhandenem Online Portal: Das Online Portal war einfach zu bedienen.	streichen, siehe 58
61	Transparenz & Nachvollziehbarkeit	Vor der Abgabe meiner Bewerbung konnte ich mir einen guten Überblick über Einstiegsmöglichkeiten bei dem Unternehmen verschaffen.	Vor der Abgabe meiner Bewerbung waren mögliche Einstiegsoptionen für mich bei dem Unternehmen transparent dargestellt.
65	Transparenz & Nachvollziehbarkeit	Ich habe dauerhaft einen persönlichen Ansprechpartner im Unternehmen, an den ich mich bei Rückfragen wenden kann.	Mir wurde ein persönlicher Ansprechpartner im Unternehmen genannt, an den ich mich bei Rückfragen wenden konnte.
66	Ergebnisorientierung	Bei der Abgabe meiner Bewerbung war für mich ersichtlich, wann ich eine Rückmeldung zu meiner Bewerbung bekommen würde.	Bei der Abgabe meiner Bewerbung war für mich ersichtlich, wie lang der zeitliche Abstand bis zu einer Rückmeldung sein würde.

Zudem wurde der Aspekt Ergebnisorientierung definitorisch geschärft und umbenannt in Zeitplanung und zügiger Prozessverlauf, um einen nachvollziehbareren Bezug zwischen der Benennung des Aspekts und dem Inhalt herzustellen. Durch diese Anpassung wurde zudem eine positive Auswirkung auf den Aspekt Transparenz und Nachvollziehbarkeit erwartet, der häufig unter der falschen Einordnung der Items zu dem Aspekt Ergebnisorientierung „litt". Zuletzt wurde eine Anpassung der Operationalisierung des Aspekts Äußeres Erscheinungsbild vorgenommen, um die Zuordnung einzelner Items zu diesem Aspekt zu vereinfachen.

3.7 Vorstudie II zur Prüfung der Validität

Pilot Study II to Test Validity

Die Vorstudie II wurde durchgeführt, um die Konsistenz der aus der Vorstudie I resultierenden Veränderungen der Items und Aspekte zu prüfen. Die Vorstudie II ist vergleichbar mit der Vorstudie I, Abweichungen werden beschrieben.

3.7.1 Fragestellung

Problem Definition

Resultierend aus den Ergebnissen der Vorstudie I wurden einzelne Items und Definitionen / Operationalisierungen von Aspekten angepasst, um positive Auswirkungen auf die interne Konsistenz der Items zu bewirken. Um die interne Konsistenz zu überprüfen, wurde für die angepassten Items erneut eine Zuteilung durch verschiedene Beurteiler / Rater zu den Aspekten vorgenommen. Fleiss' Kappa (Fleiss, 1971) wurde berechnet.

3.7.2 Methode

Method

Im Folgenden wird die Methode der Vorstudie II beschrieben. Es wird zunächst auf die befragten Personen, dann auf das Versuchsmaterial und die Durchführung / den Ablauf eingegangen.

Befragte Personen

Im Rahmen der Vorstudie II wurden Studierende der Psychologie der RWTH Aachen als Beurteiler herangezogen. Die Vorstudie II wurde in der Woche vom 09.10.2017 bis zum 13.10.2017 in der Vorlesung Rehabilitation und Arbeit des Lehr- und Forschungsgebietes Berufliche Rehabilitation durchgeführt. Es nahmen insgesamt 23 Studierende teil (davon 18 weiblich und fünf männlich). Das Alter der Befragten lag zwischen 22 und 31 Jahren, bei einem Mittelwert von 24,87 Jahren und einer Standardabweichung von 2,38 Jahren. Alle Befragten haben zum Zeitpunkt der Befragung Psychologie studiert. Der höchste Abschluss der Teilnehmer war der Bachelor (19 Teilnehmer) oder der Master (vier Teilnehmer).

Versuchsmaterial

Die Vorstudie II wurde basierend auf den nach der Vorstudie I angepassten Items (siehe Kapitel 3.6.4) aufgebaut. Das gesamte Erhebungsinstrument der Vorstudie II befindet sich im Anhang B; Einleitung und Ermittlung der demografischen Informationen siehe Vorstudie I.

Definition der Aspekte

Die Zuordnung der Items zu den Aspekten sollte anhand der Definitionen und Operationalisierungen erfolgen, die bei der Entwicklung der Items zugrunde gelegt wurden. Aus diesem Grund wurden die nach der Vorstudie I angepassten Definitionen und Operationalisierungen der fünf Aspekte Augenhöhe und Wohlwollen, Transparenz und Nachvollziehbarkeit, Zeitplanung und zügiger Prozessverlauf, Äußeres Erscheinungsbild sowie Kompetenz der Ansprechpartner aufgeführt (Tabelle 3.2).

Items

Im Anschluss an die Definitionen und Operationalisierungen wurden alle veränderten oder indirekt von Veränderungen der Aspekte betroffenen Items (Anzahl 17) in zufälliger Reihenfolge in der linken Spalte einer Tabelle dargestellt, sodass durch Ankreuzen die Zuordnung der verschiedenen Items zu den Aspekten möglich war.

Offene Anmerkungen

Zuletzt wurde den Befragten die Möglichkeit gegeben, offene Anmerkungen zu machen.

Ablauf / Durchführung

Die Vorstudie II fand im Rahmen der Veranstaltung Rehabilitation und Arbeit des Lehr- und Forschungsgebietes Berufliche Rehabilitation des Instituts für Psychologie statt. Wie in der Vorstudie I fand die Befragung als Paper-Pencil-Befragung statt. Es wurde eine kurze mündliche Einleitung in den Fragebogen gegeben und die Studierenden wurden gebeten, sich alle Instruktionen sorgfältig durchzulesen und den Fragebogen durch Ankreuzen zu bearbeiten. Das Ausfüllen des Fragebogens nahm etwa 10 Minuten in Anspruch.

Analyse der Daten

Die Daten aus den ausgefüllten Fragebögen wurden wieder digital erfasst. Die demografischen Daten wurden rein deskriptiv dargestellt (siehe „Befragte Personen"). Für die Zuordnung der einzelnen Items zu den Aspekten wurde erneut Fleiss' Kappa als Maß der Interrater-Übereinstimmung bei mehr als zwei Ratern berechnet (z.B. Fleiss, 1971). Fleiss' Kappa wurde für jedes einzelne Item als auch als Gesamtwert für die Itemmenge berechnet. Die Beurteiler-Übereinstimmung für die einzelnen Aspekte wurde bei der Vorstudie II nicht ermittelt, da die Verteilung der angepassten Items auf die verschiedenen Aspekte sehr unterschiedlich war und aus diesem Grund eine entsprechende Berechnung nicht sinnvoll war.

3.7.3 Ergebnisse

Results

Der Fragebogen der Vorstudie II wurde von 23 Personen aufgefüllt, alle 23 Fragebögen gingen mit in die Analyse ein. Die Gesamt-Interrater-Übereinstimmung lag für die 17 angepassten Items bei κ=.63. Die Übereinstimmungen für die einzelnen Items lagen zwischen 25 % und 100 %. Es wurden keine offenen Anmerkungen gemacht.

3.7.4 Implikationen

Implications

Mit einer Gesamt-Interrater-Übereinstimmung von κ=.63 für die überarbeiteten Items ist das Ausmaß der Übereinstimmung durchaus zufriedenstellend (siehe z. B. Landis & Koch, 1977). Bei der Betrachtung der einzelnen Items zeigen sich dennoch Einschränkungen, die nicht dem Anspruch einer ausreichend hohen Übereinstimmung entsprechen. Es werden nun die Anpassungen aufgeführt, die nach der Vorstudie II vorgenommen wurden. Die Nummerierung der Items bezieht sich auf die Nummerierung in den Vorstudien.

Die Items 41 („Die Homepage / Karriere-Homepage des Unternehmens bietet hilfreiche Informationen für mich als Bewerber."), 42 („Für die Abgabe meiner Bewerbung war für mich ersichtlich, welche Unterlagen ich für meine Bewerbung benötige."), 48 („Bei der Einladung zum Auswahlverfahren wurden mir Details zum Zeitpunkt und der Gesprächsdauer mitgeteilt.") und 66 („Bei der Abgabe meiner Bewerbung war für mich ersichtlich, wie lang der zeitliche Abstand bis zu einer Rückmeldung sein würde.") wurden aus dem Fragebogen entfernt. Sie wiesen entweder sehr niedrige Übereinstimmungswerte oder Redundanzen zu anderen Items auf. Das Item 65 („Mir wurde ein persönlicher Ansprechpartner im Unternehmen genannt, an den ich mich bei Rückfragen wenden konnte."), welches ursprünglich dem Aspekt Transparenz und Nachvollziehbarkeit zugeordnet war, wurde nach der Vorstudie II dem Aspekt Kompetenz der Ansprechpartner zugeordnet. Grund dafür war die mehrheitliche Zuordnung zu diesem Aspekt durch die Beurteiler (17 von 23 Beurteilungen).

Das Item 24 („Während des Auswahlverfahrens standen ausreichend Getränke zur Verfügung.") wies mit 37 % einen relativ geringen Übereinstimmungswert auf. Dennoch wurde entschieden, das Item unverändert in den finalen Fragebogen zu integrieren, da die explorativen Interviews die Relevanz des Items gezeigt haben und die Tendenz der Zuordnung zu dem entsprechenden Aspekt Äußeres Erscheinungsbild vorhanden war: 13 von 23 Beurteilern trafen diese Zuordnung. Ähnlich verhält es sich mit dem Item 35 („Die Mitarbeiter des Unternehmens sind telefonisch oder per E-Mail gut erreichbar, um das zügige Voranschreiten des Prozesses zu ermöglichen."). Die vergleichsweise geringe Übereinstimmung von 25 % wurde aufgrund der Wichtigkeit des Items und der tendenziell richtigen Zuordnung zum Aspekt Zeitplanung und zügiger Prozessverlauf (10 von 23 Beurteilern) toleriert.

Resultat der iterativen Anpassungen nach den Vorstudien I und II war das finale Erhebungsinstrument zur Erfassung der Candidate Experience mit 46 Items und den Aspekten Augenhöhe und Wohlwollen (9 Items), Transparenz und Nachvollziehbarkeit

(16 Items), Zeitplanung und zügiger Prozessverlauf (11 Items), Äußeres Erscheinungsbild (5 Items) sowie Kompetenz der Ansprechpartner (5 Items). Die finalen Candidate Experience Items befinden sich in Anhang C.

4 Empirische Studie

Empirical Study

Die empirische Studie wurde durchgeführt, um die in Kapitel 2.6 aufgestellten Hypothesen zu prüfen.

4.1 Methode

Method

In den folgenden Kapiteln wird die Methode der durchgeführten empirischen Studie geschildert. Zunächst werden das Versuchsmaterial und die Durchführung beschrieben. Die jeweiligen Aspekte werden für den ersten (Befragungsteil I) und zweiten Befragungsteil (Befragungsteil II) gesondert aufgeführt.

4.1.1 Versuchsmaterial

Test Materials

Die empirische Studie wurde als Online-Fragebogen durchgeführt, die bei dem Anbieter Umfrage Online (www.umfrageonline.de) erstellt wurde. Der Online-Fragebogen des Befragungsteils I umfasst insgesamt 92 Items mit verschiedenen Antwortformaten, der Fragebogen des Befragungsteils II 57 Items mit verschiedenen Antwortformaten. Die verwendeten Items bzw. Messinstrumente werden im Folgenden im Detail erläutert.

Befragung I

Im Folgenden werden die Inhalte des Fragebogens der Befragung I beschrieben, der vollständige erste Befragungsteil befindet sich in Anhang D.

Einleitung

Zunächst wurde ein Einleitungstext formuliert, in dem das Thema Candidate Experience sowie der Hintergrund der Befragung kurz erläutert wird. In dem Einleitungstext wird die Situation geschildert, in der sich die Befragten notwendigerweise befinden sollen, um an der Befragung teilnehmen zu können (nach einem Auswahlverfahren (Telefoninterviews, persönliches Gespräch, Assessment Center oder Ähnliches) aber vor der Rückmeldung (Absage / Zusage) durch das Unternehmen). Außerdem werden die wesentlichen Informationen zur Durchführung des Fragebogens geschildert und auf den zweiten Befragungsteil verwiesen. Zuletzt wird auf die Anonymität beim Ausfüllen des Fragebogens und die Notwendigkeit einer eindeutigen Codierung hingewiesen. Es folgt das Feld zum Ausfüllen der Codierung, um eine eindeutige Zuordnung der Daten des zweiten Befragungsteils zu den Daten des ersten Befragungsteils sicherstellen zu können.

Demografische Daten (6 Items)

Im Rahmen der Erfassung der demografischen Daten werden Geburtsjahr, Geschlecht, der höchste akademische Abschluss (mit Fachrichtung), der aktuelle Berufsstatus und das Ziel für den nächsten beruflichen Schritt erfragt.

Rahmendaten zum Bewerbungsprozess (10 Items)

Der Fragebogen beinhaltet mehrere Fragen zu gewissen Rahmendaten des Bewerbungsprozesses, die erfragt werden, um wesentliche Informationen zu dem Bewerbungsprozess, unabhängig von der subjektiven Einschätzung des Kandidaten, zu kennen. Inhalte sind die Medien, über die sich der Kandidat informiert hat, die Form der Einreichung der Bewerbung bei dem Unternehmen sowie die Form der Rückmeldung des Unternehmens. Darüber hinaus werden wesentliche Informationen zum Auswahlverfahren erfragt (Form des Auswahlverfahrens, Vorstellung des Unternehmens im Rahmen des Auswahlverfahrens, Teilnehmer am Auswahlverfahren, Dauer des Auswahlverfahrens, Informationen über die zu erwartende Zeit zur Rückmeldung). Zudem werden zwei Fragen zu der Länge von bestimmten Zeiträumen im Bewerbungsprozess gestellt, deren subjektiv empfundene Angemessenheit als Teil der Candidate Experience (siehe folgender Abschnitt) erfasst wird.

Fragen zur Candidate Experience (43 Items)

Die Entwicklung der Items zur Erfassung der Candidate Experience wurde in Kapitel 3 geschildert. Im Befragungsteil I wurden 42 Items aus dem Instrument zur Erfassung der Candidate Experience inkludiert, die vor der Rückmeldung durch das Unternehmen relevant sind. Die Bewertung der Aspekte erfolgt auf einer fünfstufigen Likert-Skala von 1 „stimme gar nicht zu“ bis 5 „stimme stark zu“. Außerdem gibt es die Antwortmöglichkeit „keine Antwort möglich“. Zudem wurde eine offene Frage ergänzt, um den Befragten die Möglichkeit zu geben, weitere positive oder negative Eindrücke zu ergänzen.

Eigenschaften der Tätigkeit (3 Items)

Die Bewertung der Eigenschaften der Tätigkeit erfolgt durch die einzelne Bewertung dreier Aspekte, die als relevant erachtet werden (Chapman et al., 2005). Die von Chapman et al. (2005) herausgestellten Aspekte wurden durch die Autorin übersetzt mit Art / Inhalte der Tätigkeit, Bezahlung sowie Gehaltsentwicklung und Aufstiegschancen. Die Bewertung der Aspekte erfolgt auf einer fünfstufigen Likert-Skala von 1 „sehr schlecht“ bis 5 „sehr gut“. Außerdem gibt es die Antwortmöglichkeit „keine Antwort möglich“.

Eigenschaften der Organisation (6 Items)

Ähnlich wie bei der Bewertung der Eigenschaften der Tätigkeit wurden Aspekte der Organisation definiert, die als relevant erachtet werden (Chapman et al., 2005). Die entsprechenden Aspekte wurden ebenfalls übersetzt: Arbeitgeberimage, Standort, Unternehmensgröße, Bekanntheit des Unternehmens, Voraussichtliche Arbeitszeiten,

Arbeitsumgebung (bspw. Arbeitsplatz, Geräuschkulisse, Versorgung mit Getränken, Belüftung, etc.). Die Bewertung der Aspekte erfolgt auf einer fünfstufigen Likert-Skala von 1 „sehr schlecht" bis 5 „sehr gut". Außerdem gibt es die Antwortmöglichkeit „keine Antwort möglich".

Person-Job-Fit / Person-Organisation-Fit (2 Items)

Um sowohl den Person-Job-Fit, als auch den Person-Organisation-Fit zu erfassen, wurde auf zwei etablierte Items aus der Fit-Forschung zurückgegriffen (Saks & Ashforth, 1997, 2002). Die von Saks und Ashforth (1997, 2002) entwickelten Items wurden übersetzt. Die Bewertung des Person-Job-Fit und des Person-Organisation-Fit erfolgt auf einer fünfstufigen Likert-Skala von 1 „in einem sehr geringen Ausmaß" bis 5 „in einem sehr hohen Ausmaß". Außerdem gibt es die Antwortmöglichkeit „keine Antwort möglich".

Erwartung einer Zusage (1 Item)

Die Erwartung einer Zusage wird durch ein selbst entwickeltes Item erfasst, mit dem die Wahrscheinlichkeit erfragt wird, dass der Kandidat eine Zusage erhalten wird.

Wahrgenommene Alternativen (1 Item)

Die qualitativen wahrgenommenen Alternativen werden durch ein Item erfasst, mit dem die Wahrscheinlichkeit erfragt wird, dass der Kandidat eine gleichwertige oder bessere Stelle erhalten wird. Dieses Item ist eine Übersetzung eines von Saks et al. (1994) verwendeten Items.

Outcomes: Haltung / Intention (4 Items)

Die Haltung / Intention des Kandidaten gegenüber der Stelle und dem Unternehmen wird mit vier Items erfasst. Mit zwei Items wird erfragt, wie ansprechend die Stelle respektive das Unternehmen für den Kandidaten sind. Beide Items basieren auf vorangegangenen Arbeiten diverser Autoren (bspw. Bauer et al., 1998; Macan & Dipboye, 1990; Saks et al., 1994; Turban et al., 1998; Turban & Dougherty, 1992). Die Antwort erfolgt auf einer fünfstufigen Likert-Skala von 1 „wenig ansprechend" bis 5 „sehr ansprechend". Zudem wird der Net Promoter Score erfasst (Verhoeven, 2016c); auf einer Skala von 0 „sehr unwahrscheinlich" bis 10 „sehr wahrscheinlich" wird erfasst, inwieweit der Kandidat den Arbeitgeber einem guten Freund oder Bekannten weiterempfehlen würde. Darüber hinaus enthält der Fragebogen ein Item zu der Wahrscheinlichkeit, mit der der Kandidat das Angebot annehmen würde, sofern ihm die Stelle angeboten wird (in Anlehnung an Harris & Fink, 1987; Turban et al., 1998).

Persönlichkeit (10 Items)

Zur Erfassung der Persönlichkeit wurde auf das Big Five Inventory 10 (BFI-10; Rammstedt et al., 2014) zurückgegriffen. Das Instrument basiert auf dem Fünf-Faktoren-Modell der Persönlichkeit mit den Faktoren Extraversion, Verträglichkeit, Gewissenhaftigkeit, Neurotizismus und Offenheit (Amelang & Bartussek, 2001; Costa &

McCrae, 1992; Rammstedt et al., 2014). Die Antwort erfolgt auf einer fünfstufigen Likert-Skala von 1 „trifft überhaupt nicht zu“ bis 5 „trifft voll und ganz zu“.

Berufliche Selbstwirksamkeit (6 Items)

Für die Erfassung der Beruflichen Selbstwirksamkeit wurde die Kurzversion des Occupational Self-Efficacy Scale (Schyns & Collani, 2002); deutsche Übersetzung bspw. (Rigotti et al., 2008) mit sechs Items herangezogen. Die Antwort erfolgt auf einer sechsstufigen Likert-Skala von 1 „trifft überhaupt nicht zu“ bis 6 „trifft voll und ganz zu“.

Dank / Weiteres Vorgehen

Zuletzt wird dem Kandidaten für die Teilnahme gedankt und das weitere Vorgehen zum Befragungsteil II wird dargestellt.

Befragung II

In den folgenden Abschnitten werden die einzelnen Teile des Fragebogens der Befragung II im Detail erläutert, der zudem in Anhang E vollständig abgebildet ist.

Einleitung

Auch für den Befragungsteil II wurde ein Einleitungstext formuliert. In dem Einleitungstext wird ebenfalls die Situation geschildert, in der sich die Befragten notwendigerweise befinden sollen, um an der Befragung teilnehmen zu können (nach einem Auswahlverfahren (Telefoninterviews, persönliches Gespräch, Assessment Center oder Ähnliches) und nach der finalen Rückmeldung (Absage / Zusage) durch das Unternehmen). Außerdem werden die wesentlichen Informationen zur Durchführung des Fragebogens geschildert. Zuletzt wird wieder auf die Anonymität beim Ausfüllen des Fragebogens und die Notwendigkeit einer eindeutigen Codierung verwiesen. Es folgt das Feld zum Ausfüllen der Codierung, um eine eindeutige Zuordnung der Daten des zweiten Befragungsteils zu den Daten des ersten Befragungsteils sicherstellen zu können.

Befragungszeitpunkt / Zeitlicher Abstand (1 Item)

Mit Hilfe eines Items wird erfasst, wie groß der zeitliche Abstand zum ersten Befragungszeitpunkt ist.

Rahmendaten zum Bewerbungsprozess (6 Items)

Der Fragebogen beinhaltet mehrere Fragen zu Rahmendaten des Bewerbungsprozesses, die erfragt werden, um zu erfahren, welche Kontaktpunkte der Kandidat zwischen dem ersten und zweiten Befragungszeitpunkt zu dem Unternehmen hatte. Es werden wesentliche Informationen zum weiteren Kontakt in Auswahlverfahren oder Rückmeldegesprächen erfragt (Form des Auswahlverfahrens, Vorstellung des Unternehmens im Rahmen des Auswahlverfahrens, Teilnehmer am Auswahlverfahren, Dauer des Auswahlverfahrens, Informationen über die zu erwartende Zeit zur Rückmeldung). Es wurde eine Frage zu der Dauer vom Auswahlverfahren bis zur Rückmeldung gestellt, deren subjektiv empfundene Angemessenheit als Teil der Candidate Experience (siehe folgender Abschnitt) erfasst wird.

Candidate Experience (45 Items)

Die Entwicklung der Items zur Erfassung der Candidate Experience wurde in Kapitel 3 geschildert. Im Befragungsteil II wurden 45 Items aus dem Instrument zur Erfassung der Candidate Experience inkludiert, die nach der Rückmeldung durch das Unternehmen relevant sind. Zusätzlich zu den zum ersten Befragungszeitpunkt erfragten Items wurden drei weitere hinzugefügt bzw. ein anderes Item zum Erfragen der Angemessenheit eines Zeitraums wurde ergänzt (siehe vorangegangener Abschnitt). Die Bewertung der Aspekte erfolgt auf einer fünfstufigen Likert-Skala von 1 „stimme gar nicht zu“ bis 5 „stimme stark zu“. Außerdem gibt es die Antwortmöglichkeit „keine Antwort möglich“. Zudem gab es eine offene Frage, um den Befragten die Möglichkeit zu geben, weitere positive oder negative Eindrücke zu ergänzen.

Outcomes: Haltung / Intention (4 Items)

Die Haltung / Intention des Kandidaten gegenüber der Stelle und dem Unternehmen wird auch in dem Befragungsteil II mit den vier Items erfasst, die bereits in der Befragung I verwendet wurden. Mit zwei Items wird erfragt, wie ansprechend die Stelle respektive das Unternehmen für den Kandidaten sind. Zudem wird der Net Promoter Score erfasst (Verhoeven, 2016c). Dann enthält der Fragebogen ein Item zum Prozessverlauf (siehe nächster Abschnitt). Darüber hinaus enthält der Fragebogen des Befragungsteils II ebenfalls ein weiteres Item zur Haltung / Intention. Dieses wurde jedoch insofern auf die Befragung II angepasst, als dass die Wahrscheinlichkeit erfragt wird, mit der der Kandidat das Angebot angenommen hätte, sofern ihm die Stelle angeboten worden wäre. Dieses vierte Item wurde nur denjenigen Kandidaten gezeigt, die eine Absage erhalten haben oder aufgrund einer fehlenden Rückmeldung eine Absage vermutet haben. Bei den Kandidaten, die eine Zusage erhalten und das Angebot abgelehnt haben oder eine Zusage erhalten und das Angebot angenommen haben ist diese Frage obsolet.

Prozessverlauf (1 Item)

Um die vierte Frage zur Haltung / Intention nur den Kandidaten zu stellen, für die es relevant ist, wurde ein Item zu Erfassung des Prozessverlaufes eingefügt. Die Antwort auf dieses Item wirkte sich wie im vorangegangenen Abschnitt beschrieben auf die Einblendung des vierten Items zur Haltung / Intention aus.

Dank

Zuletzt wird dem Kandidaten für die Teilnahme gedankt.

4.1.2 Versuchsdurchführung

Execution of the Study

Vor dem Beginn der Studiendurchführung erfolgte noch eine finale Prüfung der Online-Version des gesamten Erfassungsinstruments inklusive aller in Kapitel 4.1.1 aufgeführten Inhalte. Ziel war es, das finale Online-Instrument auf Funktionalität, Verständnis und Dauer zu überprüfen. Dazu haben fünf fachfremde Testpersonen beide Befragungsteile bearbeitet. Die Funktionalität der Online-Version sowie das inhaltliche Verständnis des Fragebogens waren gegeben. Keiner der Testpersonen hatte Schwierigkeiten beim Öffnen oder Ausfüllen des Fragebogens sowie beim inhaltlichen Verständnis der Fragen. Von den Testpersonen wurden lediglich sprachliche/grammatikalische Fehler angemerkt, die daraufhin angepasst wurden. Zudem wurde aufgrund der Rückmeldung der Testpersonen zur Dauer der Durchführung die Instruktion des Erhebungsinstruments angepasst. Für beide Befragungsteile wurde jeweils eine voraussichtliche Dauer von 10 bis 15 Minuten angegeben.

Die tatsächliche Datenerhebung erfolgte im – zum Zeitpunkt der Veröffentlichung ehemaligen – beruflichen Umfeld der Autorin im Rahmen ihrer Tätigkeit am Karrierepool der WZL Aachen PS GmbH. Der erste Befragungsteil sollte von den Kandidaten nach der Teilnahme an einem Auswahlverfahren und vor der Rückmeldung durch das Unternehmen ausgefüllt werden. Der zweite Befragungsteil sollte von den Kandidaten zu dem jeweils gleichen Unternehmen nach dem vollständigen Abschluss des Bewerbungsprozesses – also nach der Teilnahme an einem Auswahlverfahren, nach der finalen Rückmeldung durch das Unternehmen und nach der eigenen Entscheidungsfindung beantwortet werden. Es wurden zwei Personengruppen respektive Stichproben auf die Teilnahme an der Befragung angesprochen.

Stichprobe I: Promovierende

Am Karrierepool werden Promovierende von verschiedenen produktionstechnischen Hochschulinstituten der RWTH Aachen University im Rahmen von individuellen Beratungsprozessen bei der Suche nach einer neuen beruflichen Herausforderung nach Abschluss ihrer Promotion begleitet. Im Zuge der Beratung von den promovierenden Ingenieuren wurden die Kandidaten auf die Teilnahme an der Befragung angesprochen.

Durch die persönliche Beratung waren die Mitarbeiterinnen des Karrierepools über die Bewerbungsprozesse der Kandidaten im Detail informiert, sodass eine Ansprache auf den ersten Befragungsteil unmittelbar nach der Teilnahme an einem Auswahlverfahren erfolgen konnte. Die Mitarbeiterinnen des Karrierepools nahmen unmittelbar nach einem Auswahlverfahren Kontakt zu den Kandidaten auf und schilderten – entweder telefonisch oder per E-Mail – die Rahmendaten der empirischen Studie und formulierten die Bitte, daran teilzunehmen (sofern die Rückmeldung des Unternehmens noch nicht erfolgt war). Erklärten sich die Kandidaten für eine Teilnahme bereit, wurde eine E-Mail versendet, in der explizit der relevante Unternehmensname benannt wurde und der Link zur Online-Version des Befragungsteils I enthalten war. Der Name des Unternehmens wurde vermerkt, um diesen bei der Versendung des zweiten Befragungsteils erneut nennen zu können. Eine Zuordnung der Ergebnisse zu den Kandidaten oder

Unternehmensnamen ist dadurch nicht möglich. Die Kandidaten wurden am Ende des Befragungsteils I gebeten, sich nach der Rückmeldung von dem Unternehmen wieder mit den Mitarbeiterinnen des Karrierepools in Verbindung zu setzen.

Sofern durch die Kandidaten selbst nach dem Abschluss des Bewerbungsprozesses noch keine erneute Kontaktaufnahme zu den Mitarbeiterinnen des Karrierepools bzgl. des Befragungsteils II erfolgt war, gingen die Mitarbeiterinnen des Karrierepools auf die Kandidaten zu. Die Ansprache durch die Mitarbeiterinnen des Karrierepools erfolgte sobald sie Kenntnis über die finale Rückmeldung des Unternehmens erlangten. Sie schilderten – entweder telefonisch oder per E-Mail – die Rahmendaten des zweiten Befragungsteils und formulierten die Bitte, auch daran teilzunehmen. Erklärten sich die Kandidaten für eine Teilnahme bereit, wurde eine E-Mail versendet, in der wieder explizit der relevante Unternehmensname benannt wurde und der Link zur Online-Version des Befragungsteils II enthalten war.

Stichprobe II: Assessment-Center-Kandidaten

Neben der individuellen Beratung in Bewerbungsprozessen ist der Karrierepool verantwortlich für die Organisation von Personalauswahlprozessen in Form von Assessment Centern für die Tätigkeit als wissenschaftlicher Mitarbeiter an verschiedenen produktionstechnischen Hochschulinstituten der RWTH Aachen University. Die Teilnehmer dieser Assessment Center, in der Regel Hochschulabsolventen auf der Suche nach ihrem ersten beruflichen Schritt nach dem Studium, wurden auf die Teilnahme an der Befragung angesprochen.

Die Ansprache auf den ersten Befragungsteil erfolgte unmittelbar nach dem Auswahlverfahren in der Abschlussrunde des Assessment Centers durch die Mitarbeiterinnen der Karrierepools oder den Moderator des Assessment Centers. Es wurden die Rahmendaten der empirischen Studie geschildert und die Bitte formuliert, daran teilzunehmen. Im Anschluss an das Assessment Center wurde eine E-Mail versendet an alle Kandidaten, die dem nicht widersprochen haben. In dieser E-Mail wurden explizit die jeweiligen Hochschulinstitute als relevantes Unternehmen für die Befragung benannt und der Link zur Online-Version des Befragungsteils I war darin enthalten.

Die Rückmeldung (Absage / Zusage) erfolgt im Rahmen der vom Karrierepool organisierten Assessment Center innerhalb von zwei Wochen. Daher wurde der zweite Befragungsteil drei Wochen nach dem Assessment Center versendet, weil dann von einem vollständigen Abschluss des Bewerbungsprozesses ausgegangen werden konnte. Es wurde erneut eine E-Mail versendet, in der wieder explizit die jeweiligen Hochschulinstitute als relevantes Unternehmen benannt wurden und der Link zur Online-Version des Befragungsteils II enthalten war.

4.2 Ergebnisdarstellung

Presentation of results

Die Darstellung der Ergebnisse erfolgt wie in Abbildung 4.1 im Überblick dargestellt.

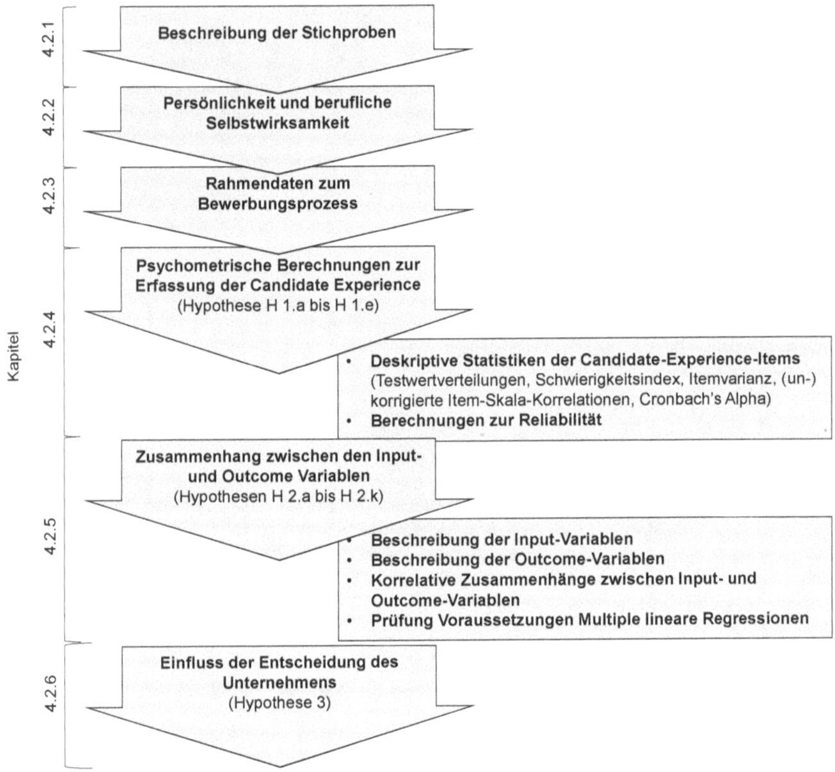

Abbildung 4.1: Überblick Kapitel Ergebnisdarstellung

Zunächst werden beide Stichproben anhand der demografischen Daten beschrieben (Kapitel 4.2.1). Dann werden die erfassten Persönlichkeitsmerkmale der Befragten (Kapitel 4.2.2) sowie die Rahmendaten zum Bewerbungsprozess dargestellt (Kapitel 4.2.3). In Kapitel 4.2.4 folgt die Darstellung der psychometrischen Berechnungen zu dem entwickelten Candidate Experience Instrument, welche die Grundlage zur Beantwortung der Forschungsfrage II (Wie kann man die Aspekte des Erlebens von Kandidaten im Bewerbungsprozess erfassen?) sind. Zunächst werden die deskriptiven Statistiken (Testwertverteilungen, Schwierigkeitsindex, Itemvarianz, (un-) korrigierte Item-Skala-Korrelationen und Cronbach's Alpha; Kapitel 4.2.4.1), im Anschluss die Berechnungen zur Reliabilität (Kapitel 4.2.4.2) dargestellt.

Im Kapitel 4.2.5 geht es um die Ergebnisse in Bezug auf den Zusammenhang zwischen den Input- und Outcome-Variablen. Die dargestellten Ergebnisse in diesem Kapitel sollen im Wesentlichen zur Beantwortung der Forschungsfrage III „Inwieweit beeinflussen die Aspekte des Erlebens von Kandidaten im Bewerbungsprozess die Haltung des Kandidaten / die Intention des Kandidaten / die Entscheidung des Kandidaten?“ beitragen. Es werden zunächst die deskriptiven Ergebnisse hinsichtlich der Input-Variablen und deren Interkorrelationen dargestellt. Es folgt die deskriptive Beschreibung der Outcome-Variablen. Im Anschluss werden zur Untersuchung der Hypothesen 2.a bis 2.k die korrelativen Zusammenhänge zwischen den Input- und Outcome-Variablen berichtet. Die Daten werden außerdem im Hinblick auf die Voraussetzungen der multiplen linearen Regression betrachtet.

Anschließend werden zur Beantwortung der Forschungsfrage IV „Inwieweit beeinflusst die Entscheidung des Unternehmens den Erlebens- und Entscheidungsprozess des Kandidaten?“ die Ergebnisse zu den Hypothesen 3.a bis 3.i dargestellt (Kapitel 4.2.6).

Die Daten wurden von den Mitarbeiterinnen des Karrierepools der WZL Aachen PS GmbH erhoben (siehe Kapitel 4.1.2). Der Zeitraum der Datenerhebung begann am 12. Februar 2018 und endete am 23. Dezember 2019, sodass der Befragungszeitraum etwa 22 Monate umfasste. Die Erhebung wurde mittels Online-Fragebogen über die Plattform www.umfrageonline.de durchgeführt. Es wurden zwei unterschiedliche Stichproben zu jeweils zwei Befragungszeitpunkten befragt, wodurch sich vier betrachtete Auswertungseinheiten ergeben. Grundsätzlich werden die Ergebnisse für die unterschiedlichen Stichproben und Befragungszeitpunkte gesondert dargestellt. Sofern sinnvoll, erfolgt ein Vergleich der Befragungszeitpunkte oder der Stichproben.

Die Ergebnisse der Online-Umfrage wurden durch den Download eines Excel-Files von der Plattform www.umfrageonline.de extrahiert. Die Datenaufbereitung und -auswertung erfolgten im Wesentlichen mittels Excel (Microsoft® Office 365) und SPSS (IBM® SPSS® Statistics Version 26). Unterstützend wurde auf spezielle Rechner im Internet zugegriffen (Hemmerich, 2016; Lenhard & Lenhard, 2016).

4.2.1 Beschreibung der Stichproben

Description of the Respondents

Vor der Auswertung der Daten wurden diese hinsichtlich doppelter oder sehr unvollständiger Datensätze bereinigt. Es wurden vier Teilnehmer ausgeschlossen: ihre Codierung gab es zum ersten Befragungszeitpunkt zweimal, jeweils einmal beendet und einmal nicht beendet. Zeitlich wurden die jeweiligen Datensätze kurz hintereinander begonnen. Es wurde der jeweils nicht beendete Datensatz ausgeschlossen. Außerdem wurden elf weitere Befragte des ersten Befragungszeitpunkts von der Auswertung ausgeschlossen, die diese Befragung nicht abgeschlossen haben. Als Kriterium wurde festgelegt, dass im weiteren Verlauf nur diejenigen Teilnehmer betrachtet wurden, die mindestens alle Candidate Experience Items des jeweiligen Befragungszeitpunkts beantwortet haben. Zum zweiten Befragungszeitpunkt wurden aufgrund dieses Kriteriums vier weitere Datensätze ausgeschlossen. Insgesamt wurden somit 15 Teilnehmer beim ersten Befragungszeitpunkt und vier Teilnehmer beim zweiten Befragungszeitpunkt ausgeschlossen.

Generell wurden zudem im weiteren Verlauf der Betrachtung der Daten Ausreißer ersichtlich. Bei der Betrachtung der Boxplots der Candidate Experience Items gab es Ausreißer, in beiden Stichproben auch häufiger die gleichen Teilnehmer (drei Teilnehmer in Stichprobe I und zwei Teilnehmer in Stichprobe II). Dennoch zeigte sich bei den entsprechenden Teilnehmern eine Varianz über alle Items hinweg, sodass von einem authentischem Antwortverhalten ausgegangen werden kann, bzw. zumindest nicht von einem „blinden" Ankreuzen des jeweils höchsten / niedrigsten Wertes. Sie wurden daher nicht ausgeschlossen.

Stichprobe I: Promovierende

Bei den Befragten der Stichprobe I handelt es sich um Kandidaten, die sich zum jeweiligen Befragungszeitpunkt in der Bewerbungsberatung des Karrierepools befanden und im Rahmen dessen bei unterschiedlichen Unternehmen beworben haben. Hierbei handelt es sich um Mitarbeiter oder ehemalige Mitarbeiter verschiedener produktionstechnischer (An-) Institute der Rheinisch-Westfälischen Technischen Hochschule Aachen (RWTH Aachen University), dem Werkzeugmaschinenlabor WZL der RWTH Aachen, dem Fraunhofer-Institut für Produktionstechnologie IPT oder dem Forschungsinstitut für Rationalisierung FIR an der RWTH Aachen.

Die Stichprobe I umfasste 63 Befragte. 50 (79,4 %[3]) der Befragten waren männlich, 13 (20,6 %) weiblich. Das mittlere Alter der Befragten der Stichprobe I lag bei 32,05 Jahren bei einer Standardabweichung von 2,426 Jahren (Minimum: 28; Maximum: 42). Die Häufigkeiten und prozentualen Verteilungen des höchsten Abschlusses, des Studiengangs / der Fachrichtung, des aktuellen beruflichen Status und des angestrebten nächsten beruflichen Schrittes sind in der Tabelle 4.1 dargestellt.

Nicht alle Befragten der Stichprobe I nahmen auch am zweiten Befragungszeitpunkt teil. Daher ergab sich für den zweiten Befragungszeitpunkt eine veränderte Stichprobe, bestehend aus 52 Personen, das waren 82,5 % der ursprünglichen Stichprobe I. Bei der zweiten Befragung umfasste die Stichprobe I 52 Personen, davon 40 (76,9 %) männlich und 12 (23,1 %) weiblich. Das mittlere Alter der Befragten lag bei 31,83 Jahren mit einer Standardabweichung von 2,479 Jahren (Minimum: 28; Maximum: 42).

[3] Berichtete relative Häufigkeiten werden zur Vereinfachung der Lesbarkeit auf eine Nachkommastelle gerundet, sodass das Ergebnis bei einer Addition aller relativen Häufigkeiten einer Antwortkategorie nicht immer exakt 100 % ergibt.

Tabelle 4.1: Background und Status der Befragten (Stichprobe I)

	Ausprägung	Häufigkeit	Prozentualer Anteil
Höchster Abschluss	Diplom / Master	48	76,2 %
	Promotion	15	23,8 %
Studiengang / Fachrichtung (Mehrfachnennungen)	Maschinenbau (diverse Fachrichtungen)	31	49,2 %
	Wirtschaftsingenieur-wesen (diverse Fachrichtungen)	19	30,2 %
	Elektrotechnik	3	4,7 %
	Wirtschaftswissenschaften	2	3,2 %
	Produktionstechnik / Fertigungstechnik	2	3,2 %
	Umweltingenieurwissenschaften	1	1,7 %
	Werkstoffingenieurwesen	1	1,7 %
	Mathematik	1	1,7 %
	Luft- und Raumfahrttechnik	1	1,7 %
	Informatik	1	1,7 %
	Automatisierungstechnik	1	1,7 %
	Applied Physics	1	1,7 %
Beruflicher Status	Angestellt an einer Hochschule / Forschungseinrichtung und auf Arbeitssuche	52	82,5 %
	Arbeitssuchend (keine Anstellung)	8	12,7 %
	Angestellt in der Industrie und auf Arbeitssuche	3	4,8 %
Angestrebter nächster Schritt	Anstellung in der Industrie	62	98,4 %
	Anstellung einer Hochschule / Forschungseinrichtung oder in der Industrie	1	1,6 %

Stichprobe II: Assessment-Center-Kandidaten

Die Stichprobe II bestand aus Kandidaten, die sich in einem Assessment Center beim Karrierepool befanden. Diese führte der Karrierepool für Stellen als Wissenschaftlicher Mitarbeiter (m/w/d) für das WZL, das IPT und das FIR an der RWTH Aachen durch.

Die Stichprobe II umfasste 92 Befragte, davon 77 (83,7 %) männlich und 15 (16,3 %) weiblich. Die Befragten der Stichprobe II waren durchschnittlich 26,48 Jahre alt bei einer Standardabweichung von 2,30 Jahren (Minimum: 24; Maximum: 36). Die Häufigkeiten und Verteilungen des höchsten Abschlusses, des Studiengangs / der Fachrichtung, des aktuellen beruflichen Status und des angestrebten nächsten beruflichen Schrittes sind für die Stichprobe II in der Tabelle 4.2 dargestellt.

Für den zweiten Befragungszeitpunkt umfasste die Stichprobe II 49 Personen. Das waren 53,3 % der ursprünglichen Stichprobe. 39 (79,6 %) der Befragten waren männlich, 10 (20,4 %) weiblich. Die Befragten bei der zweiten Befragung waren durchschnittlich 26,27 Jahre alt bei einer Standardabweichung von 2,41 Jahren (Minimum: 24; Maximum: 36).

Tabelle 4.2: Background und Status der Befragten (Stichprobe II)

	Ausprägung	Häufigkeit	Prozentualer Anteil
Höchster Abschluss	Bachelor	46	50,0 %
	Diplom / Master	46	50,0 %
Studiengang / Fachrichtung (Mehrfachnennungen)	Wirtschaftsingenieurwesen (diverse Fachrichtungen)	44	47,8 %
	Maschinenbau (diverse Fachrichtungen)	24	26,1 %
	Produktionstechnik	10	10,9 %
	Elektrotechnik	3	3,3 %
	Wirtschaftswissenschaften	2	2,2 %
	Physik	2	2,2 %
	Automatisierungstechnik	2	2,2 %
	Computational Engineering Science	1	1,1 %
	Management Science & Engineering	1	1,1 %
	Informatik	1	1,1 %
	Projektmanagement	1	1,1 %
	Energietechnik	1	1,1 %
	Industrial Engineering	1	1,1 %
	Management & Technology	1	1,1 %
Beruflicher Status	Student und auf Arbeitssuche	74	80,4 %
	Arbeitssuchend (keine Anstellung).	8	8,7 %
	Angestellt in der Industrie und auf Arbeitssuche	7	7,6 %
	Angestellt an einer Hochschule / Forschungseinrichtung und auf Arbeitssuche	1	1,1 %
	Freiberufler und auf Arbeitssuche	1	1,1 %
	Geschäftsführender Gesellschafter und auf Arbeitssuche	1	1,1 %
Angestrebter nächster Schritt	Anstellung an einer Hochschule / Forschungseinrichtung	75	81,5 %
	Anstellung einer Hochschule / Forschungseinrichtung oder in der Industrie	8	8,8 %
	Anstellung in der Industrie	6	6,5 %
	Anstellung in der Beratung	1	1,1 %
	Anstellung in Deutschland	1	1,1 %
	Promotion	1	1,1 %

4.2.2 Persönlichkeit und berufliche Selbstwirksamkeit

Personality and Occupational Self-Efficacy

In diesem Kapitel werden die Stichproben in Bezug auf die Persönlichkeitseigenschaften und die berufliche Selbstwirksamkeit beschrieben.

Persönlichkeit

Zur Erfassung der Persönlichkeitsmerkmale der Befragten wurde auf das BFI-10 von Rammstedt et al. (2014) zurückgegriffen (siehe Kapitel 4.1.1). Jede der fünf Persönlichkeitsfaktoren wurde anhand von jeweils zwei Items erfasst. Die Items 1, 3, 4, 5 und 7 waren negativ gepolt. Sie wurden zur Betrachtung der Ergebnisse umgepolt, sodass alle zehn Items einer positiven Ausprägung entsprachen. Zudem wurden nach Anleitung von Rammstedt et al. (2014) die Werte für die Items, die dem gleichen Faktor der Persönlichkeit zugeordnet waren, arithmetisch gemittelt.

Die deskriptiven Statistiken der Faktoren der Persönlichkeit sind in Tabelle 4.3 für beide Stichproben aufgeführt. In beiden Stichproben waren die fünf Persönlichkeitsfaktoren nicht normalverteilt, $p<.05$ (Kolmogorov-Smirnov und Shapiro-Wilk). Zwischen den beiden Stichproben gab es keine Unterschiede in Bezug auf die Persönlichkeitseigenschaften, $p>.05$ für alle fünf Faktoren.

Tabelle 4.3: Deskriptive Statistiken für Faktoren der Persönlichkeit der Stichprobe I und II erfasst mit dem BFI-10 von Rammstedt et al. (2014)

Faktor der Persönlichkeit	Stichprobe	N	Theoretische Spanne	Minimum	Maximum	Mittelwert	Std.-Abweichung
Extraversion	I	63	1-5	2	5	3,61	0,81
Verträglichkeit	I	63	1-5	2	5	3,25	0,73
Gewissenhaftigkeit	I	63	1-5	2,5	5	4,14	0,68
Neurotizismus	I	63	1-5	1	4,5	2,49	0,84
Offenheit	I	63	1-5	1	5	3,25	0,89
Extraversion	II	90	1-5	1	5	3,62	0,89
Verträglichkeit	II	90	1-5	1,5	5	3,41	0,74
Gewissenhaftigkeit	II	90	1-5	2,5	5	4,12	0,62
Neurotizismus	II	90	1-5	1	4,5	2,41	0,81
Offenheit	II	90	1-5	1,5	5	3,57	0,74

Die Ausprägungen der Persönlichkeit beider Stichproben wurden mit der in Rammstedt et al. (2014) aufgeführten Referenzgruppe (Alter 18-35, Bildung hoch) verglichen. Aufgrund des Skalenniveaus, der Verteilung der Daten und der zur Verfügung stehenden Informationen zur Referenzgruppe (kein Median) konnte die statistische Signifikanz der Unterschiede nicht geprüft werden. Daher ist der Mittelwertvergleich in Abbildung 4.2 visualisiert.

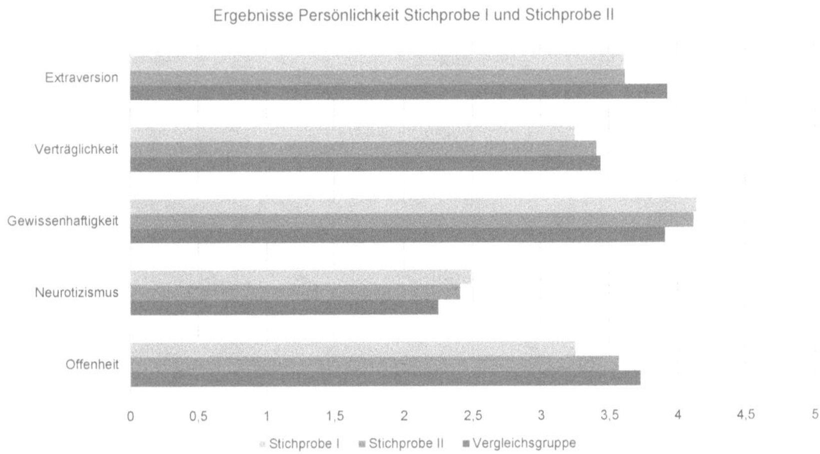

Abbildung 4.2: Persönlichkeit der Befragten

Berufliche Selbstwirksamkeit

Für die Erfassung der Beruflichen Selbstwirksamkeit wurde die deutsche Kurzversion des Occupational Self-Efficacy Scale (Rigotti et al., 2008; Schyns & Collani, 2002) herangezogen. Die Antwort erfolgte auf einer sechsstufigen Likert-Skala, alle Items waren positiv gepolt. Für die Kurzversion in der Version von Rigotti et al. (2008) sind keine Referenzwerte einer vergleichbaren Stichprobe verfügbar.

Die deskriptiven Statistiken der beruflichen Selbstwirksamkeit sind für die Stichprobe I (Promovierende) und Stichprobe II (Assessment-Center-Kandidaten) in Tabelle 4.4 aufgeführt. Der Kolmogorov-Smirnov-Test auf Normalverteilung war für die Stichprobe I nicht signifikant, p=.20, der Shapiro-Wilk Test war signifikant, p<.05, sodass nicht von einer Normalverteilung der Werte ausgegangen werden kann.

In der Stichprobe II haben zwei Teilnehmer diesen Teil des Fragebogens nicht ausgefüllt. Sowohl der Kolmogorov-Smirnov-Test, p=.05, als auch der Shapiro-Wilk-Test, p>.05, lassen in der Stichprobe II auf eine Normalverteilung der Daten schließen; im Vergleich zur Stichprobe I wurde in Stichprobe II die theoretische Spanne stärker ausgenutzt.

Es gab keinen signifikanten Unterschied in Bezug auf die berufliche Selbstwirksamkeit zwischen Stichprobe I und Stichprobe II, p>.05.

Tabelle 4.4: Deskriptive Statistiken für berufliche Selbstwirksamkeit der Stichprobe I erfasst mit dem Occupational Self-Efficacy Scale (Schyns & Collani, 2002; deutsche Übersetzung von Rigotti et al., 2008)

Item / Gesamtwert Berufliche Selbstwirksamkeit	Stichprobe	N	Theoretische Spanne	Minimum	Maximum	Mittelwert	Std.-Abweichung
Berufliche Selbstwirksamkeit	I	63	1-6	2,83	6	4,89	0,56
Selbstwirk1	I	63	1-6	3	6	4,62	0,73
Selbstwirk2	I	63	1-6	3	6	4,9	0,76
Selbstwirk3	I	63	1-6	2	6	4,92	0,83
Selbstwirk4	I	63	1-6	3	6	5,02	0,85
Selbstwirk5	I	63	1-6	3	6	4,84	0,77
Selbstwirk6	I	63	1-6	2	6	5,03	0,84
Berufliche Selbstwirksamkeit	II	90	1-6	3,33	5,83	4,86	0,54
Selbstwirk1	II	90	1-6	3	6	4,76	0,8
Selbstwirk2	II	90	1-6	4	6	4,87	0,67
Selbstwirk3	II	90	1-6	2	6	5,13	0,72
Selbstwirk4	II	90	1-6	2	6	4,59	0,97
Selbstwirk5	II	90	1-6	1	6	4,86	0,76
Selbstwirk6	II	90	1-6	3	6	4,93	0,7

4.2.3 Rahmendaten zum Bewerbungsprozess

Frame Data of the Application Process

Im Folgenden werden die Rahmendaten zum Bewerbungsprozess für beide Stichproben und für beide Befragungszeitpunkte dargestellt.

Alle Befragten der Stichprobe I (Promovierende; N=63) gaben beim ersten Befragungszeitpunkt an, sich vor dem Einreichen der Bewerbungsunterlagen über das Unternehmen informiert zu haben. Der größte Anteil hat sich über die Homepage des Unternehmens (90,5 %), Stellenanzeigen (66,7 %) oder persönlich (44,4 %) vorab informiert. 6,4 % der Befragten gaben an, sich über den Karrierepool informiert zu haben, 16 % über sonstige Kanäle, z. B. Freunde und Familie oder über Xing / Youtube. In der Stichprobe II (Assessment-Center-Kandidaten; N=92) haben sich ebenfalls alle Befragten vorab informiert. Der Großteil über die Homepage (70,7 %), Stellenanzeigen (46,7 %) oder persönlich (80,4 %). 14,3 % gaben sonstige Kanäle an, wie z.B. die eigene Tätigkeit als studentische Hilfskraft (6,6 %) oder die Information über Freunde und Bekannte (2,2 %).

In der Stichprobe I haben sich die meisten Befragten per E-Mail (49,2 %), über ein Online-Bewerbungssystem (15,9 %) oder über den Karrierepool (25,6 %) bei den jeweiligen Unternehmen beworben. 9,6 % gaben sonstige Bewerbungsformen an, z.B. über Personalberatungen oder andere Kontakte, die als „Vermittler" fungiert haben. Ein Befragter (1,9 %) gab an, sich ohne Unterlagen beworben zu haben, keiner hat eine Bewerbung per Post eingereicht. Die Befragten der Stichprobe II haben sich zum größten Teil per E-Mail (83,7 %) oder online (18,5 %) beworben. Ein Befragter (1,1 %) gab an, sich persönlich beworben zu haben, ein Befragter hat sich ohne Unterlagen beworben (1,1 %), keiner der Befragten gab die Bewerbung per Post an.

Die Einladung zum Auswahlverfahren erfolgte in der Stichprobe I per E-Mail (74,6 %), telefonisch (46 %) oder über den Karrierepool (8 %). 3,2 % gaben sonstige Formate der Einladung an. Keine Befragten erhielten die Einladung online oder per Post. In der Stichprobe II erfolgte die Einladung zum Auswahlverfahren größtenteils per E-Mail (97,8 %) oder telefonisch (8,7 %). Ein Befragter (1,1 %) gab an, die Einladung online erhalten zu haben, keiner gab die Einladung per Post an.

Bei den Befragten der Stichprobe I erfolgte das Auswahlverfahren zum ersten Befragungszeitpunkt in den meisten Fällen im persönlichen Interview (92,1 %). Darüber hinaus gaben 15,9 % das Telefoninterview als Auswahlverfahren an, 6,3 % die Durchführung von Case Studies, 1,6 % das Halten eines Vortrages, 1,6 % das Videointerview und 1,6 % die Durchführung eines Intelligenztests. Kein Befragter gab das Assessment Center, andere Testverfahren oder Probearbeiten als Auswahlverfahren an. In der Stichprobe II gaben die Befragten das Assessment Center (100 %), das Telefoninterview (20,7 %), das persönliche Interview (18,5 %), das Halten eines Vortrages (10,9 %), Case Studies (2,2 %) und andere Testverfahren (2,2 %) als Auswahlverfahren an. Keiner gab die Auswahl durch ein Videointerview oder Probearbeiten an.

Die Vorstellung des Unternehmens gegenüber den Kandidaten erfolgte in Stichprobe I in den meisten Fällen durch die Vorstellung der Mitarbeiter (85,7 %). Darüber hinaus wurden Unternehmenspräsentation (25,4 %), Projektvorstellungen (12,7 %),

Rundgang/ Führung (12,7 %), die Information im Interview / in Gesprächen (12,8 %), „gar nicht richtig" (ein Befragter; 1,6 %) und „Unternehmen arbeitet schon lange in Kooperation - Vorstellung nicht notwendig" (ein Befragter; 1,6 %) als Vorstellungsformen genannt. In der Stichprobe II der Assessment-Center-Kandidaten gaben die Befragten Rundgang / Führung (97,8 %), die Vorstellung der Mitarbeiter (81,5 %), die Unternehmenspräsentation (83,7 %), die Projektvorstellung (69,6 %) und „Gespräche" (1,1 %) als Vorstellungsformen an.

Bei den Befragten der Stichprobe I haben seitens des Unternehmens in 90,5 % der Fälle die potenziellen Vorgesetzten und in 85,7 % der Fälle Mitarbeiter aus dem HR am Auswahlverfahren teilgenommen. Darüber hinaus gaben die Befragten potenzielle Kollegen (22,2 %), den Vorgesetzten des potenziellen Vorgesetzten (15,9 %) oder sonstige Personen (8 %) als Gesprächspartner an. In der Stichprobe II wurden als Gesprächspartner der potenzielle Vorgesetzte (97,8 %), potenzielle Kollegen (72,8 %), HR-Mitarbeiter (68,5 %) und der Vorgesetzte des potenziellen Vorgesetzten (62 %) genannt.

In der Stichprobe I gaben 76,8 % der Befragten zum ersten Befragungszeitpunkt eine summierte Dauer des Auswahlverfahren von bis zu zwei Stunden (bis 120 Minuten), 14,4 % eine Dauer von zwei bis drei Stunden (121 bis 180 Minuten) und 8 % eine Dauer von drei bis fünf Stunden (181-300 Minuten) an. Kein Befragter gab eine Dauer von unter 45 Minuten an. Ein Befragter gab eine Dauer von 60 Stunden an. Hier wird eine Verwechslung der Einheiten (Minuten und Stunden) vermutet. Von dieser Annahme ausgehend würde sich die relative Häufigkeit der Kategorie bis zwei Stunden auf 78,4 % erhöhen. In der Stichprobe II gab einer der Befragten eine Dauer von drei Stunden an (1,1 %). 64,3 % gaben eine Dauer von zehn bis 15 Stunden (600 bis 900 Minuten) an, 27,1 % gaben eine Dauer von 15 bis 20 Stunden (901 bis 1200 Minuten) an, 5,5 % gaben eine Dauer von 20 bis 25 Stunden (1201 bis 1500 Minuten) an und 2,2 % gaben eine Dauer von über 25 Stunden an (Maximum: 27 Stunden).

In der Stichprobe I gaben 17,5 % an, dass ihnen kein Zeitpunkt mitgeteilt wurde, wann sie eine Rückmeldung erhalten würden. Den anderen Befragten wurde ein entsprechender Zeitpunkt genannt, 6,3 % sollten innerhalb von einem Tag, 30,2 % innerhalb von einer Woche, 34,9 % innerhalb von zwei Wochen und 11,1 % innerhalb von vier Wochen eine Rückmeldung erhalten. Keinem der Befragten wurde eine Rückmeldung in mehr als vier Wochen zugesagt. In der Stichprobe II gaben 4,3 % an, dass ihnen kein Rückmeldezeitpunkt mitgeteilt wurde. Den anderen Befragten wurde ein entsprechender Zeitpunkt genannt, 5,4 % sollten innerhalb von einem Tag, 2,2 % innerhalb von einer Woche, 84,8 % innerhalb von zwei Wochen und 6,5 % innerhalb von vier Wochen eine Rückmeldung erhalten. Keinem Befragten der Stichprobe II wurde eine Rückmeldedauer von über vier Wochen genannt.

Von der Abgabe der Bewerbung bis zur Einladung zum Auswahlverfahren verging bei keinem Befragten der Stichprobe I weniger als ein Tag. 41,3 % der Befragten haben die Einladung zum Auswahlverfahren in weniger als einer Woche nach Abgabe der Bewerbung erhalten, 47,6 % innerhalb von zwei bis drei Wochen, 9,5 % innerhalb von vier bis sechs Wochen und 1,6 % innerhalb von mehr als sechs Wochen. In der Stichprobe II hat ein Befragter (1,1 %) die Einladung am Tag der Bewerbung erhalten, 52,2 % in weniger als einer Woche (aber mehr als einem Tag), 40,2 % innerhalb von zwei bis drei Wochen und 5,4 % innerhalb von vier bis sechs Wochen. Ein Befragter

(1,1 %) hat die Einladung mehr als sechs Wochen nach der Abgabe der Bewerbung erhalten.

Bei keinem der Befragten der Stichprobe I verging von der Einladung zum Auswahlverfahren bis zum Auswahlverfahren weniger als ein Tag oder mehr als sechs Wochen. Bei 30,2 % der Befragten fand das Auswahlverfahren in weniger als einer Woche nach der Einladung statt, bei 61,9 % innerhalb von zwei bis drei Wochen danach und bei 7,9 % innerhalb von vier bis sechs Wochen nach Einladung. In der Stichprobe II verging ebenfalls von der Einladung zum Auswahlverfahren bis zum Auswahlverfahren bei keinem der Befragten weniger als ein Tag. Bei 6,5 % der Befragten verging weniger als eine Woche, bei 67,4 % vergingen zwei bis drei Wochen, bei 20,7 % vier bis sechs Wochen und bei 5,4 % mehr als sechs Wochen.

Die Stichprobe I umfasste beim zweiten Befragungszeitpunkt eine Stichprobengröße von N=52, die Stichprobe II N=49. Die im Folgenden berichteten relativen Häufigkeiten beziehen sich auf die Stichprobengrößen zum zweiten Befragungszeitpunkt.

In der Stichprobe I ist zwischen dem ersten und dem zweiten Befragungszeitpunkt bei einem der Befragten (1,9 %) ein Tag, bei vier Befragten (7,7 %) weniger als eine Woche, bei acht Befragten (15,4 %) zwei bis drei Wochen, bei 20 Befragten (38,5 %) vier bis sechs Wochen und bei 19 Befragten (36,5 %) mehr als sechs Wochen vergangen. In der Stichprobe II gab ein Befragter (2 %) an, dass der erste Befragungszeitpunkt einen Tag zurücklag, und ein Befragter (2 %) gab an, dass der erste Befragungszeitpunkt weniger als eine Woche zurücklag. 33 Befragte (67,3 %) gaben an, dass der erste Befragungszeitpunkt zwei bis drei Wochen zurücklag. Bei 13 Befragten (26,5 %) lag der erste Befragungszeitpunkt vier bis sechs Wochen zurück, bei einem Befragten (2 %) mehr als sechs Wochen.

Zwischen dem ersten und zweiten Befragungszeitpunkt hatten die Befragten der Stichprobe I in Form eines persönlichen Interviews (50 %), einer Rückmeldung per E-Mail (40,4 %), einer telefonischen Rückmeldung (30,8 %), eines Vortrages (13,5 %), einer Case Study (11,5 %), eines Telefoninterviews (7,7 %), anderer Testverfahren (1,9 %) oder sonstiger Formen (3,8 %) Kontakt zu dem Unternehmen. 7,7 % hatten in der Zwischenzeit keinen Kontakt zu dem Unternehmen. Keine Befragten gaben Kontakt in der Form eines Videointerviews, Assessment Centers oder Probearbeiten an. Die Befragten der Stichprobe II hatten zwischen dem ersten und zweiten Befragungszeitpunkt folgende Kontakte zu dem Unternehmen: telefonische Rückmeldung (67,3 %), persönliches Interview (20,4 %), Feedbackgespräche / persönliche Rückmeldung (16 %), Assessment Center (14,3 %), Rückmeldung per E-Mail (8,2 %), Telefoninterview (4,1 %), Probearbeiten (2 %) und Vortrag (2 %). Kein Befragter gab Kontakt in Form von einem Videointerview, Case Studies oder anderen Testverfahren an. Zudem gab auch kein Befragter an, dass es in der Zwischenzeit keinen Kontakt gab.

Die Vorstellung des Unternehmens gegenüber den Kandidaten erfolgte in Stichprobe I beim zweiten Befragungszeitpunkt in den meisten Fällen durch die Vorstellung der Mitarbeiter (44,2 %). Darüber hinaus wurden Rundgang/ Führung (23,1 %), Unternehmenspräsentation (13,5 %), Projektvorstellungen (5,8 %) und die Information im Interview (1,9 %) als Vorstellungsformen genannt. In der Stichprobe II der Assessment-Center-Kandidaten gaben die Befragten zum zweiten Befragungszeitpunkt Rundgang / Führung (36,7 %), die Vorstellung der Mitarbeiter (36,7 %), die Unternehmenspräsentation (26,5 %) und die Projektvorstellung (20,4 %) als Vorstellungsformen an. Zudem gaben zwei Befragte an, das Unternehmen bereits zu kennen (4 %) und ein Befragter (2 %) gab „Information im persönlichen Gespräch“ an.

Bei den Befragten der Stichprobe I haben zum zweiten Befragungszeitpunkt seitens des Unternehmens in 51,9 % der Fälle die potenziellen Vorgesetzten und in 46,2 % der Fälle Mitarbeiter aus dem HR am Auswahlverfahren teilgenommen. Darüber hinaus gaben die Befragten den Vorgesetzten des potenziellen Vorgesetzten (21,2 %), potenzielle Kollegen (19,2 %), oder sonstige Personen (1,9 %) als Gesprächspartner an. In der Stichprobe II wurden als Gesprächspartner der potenzielle Vorgesetzte (46,9 %), der Vorgesetzte des potenziellen Vorgesetzten (38,8 %), potenzielle Kollegen (28,6 %) und HR-Mitarbeiter (22,4 %) genannt.

In der Stichprobe I gaben 15,3 % der Befragten zum zweiten Befragungszeitpunkt eine summierte Dauer des Auswahlverfahren von bis zu zwei Stunden (bis 120 Minuten), 9,6 % eine Dauer von zwei bis drei Stunden (121 bis 180 Minuten), 23,1 % eine Dauer von 3 bis 5 Stunden (181-300 Minuten) und 7,6 % eine Dauer von sechs bis acht Stunden an. Ein Befragter (1,9 %) gab eine Dauer von zwölf Stunden an. Kein Befragter gab eine Dauer von unter 60 Minuten an, 42,3 % haben nach dem ersten Befragungszeitpunkt nur eine Rückmeldung erhalten oder keinen Kontakt zum Unternehmen gehabt und somit keine Angabe zu dieser Frage gemacht. In der Stichprobe II gaben 4 % der Befragten eine Dauer von zwei bis drei Stunden an. 26,6 % gaben eine Dauer von zwölf bis 15 Stunden (720 bis 900 Minuten) an, 14,3 % gaben eine Dauer von 15 bis 20 Stunden (901 bis 1200 Minuten) an, 4 % gaben eine Dauer von 20 bis 24 Stunden (1201 bis 1440 Minuten; Maximum: 24 Stunden); 52 % haben nach dem ersten Befragungszeitpunkt nur eine Rückmeldung erhalten oder keinen Kontakt zum Unternehmen gehabt und somit keine Angabe zu dieser Frage gemacht.

In der Stichprobe I gaben 5,8 % an, dass ihnen kein Zeitpunkt mitgeteilt wurde, wann sie eine Rückmeldung erhalten würden. Den anderen Befragten wurde ein entsprechender Zeitpunkt genannt, 11,5 % sollten innerhalb von einem Tag, 17,3 % innerhalb von einer Woche, 26,9 % innerhalb von zwei Wochen und keiner innerhalb von vier Wochen oder mehr als vier Wochen eine Rückmeldung erhalten. In der Stichprobe II gaben keiner an, dass ihnen kein Rückmeldezeitpunkt mitgeteilt wurde. Allen Befragten wurde ein entsprechender Zeitpunkt genannt, 2 % sollten innerhalb von einem Tag, 6,1 % innerhalb von einer Woche, 38,8 % innerhalb von zwei Wochen und 2 % innerhalb von vier Wochen eine Rückmeldung erhalten. Keinem der Befragten der Stichprobe II wurde eine Rückmeldedauer von über vier Wochen genannt.

In der Stichprobe I verging vom Auswahlverfahren bis zu einer Rückmeldung vom Unternehmen bei 5,8 % der Befragten weniger als ein Tag („am gleichen Tag“), bei 32,7 % weniger als eine Woche, bei 38,5 % zwei bis drei Wochen, bei 11,5 % vier bis sechs Wochen und bei 11,5 % mehr als sechs Wochen. In der Stichprobe II verging vom Auswahlverfahren bis zur Rückmeldung bei 57,1 % der Befragten weniger als eine Woche, bei 36,7 % vergingen zwei bis drei Wochen, bei 4,1 % vier bis sechs Wochen und bei 2 % mehr als sechs Wochen. Bei keinem der Befragten erfolgte die Rückmeldung am gleichen Tag.

4.2.4 Psychometrische Gütekriterien zur Erfassung der Candidate Experience (Hypothese 1.a bis 1.e)

Psychometric Criteria for the Measurement of Candidate Experience (Hypothesis 1.a to 1.e)

Zur Evaluation der entwickelten Items zur Erfassung der Candidate Experience wurden unterschiedliche Kennwerte berechnet. Zum einen wurden die Testwertverteilungen, Schwierigkeitsindizes, Itemvarianzen, korrigierten Item-Skala-Korrelationen (Trennschärfe) und unkorrigierten Item-Skala-Korrelationen (nach Kendall) sowie Cronbachs Alpha berechnet (Kapitel 4.2.4.1). Zum anderen wurden verschiedene Kennwerte in Bezug auf die Reliabilität ermittelt (Kapitel 4.2.4.2).

4.2.4.1 Deskriptive Statistiken der Candidate-Experience-Items

Descriptive Statistics of the Candidate-Experience-Items

Die Candidate Experience Items / Skalen wurden in Bezug auf die Testwertverteilung, den Schwierigkeitsindex, die Itemvarianz, die korrigierten Item-Skala-Korrelationen (Trennschärfe) und die unkorrigierten Item-Skala-Korrelationen (nach Kendall) sowie Cronbachs Alpha betrachtet. Die Kennwerte wurden mittels Excel (Itemschwierigkeit) und SPSS (übrige Kennwerte) berechnet, die vollständigen Ergebnistabellen befinden sich in Anhang F. Zur Beurteilung der Items hinsichtlich der oben genannten Kennwerte im Gesamtbild wurden diese zunächst tabellarisch dargestellt, jeweils unterteilt nach Stichprobe und Befragungszeitpunkt (Anhang F). Im nächsten Schritt wurden die Testwertverteilungen betrachtet und die Items analysiert, die eine Itemschwierigkeit von $P_i \leq 10$ oder $P_i \geq 90$ aufwiesen und / oder deren Trennschärfe $r_{it(i)} \leq .3$ war. Diese Items wurden dann im Gesamtbild mit der Varianz, „Cronbachs Alpha, wenn Item weggelassen“ und unter Berücksichtigung des inhaltlichen Mehrwerts der Items beurteilt. Die unkorrigierten Item-Skala-Korrelationen wurden in Kombination mit der Trennschärfe im Hinblick auf die Hypothesen 1.a bis 1.e betrachtet.

Die Tests auf Normalverteilung (Kolmogorov Smirnov und Shapiro Wilk mit paarweisem Vergleich) wiesen durchweg signifikante Ergebnisse auf, $p<.05$. In Kombination mit den Werten für die Schiefe zeigte sich, dass alle Items linksschief bzw. rechtssteil verteilt waren. Für fast alle Items der Candidate Experience Skalen lagen die Itemschwierigkeiten im Bereich von $P_i>10$ bis $P_i<90$, überwiegend im Bereich von etwa $P_i=60$ bis $P_i=90$. Die Trennschärfe wies für fast alle Items für beide Stichproben und beide Befragungszeitpunkte ein $r_{it(i)}>.3$ auf. Fast alle Items korrelierten signifikant mit der zugehörigen Skala (Kendall, 1-seitig). Bis auf wenige Ausnahmen war die numerische Höhe der Korrelation mit dem zugehörigen Aspekt höher als mit den anderen Aspekten (Kendall, 2-seitig). Cronbachs Alpha lag für die Skalen Augenhöhe und Wohlwollen, Transparenz und Nachvollziehbarkeit sowie Zeitplanung und zügiger Prozessverlauf zwischen $\alpha=.75$ und $\alpha=.92$, für die beiden übrigen Skalen in der Regel zwischen $\alpha=.61$ und $\alpha=.73$.

Skalen- bzw. Item spezifische Ausnahmen zeigten sich wie folgt: Einschränkungen hinsichtlich Trennschärfe und unkorrigierter Item-Skala-Korrelation traten bei den Items Transparenz10, Transparenz11 und Transparenz12 auf. Ein Entfernen der Items würde zu einer Verringerung von Cronbachs Alpha führen, was aufgrund der Tatsache, dass dies ohnehin schon relativ hoch war, nicht zu kritisch zu beurteilen wäre. Für das Item Zeitplanung8 gab es eine hohe Rate derer, die hierzu keine Angabe machen konnten. Diese geringe Rücklaufquote ließ keine sinnvolle Beurteilung und weitere statistische Betrachtung zu. Zudem waren bei einigen Items der Skala Zeitplanung und zügiger Prozessverlauf Abweichungen hinsichtlich der Itemschwierigkeit, insbesondere in Stichprobe II, erkennbar. Auffällig bei der Skala Äußeres Erscheinungsbild waren lediglich Abweichungen hinsichtlich der Itemschwierigkeit. Außerdem traten in Bezug auf das Item Aeusseres4 verschiedene Abweichungen zu den Soll-Werten auf. Ergänzt um die Ergebnisse der Vorstudie, in der dieses Item bereits kritisch beurteilt wurde, könnte es sinnvoll sein, dieses Item aus dem Fragenpool zu entfernen. In Bezug auf das Item Kompetenz5 lag eine Abweichung hinsichtlich der Trennschärfe in Stichprobe II zum zweiten Befragungszeitpunkt vor. Es war ersichtlich, dass vielmehr eine Tatsache als eine subjektive Einschätzung erfragt wurde. Daher könnte es empfehlenswert sein, auch dieses Item aus dem Fragenpool zu entfernen.

Eine Diskussion bzw. Interpretation der Ergebnisse erfolgt in Kapitel 5, aber hier sei schon angemerkt, dass die Items Transparenz10, Transparenz11, Transparenz12, Zeitplanung8, Aeusseres4 sowie Kompetenz5 starke Einschränkungen in den statistischen Kennwerten aufwiesen oder ein Entfernen der Items aufgrund inhaltlicher Argumente sinnvoll erschien, sodass diese für die weiterführenden Analysen im Rahmen dieser Arbeit ausgeschlossen wurden.

Cronbachs Alpha wurde zudem für die gesamten Candidate Experience Items berechnet (exklusive Zeitplanung8) und für die modifizierte Itemauswahl ohne die Items, deren Ausschluss im Rahmen der vorangegangenen Analyse ratsam wäre. Die berichteten α -Werte waren durchweg α>.9 zu verorten.

4.2.4.2 Berechnungen zur Reliabilität

Reliability Calculations

Da die Erfassung der Candidate Experience zu zwei Befragungszeitpunkten erfolgte, ist eine Prüfung der Retest-Reliabilität möglich. Gemäß der Annahmen der Test-Retest-Reliabilität wurden die Korrelationen aller Werte vom ersten zum zweiten Befragungszeitunkt berechnet. Die berechneten Korrelationen nach Kendall (1-seitig) zeigten einen signifikanten Zusammenhang aller Werte vom ersten zum zweiten Befragungszeitpunkt. Zur Berechnung der Split-Half-Reliabilität werden zwei Testhälften miteinander korreliert und mit der Spearman-Brown-Korrektur modifiziert (Schermelleh-Engel & Werner, 2012). Da die Candidate Experience Items nach den fünf Aspekten sortiert waren, empfiehlt sich für die Aufteilung in die Testhälften die sogenannte Odd-Even-Methode (Schermelleh-Engel & Werner, 2012). Der Spearman-Brown-Koeffizient wurde für die gesamten Candidate Experience Items (exklusive Item Zeitplanung8) sowie für die einzelnen Aspekte jeweils für beide Stichproben und beide Befragungszeitpunkte berechnet. Die Ergebnisse befinden sich in Tabelle 4.5.

Tabelle 4.5: Spearman-Brown-Koeffizient für die Candidate Experience Skalen (Stichprobe I und II / Erster und zweiter Befragungszeitpunkt)

Relevante Items / Skalen	Spearman-Brown-Koeffizient für Stichprobe I		Spearman-Brown-Koeffizient für Stichprobe II	
	Befragung 1	Befragung 2	Befragung 1	Befragung 2
Alle Candidate Experience Items	.96 (N = 25)	.96 (N = 24)	.95 (N = 58)	.98 (N = 24)
Augenhöhe und Wohlwollen	.94 (N = 61)	.93 (N = 49)	.85 (N = 91)	.93 (N = 48)
Transparenz und Nachvollziehbarkeit	.87 (N = 43)	.92 (N = 30)	.88 (N = 82)	.88 (N = 43)
Zeitplanung und zügiger Prozessverlauf	.80 (N = 38)	.86 (N = 37)	.82 (N = 69)	.87 (N = 29)
Äußeres Erscheinungsbild	.48 (N = 57)	.50 (N = 50)	.74 (N = 87)	.91 (N = 49)
Kompetenz der Ansprechpartner	.84 (N = 61)	.74 (N = 51)	.77 (N = 82)	.74 (N = 44)

4.2.5 Zusammenhang zwischen den Input- und Outcome-Variablen (Hypothesen 2.a bis 2.k)

Relation Between the Input- and the Outcome-Variables (Hypothesis 2.a to 2.k)

In diesem Kapitel werden die Ergebnisse bzgl. des Zusammenhangs zwischen den Input-Variablen und den Outcome-Variablen (Hypothesen 2.a bis 2.k) dargestellt. Zunächst werden die Input- und Outcome-Variablen deskriptivstatistisch beschrieben. Unterschiede zwischen dem ersten und zweiten Befragungszeitpunkt sowie zwischen den beiden Stichproben werden berichtet (Kapitel 4.2.5.1 und 4.2.5.2). Im Anschluss werden die Ergebnisse zu den Zusammenhängen zwischen Input- und Outcome-Variablen, die gemäß der Hypothesen 2.a bis 2.k erwartet werden, berichtet (Kapitel 4.2.5.3).

4.2.5.1 Beschreibung der Input-Variablen

Description of the Input-Variables

<u>**Candidate Experience Aspekte**</u>

Die Werte für die einzelnen Candidate Experience Aspekte wurden durch arithmetische Mitteln der entsprechenden Items und der Gesamtwert der Candidate Experience durch arithmetisches Mitteln aller Items ermittelt. Bei der Betrachtung der Candidate Experience Variablen wurden Gesamtwerte für die Aspekte der Candidate Experience berechnet, indem die Werte der zugehörigen Items gemittelt wurden. Zudem wurde ein Gesamtwert für die Candidate Experience durch arithmetisches Mitteln aller Items ermittelt. Diese Werte wurden insofern modifiziert, als dass die ausgeschlossenen Items nicht mit berechnet wurden. Es wurde außerdem in Betracht gezogen, durch arithmetisches Mitteln der Werte für die fünf Aspekte einen übergeordneten Gesamtwert zu berechnen. Aufgrund der vorangehenden Erkenntnisse, dass es sich bei den

Aspekten voraussichtlich nicht um fünf statistisch differenzierbare Faktoren handelt, wurde diese Vorgehensweise jedoch nicht als sinnvoll erachtet.

Die deskriptivstatistischen Werte für beide Stichproben für den ersten Befragungszeitpunkt sind Tabelle 4.6 zu entnehmen. In der Stichprobe I lag beim ersten Befragungszeitpunkt die Range in der Regel zwischen 2 und 5. In Stichprobe II war die Range meistens geringer, häufig lag das Minimum der Skalen bei etwa 3. Die Mittelwerte lagen für die einzelnen Skalen in der Stichprobe I (Promovierende) zwischen 3,66 und 4,33 (*SD*=0,53 bis *SD*=0,63) und in der Stichprobe II (Assessment-Center-Kandidaten) zwischen M = 3,65 und 4,62 (*SD*=0,38 bis SD=0,57).

Tabelle 4.6: Deskriptive Statistiken der modifizierten Candidate Experience Werte (Erster Befragungszeitpunkt)

Erster Befragungszeitpunkt	Stichprobe	N	Theoretische Spanne	Minimum	Maximum	Mittelwert	Std.-Abweichung
Candidate Experience (modifiziert)	I	63	1-5	2,69	4,86	4,05	0,46
Augenhöhe und Wohlwollen (modifiziert)	I	63	1-5	2,38	5	4,21	0,63
Transparenz und Nachvollziehbarkeit (modifiziert)	I	63	1-5	2,27	4,91	3,66	0,53
Zeitplanung und zügiger Prozessverlauf (modifiziert)	I	63	1-5	2,38	5	4,14	0,60
Äußeres Erscheinungsbild (modifiziert)	I	63	1-5	2	5	4,26	0,63
Kompetenz der Ansprechpartner (modifiziert)	I	63	1-5	2,25	5	4,33	0,58
Candidate Experience (modifiziert)	II	92	1-5	2,67	4,81	4,19	0,38
Augenhöhe und Wohlwollen (modifiziert)	II	92	1-5	2,25	5	4,29	0,49
Transparenz und Nachvollziehbarkeit (modifiziert)	II	92	1-5	1,64	4,91	3,65	0,57
Zeitplanung und zügiger Prozessverlauf (modifiziert)	II	92	1-5	3	5	4,4	0,41
Äußeres Erscheinungsbild (modifiziert)	II	92	1-5	3,5	5	4,62	0,38
Kompetenz der Ansprechpartner (modifiziert)	II	92	1-5	3	5	4,61	0,46

In Tabelle 4.7 sind die entsprechenden Werte für den zweiten Befragungszeitpunkt abgebildet (beide Stichproben). Beim zweiten Befragungszeitpunkt lag die Range für die Stichprobe I zwischen 1,38 und 5, in Stichprobe II zwischen 1 bis 5. Die Mittelwerte lagen für die einzelnen Skalen in der Stichprobe I zwischen 3,73 und 4,31 (*SD*=0,57 bis *SD*=0,89) und in Stichprobe II zwischen 3,70 und 4,55 (*SD*=0,62 bis *SD*=0,73).

Tabelle 4.7: Deskriptive Statistiken der modifizierten Candidate Experience Werte (Zweiter Befragungszeitpunkt)

Zweiter Befragungszeitpunkt	Stichprobe	N	Theoretische Spanne	Minimum	Maximum	Mittelwert	Std.-Abweichung
Candidate Experience (modifiziert)	I	52	1-5	2,09	4,85	3,97	0,59
Augenhöhe und Wohlwollen (modifiziert)	I	52	1-5	1,38	5	4,11	0,78
Transparenz und Nachvollziehbarkeit (modifiziert)	I	52	1-5	2,27	4,78	3,73	0,66
Zeitplanung und zügiger Prozessverlauf (modifiziert)	I	52	1-5	1,43	5	3,87	0,89
Äußeres Erscheinungsbild (modifiziert)	I	52	1-5	3	5	4,31	0,57
Kompetenz der Ansprechpartner (modifiziert)	I	52	1-5	2,25	5	4,24	0,59
Candidate Experience (modifiziert)	II	49	1-5	1,62	4,95	4,12	0,58
Augenhöhe und Wohlwollen (modifiziert)	II	49	1-5	1,78	5	4,24	0,73
Transparenz und Nachvollziehbarkeit (modifiziert)	II	49	1-5	1,18	5	3,70	0,64
Zeitplanung und zügiger Prozessverlauf (modifiziert)	II	49	1-5	2	5	4,26	0,64
Äußeres Erscheinungsbild (modifiziert)	II	49	1-5	1	5	4,55	0,62
Kompetenz der Ansprechpartner (modifiziert)	II	49	1-5	1,33	5	4,45	0,64

Übrige Input-Variablen

Die deskriptiven Statistiken sind in der Tabelle 4.8 für den ersten und in Tabelle 4.9 für den zweiten Befragungszeitpunkt dargestellt. Für die Eigenschaften der Tätigkeit und der Organisation wurden die Werte der entsprechenden Items arithmetisch gemittelt, um die Gesamtwerte zu erhalten. Die übrigen Input-Variablen wurden jeweils mit einer Frage erfasst, die entsprechenden Werte sind ebenfalls aufgeführt.

Tabelle 4.8: Deskriptive Statistiken der sonstigen Input-Variablen (Erster Befragungszeitpunkt)

Erster Befragungszeitpunkt	Stichprobe	N	Theoretische Spanne	Minimum	Maximum	Mittelwert	Std.-Abweichung
Eigenschaften der Tätigkeit	I	63	1-5	2,67	5	4,09	0,60
Eigenschaften der Organisation	I	63	1-5	3,17	5	3,91	0,47
Person-Job-Fit	I	63	1-5	2	5	3,81	0,69
Person-Organisation-Fit	I	63	1-5	2	5	3,78	0,68
Wahrscheinlichkeit einer Zusage	I	63	0-100	10	100	61,73	19,14
Wahrgenommene Alternativen	I	63	0-100	1	100	69,29	21,90
Eigenschaften der Tätigkeit	II	91	1-5	2,5	5	3,85	0,5
Eigenschaften der Organisation	II	91	1-5	2,67	5	4,03	0,45
Person-Job-Fit	II	91	1-5	3	5	4,24	0,62
Person-Organisation-Fit	II	91	1-5	1	5	4,16	0,65
Wahrscheinlichkeit einer Zusage	II	91	0-100	10	95	62,31	20,51
Wahrgenommene Alternativen	II	91	0-100	0	100	59,02	26,14

In der Stichprobe I (Promovierende) zeigte sich beim ersten Befragungszeitpunkt für die Input-Variablen Eigenschaften der Tätigkeit und Eigenschaften der Organisation, Person-Job-Fit und Person-Organisation-Fit ein vergleichbares Bild wie bei den Candidate Experience Aspekten: die Antwortskala wurde nicht voll ausgeschöpft, das Minimum lag bei etwa 2, das Maximum bei 5, alles bei einer relativ geringen Streuung. Bei den Einschätzungen bzgl. der Erwartung einer Zusage und den Wahrgenommenen Alternativen wurde die Antwortskala relativ vollständig genutzt und die Verteilung der Werte streute stärker. Mit einem Mittelwert von 61,73 bzw. 69,29 war jedoch die Tendenz, wie bei den anderen Variablen auch, eher positiv. Diese Tendenzen spiegelten sich auch beim zweiten Befragungszeitpunkt wider.

In der Stichprobe II (Assessment-Center-Kandidaten) war beim ersten Befragungszeitpunkt für Eigenschaften der Tätigkeit und Eigenschaften der Organisation, Person-Job-Fit und Person-Organisation-Fit ein ähnliches Bild wie in Stichprobe I erkennbar. Lediglich beim Person-Organisation-Fit reichte die Range von 1 bis 5. Zudem zeigte sich auch hier eine relativ geringe Streuung. Bei den Einschätzungen bzgl. der Erwartung einer Zusage und den Wahrgenommenen Alternativen wurde die Antwortskala relativ vollständig genutzt und die Verteilung der Werte streute stärker. Die Tendenz war hier jedoch auch ins Positive verschoben. Diese Muster zeigten sich auch beim zweiten Befragungszeitpunkt.

Tabelle 4.9: Deskriptive Statistiken der sonstigen Input-Variablen (Zweiter Befragungszeitpunkt)

Zweiter Befragungszeitpunkt		N	Theoretische Spanne	Minimum	Maximum	Mittelwert	Std.-Abweichung
Eigenschaften der Tätigkeit	I	52	1-5	2,67	5	4,07	0,60
Eigenschaften der Organisation	I	52	1-5	2,8	5	3,88	0,59
Person-Job-Fit	I	52	1-5	2	5	3,79	0,75
Person-Organisation-Fit	I	52	1-5	1	5	3,63	0,93
Wahrscheinlichkeit einer Zusage	I	52	0-100	0	100	63,52	27,4
Wahrgenommene Alternativen	I	52	0-100	5	100	70,19	23,01
Eigenschaften der Tätigkeit	II	49	1-5	2,33	5	3,82	0,61
Eigenschaften der Organisation	II	49	1-5	3	5	3,97	0,46
Person-Job-Fit	II	49	1-5	1	5	4,12	0,78
Person-Organisation-Fit	II	49	1-5	1	5	4	0,74
Wahrscheinlichkeit einer Zusage	II	49	0-100	0	100	66,82	22,64
Wahrgenommene Alternativen	II	49	0-100	0	100	62,18	27,34

Die Tendenz, dass die Antwortskalen nicht voll ausgeschöpft wurden und die Varianz der Werte relativ gering war, schlug sich in allen Input-Variablen nieder (in beiden Stichproben und zu beiden Befragungszeitpunkten). Das Gesamtbild spiegelt wider, dass das Candidate Experience sowie die übrigen Input-Variablen eher positiv beurteilt wurden. Die relativ geringe Range und Streuung müssen bei der Interpretation der Zusammenhänge berücksichtigt werden.

Die Tests auf Normalverteilung waren für fast alle Input-Variablen in beiden Stichproben zu beiden Befragungszeitpunkten bis auf wenige Ausnahmen signifikant, $p<.05$, sodass grundsätzlich nicht von einer Normalverteilung ausgegangen werden kann.

Wie in Kapitel 4.2.4.2 bereits im Kontext der Test-Retest-Reliabilität für die Erfassung der Candidate Experience aufgegriffen, wurden die Korrelationen aller Input-Variablen vom ersten zum zweiten Befragungszeitpunkt geprüft. Gemäß der Annahmen der Test-Retest-Reliabilität wurde eine positive Korrelation der Werte erwartet. Die Korrelationen nach Kendall (1-seitig) wiesen einen signifikanten Zusammenhang aller Werte vom ersten zum zweiten Befragungszeitpunkt auf.

Unterschiede zwischen den Befragungszeitpunkten

In der Stichprobe I (Promovierende) gab es keine signifikanten Unterschiede zwischen dem ersten und dem zweiten Befragungszeitpunkt in Bezug auf die Candidate Experience Aspekte und die übrigen Input Variablen, Vorzeichen-Test, $p>.05$.

In der Stichprobe II (Assessment-Center-Kandidaten) gab es für die Aspekte Transparenz und Nachvollziehbarkeit sowie Kompetenz der Ansprechpartner signifikante Unterschiede; für alle übrigen Input-Variablen gab es keine signifikanten Unterschiede, $p>.05$. Der Aspekt Transparenz und Nachvollziehbarkeit war zum zweiten höher als beim ersten Befragungszeitpunkt, $z=-2{,}29$, $p=.02$, $r=-.33$. Der Aspekt Kompetenz der Ansprechpartner war beim zweiten Befragungszeitpunkt geringer als beim ersten, $z=-2{,}08$, $p=.04$, $r=-.30$.

Unterschiede zwischen den Stichproben

Erster Befragungszeitpunkt: Beim ersten Befragungszeitpunkt gab es für Augenhöhe und Wohlwollen sowie Transparenz und Nachvollziehbarkeit keine signifikanten Unterschiede zwischen den Stichproben, $p>.05$.

Für die Aspekte Zeitplanung und zügiger Prozessverlauf ($Mdn_{StichprobeI}=4{,}22$ / $Mdn_{StichprobeII}=4{,}44$; $U=2241{,}00$, $Z=-2{,}40$, $p=.02$, $r=-.19$), Äußeres Erscheinungsbild ($Mdn_{StichprobeI}=4{,}50$ / $Mdn_{StichprobeII}=4{,}75$; $U=1889{,}00$, $Z=-3{,}74$, $p<.001$, $r=-.30$), Kompetenz der Ansprechpartner ($Mdn_{StichprobeI}=4{,}5$ / $Mdn_{StichprobeII}=4{,}75$; $U=2021{,}50$, $Z=-3{,}27$, $p=.001$, $r=.26$) und für den Gesamtwert der Candidate Experience ($Mdn_{StichprobeI}=4{,}05$ / $Mdn_{StichprobeII}=4{,}25$; $U=2315{,}50$, $Z=-2{,}12$, $p=.03$, $r=-.17$) ist der Median in Stichprobe II (Assessment-Center-Kandidaten) jeweils signifikant höher als in Stichprobe I (Promovierende; Kolmogorov-Smirnov: $p>.05$).

In Bezug auf die Eigenschaften der Organisation und die Wahrscheinlichkeit einer Zusage gab es keine signifikanten Unterschiede, $p>.05$. Bzgl. der Eigenschaften der Tätigkeit, dem Person-Job-Fit, dem Person-Organisation-Fit und den wahrgenommenen Alternativen unterschieden sich die beiden Stichproben. Die Verteilungen der Stichproben unterscheiden sich voneinander, Kolmogorov-Smirnov $p<.05$, außer bei den wahrgenommenen Alternativen ($Mdn_{StichprobeI}=75$ und $Mdn_{StichprobeII}=70$), $U=2237{,}50$, $Z=-2{,}33$, $p=.02$, $r=-.19$. Die Variablen mit Kolmogorov-Smirnov $p<.05$ sind in Anhang G grafisch dargestellt, die Werte lagen bei $M_{RangI}=87{,}94$ und $M_{RangII}=69{,}55$ für die Eigenschaften der Tätigkeit, $U=2143{,}00$, $Z=-2{,}57$, $p=.01$, $r=-.21$, bei $M_{RangI}=62{,}99$ und $M_{RangII}=87{,}54$ für den Person-Job-Fit, $U=1952{,}50$, $Z=-3{,}77$, $p<.001$, $r=-.30$, und bei $M_{RangI}=63{,}70$ und $M_{RangII}=87{,}05$ für den Person-Organisation-Fit, $U=1997{,}00$, $Z=-3{,}68$, $p<.001$, $r=-.30$[4].

Zweiter Befragungszeitpunkt: Beim zweiten Befragungszeitpunkt gab es für die Aspekte Augenhöhe und Wohlwollen, Transparenz und Nachvollziehbarkeit sowie den Gesamtwert keine signifikanten Unterschiede zwischen den Stichproben, $p>.05$. Bezüglich der Aspekte Zeitplanung und zügiger Prozessverlauf ($Mdn_{StichprobeI}=4{,}13$, $Mdn_{StichprobeII}=4{,}29$), $U=955{,}00$, $Z=-2{,}17$, $p=.03$, $r=-.22$, Äußeres Erscheinungsbild

[4] Aufgrund der unterschiedlichen Verteilungen (Kolmogorov-Smirnov: $p<.05$) werden hier die Ränge statt der Mediane berichtet.

($Mdn_{StichprobeI}$=4,25, $Mdn_{StichprobeII}$=4,75), U=927,00, Z=-2,41, p=.02, r=-.24 und Kompetenz der Ansprechpartner ($Mdn_{StichprobeI}$=4,12, $Mdn_{StichprobeII}$=4,5), U=928,50, Z=-2,40, p=.02, r=-.24 unterschieden sich die Stichproben (Kolmogorov-Smirnov: p>.05). Der Median war jeweils in der Stichprobe II (Assessment-Center-Kandidaten) höher als in der Stichprobe I (Promovierende).

Bzgl. der übrigen Input-Variablen gab es lediglich in Bezug auf den Person-Job-Fit und den Person-Organisation-Fit signifikante Unterschiede (Kolmogorov-Smirnov: p<.05). Eine grafische Darstellung befindet sich ebenfalls in Anhang G. Die Werte für den Person-Job-Fit lagen bei M_{RangI}=44,24 und M_{RangII}=58,17, U=922,50, Z=-2,63, p=.01, r=-.26 und für den Person-Organisation-Fit bei M_{RangI}=45,19 und M_{RangII}=57,16, U=972,00, Z=-2,29, p=.02, r=-.23.

Es ist festzuhalten, dass die Unterschiede zwischen den Stichproben hinsichtlich der Input-Variablen teilweise statistisch signifikant, inhaltlich jedoch als marginal zu beurteilen sind. Das ist bei der Interpretation (Kapitel 5) zu berücksichtigen. Die statistisch nachweisbaren Unterschiede stützen jedoch die Entscheidung, die Auswertung beider Stichproben gesondert durchzuführen.

Interkorrelationen der Input-Variablen

Es wurden die Interkorrelationen der Input-Variablen sowie die Korrelationen der Aspekte mit dem Gesamtwert der Candidate Experience berechnet. In der Stichprobe I (Promovierende) waren beim ersten Befragungszeitpunkt alle Korrelationen der Aspekte der Candidate Experience mit den jeweils anderen Aspekten signifikant. Die Korrelationen aller Aspekte mit dem Gesamtwert der Candidate Experience waren auch signifikant. Zum zweiten Befragungszeitpunkt korrelierten in Stichprobe I fast alle Aspekte der Candidate Experience untereinander, lediglich die Zusammenhänge zwischen dem Aspekt Äußeres Erscheinungsbild und den anderen Aspekten waren nicht alle signifikant. Zudem waren die Zusammenhänge der einzelnen Aspekte mit dem Gesamtwert signifikant. In der Stichprobe II (Assessment-Center-Kandidaten) korrelierten zum ersten und zweiten Befragungszeitpunkt ebenfalls alle Aspekte untereinander, zudem war die Korrelation der einzelnen Aspekte mit dem Gesamtwert signifikant. Bei der Einbeziehung aller übrigen Input-Variablen in die Betrachtungsweise gab es ebenfalls viele signifikante Interkorrelationen. Insbesondere zeigten sich über beide Befragungszeitpunkte hinweg verschiedene signifikante Zusammenhänge sehr stabil, die folgenden Interkorrelationen waren in allen vier Auswertungseinheiten (beide Stichproben zu beiden Befragungszeitpunkten) signifikant:

- Augenhöhe und Wohlwohlen & Person-Organisation-Fit
- Candidate Experience Gesamt & Person-Organisation-Fit
- Eigenschaften der Tätigkeit & Person-Job-Fit
- Wahrgenommene Alternativen & Person-Job-Fit (negativer Zusammenhang)

Festzuhalten ist, dass größtenteils die Candidate Experience Aspekte und die übrigen Input-Variablen jeweils untereinander (insbesondere Eigenschaften der Tätigkeit und Organisation, Person-Job-Fit und Person-Organisation-Fit) positiv korrelierten.

4.2.5.2 Beschreibung der Outcome-Variablen

Description of the Outcome-Variables

Die Haltung der Teilnehmer wurde zu beiden Befragungszeitpunkten mittels zweier Fragen auf einer fünfstufigen Antwortskala erfasst. Um einen Gesamtwert zu erhalten, wurde der Mittelwert berechnet. In Abbildung 4.3 sind die relativen Häufigkeiten für die Haltung, jeweils bezogen auf alle gültigen Antworten (100 %), dargestellt.

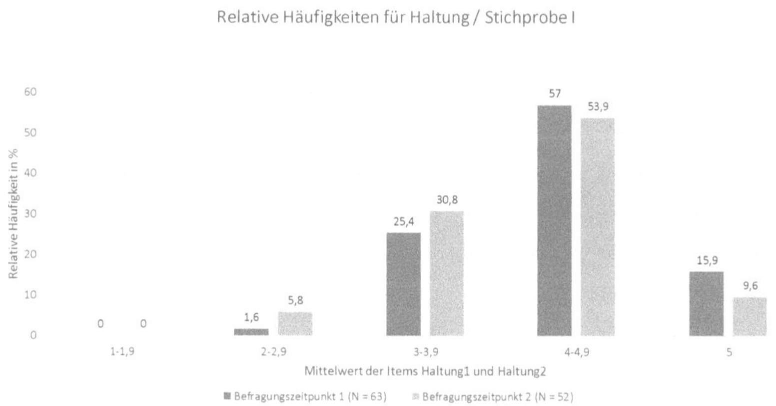

Abbildung 4.3: Relative Häufigkeiten Haltung / Stichprobe I (Promovierende; erster und zweiter Befragungszeitpunkt)

Beim ersten Befragungszeitpunkt lag der Mittelwert für die Haltung bei 4,07 (*SD*=0,61; *N*=63) und beim zweiten Befragungszeitpunkt bei 3,88 (*SD*=0,64; *N*=52) in der Stichprobe I. Hier spiegelte sich erneut die generelle Tendenz im Antwortverhalten der Kandidaten wider, dass die Haltung eher positiver und mit einer relativ geringen Streuung beurteilt wurde. Der berechnete Vorzeichen-Test wies einen signifikanten Unterschied in den zentralen Tendenzen auf, *z*=-2,373, *p*=.018, *r*=-.329. Der Wert hat sich vom ersten zum zweiten Befragungszeitpunkt bei den Befragten, die an beiden Zeitpunkten teilgenommen haben, verringert.

In der Stichprobe II lagen die Mittelwerte für die Haltung bei 4,42 (*SD*=0,64; *N*=90) für den ersten und bei 4,31 (*SD*=0,88; *N*=48) für den zweiten Befragungszeitpunkt, auch hier wieder mit einer Verschiebung nach rechts / ins Positive und einer relativ geringe Streuung. In Stichprobe II wies der Vorzeichen-Test kein signifikantes Ergebnis zwischen dem ersten und dem zweiten Befragungszeitpunkt auf. Die relativen Häufigkeiten für die Stichprobe II sind in Abbildung 4.4 dargestellt.

Die Intention der Befragten wurde zum einen zu beiden Befragungszeitpunkten mittels der Frage erfasst, ob sie den Arbeitgeber einem guten Freund oder Bekannten weiterempfehlen würden. Die Intention wurde außerdem zum ersten Befragungszeitpunkt erfasst, in dem die Befragten angeben sollten, mit welcher Wahrscheinlichkeit sie ein Angebot annehmen würden. Diese Einschätzung wurde auch zum zweiten

Befragungszeitpunkt erfragt, jedoch nur von denjenigen, die eine Absage erhalten haben oder keine Rückmeldung erhalten haben. Bei den Befragten, die eine Zusage erhalten haben und das Angebot angenommen haben, wird von einer Intention einer Annahme des Angebots von 100 % ausgegangen. Bei den Befragten, die eine Zusage erhalten haben und das Angebot abgelehnt haben, wird von einer Intention einer Annahme des Angebots von 0 % ausgegangen. Da den beiden Items zur Erfassung der Intention verschiedene Skalen zugrunde liegen, ist eine Berechnung des Mittelwerts nicht möglich und die Betrachtung erfolgt gesondert für die Intention, den Arbeitgeber zu empfehlen und die Intention, ein Angebot anzunehmen.

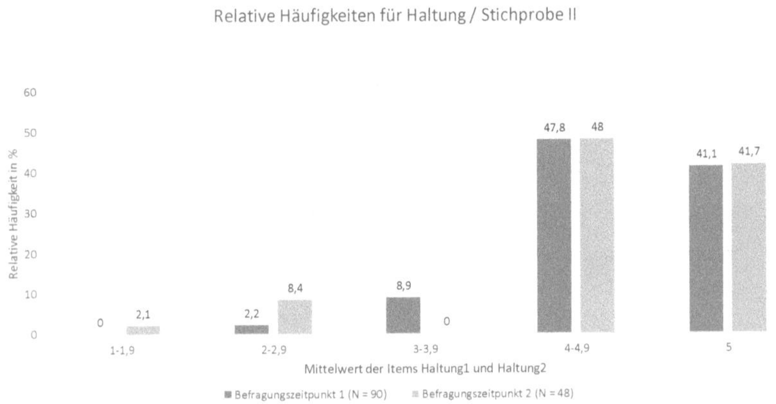

Abbildung 4.4: Relative Häufigkeiten Haltung / Stichprobe II (Assessment-Center-Kandidaten; erster und zweiter Befragungszeitpunkt)

Die Verteilung der relativen Häufigkeiten für die Weiterempfehlungswerte für die Stichprobe I (Promovierende) befinden sich in Abbildung 4.5.

In der Stichprobe I lag die Intention erfasst durch die Weiterempfehlungsfrage bei einem Mittelwert von 8,38 (*SD*=1,55; *N*=63) für den ersten Befragungszeitpunkt und bei 7,85 (*SD*=2,21; *N*=52) für den zweiten Befragungszeitpunkt. Hier lag wieder eine deutliche Verschiebung der Werte ins Positive vor. Der Vorzeichen-Test zum Vergleich der beiden Befragungszeitpunkte war für die Stichprobe I signifikant, *z*=-2,43, *p*=.02, *r*=-.34. Es gab einen signifikanten Unterschied in den zentralen Tendenzen. Es handelte sich um eine Verringerung der Werte. Die nur marginale Höhe der Veränderung lässt jedoch nicht auf einen entscheidenden Unterschied schließen.

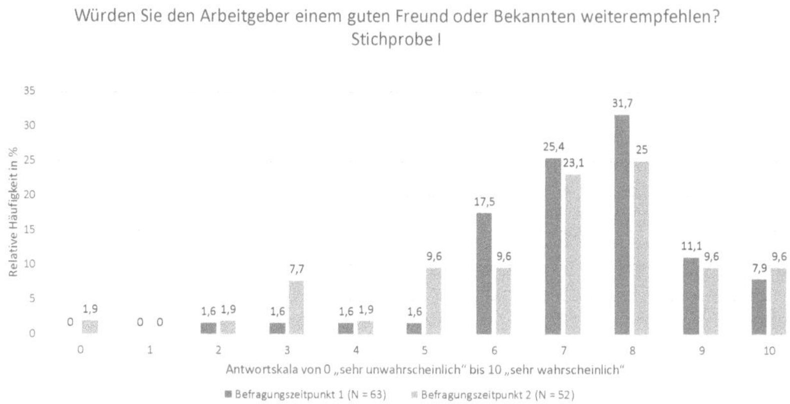

Abbildung 4.5: Relative Häufigkeiten Empfehlung des Arbeitgebers Stichprobe I (Promovierende; erster und zweiter Befragungszeitpunkt)

In der Stichprobe II (Assessment-Center-Kandidaten) lag die Intention erfasst durch die Weiterempfehlungsfrage im Mittel bei 9,20 (SD=1,52; N=90) für den ersten und bei 8,88 (SD=1,86; N=49) für den zweiten Befragungszeitpunkt, erneut mit einer starken Verschiebung nach rechts. Der Vorzeichen-Test war für die Intention, den Arbeitgeber weiterzuempfehlen, in Stichprobe II zwischen dem ersten und zweiten Befragungszeitpunkt nicht signifikant, p>.05. Die Verteilung der relativen Häufigkeiten für die Weiterempfehlungswerte für die Stichprobe II befinden sich in Abbildung 4.6.

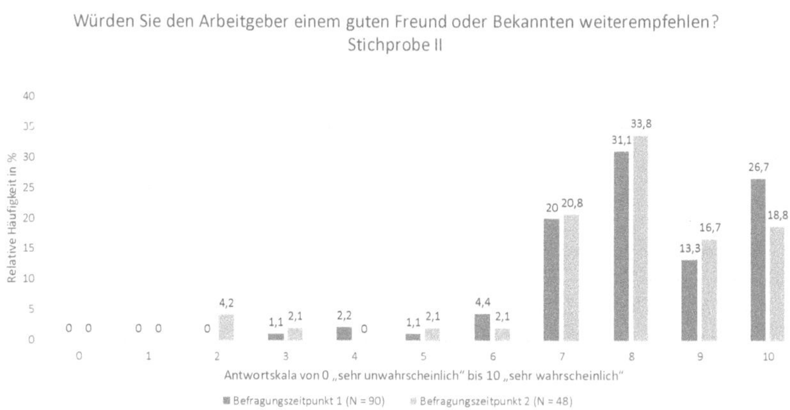

Abbildung 4.6: Relative Häufigkeiten Empfehlung des Arbeitgebers Stichprobe II (Assessment-Center-Kandidaten; erster und zweiter Befragungszeitpunkt)

Das zweite Item zur Erfassung der Intention, die Angabe der Wahrscheinlichkeit einer Angebotsannahme, lag für die Stichprobe I (Promovierende) bei einem Mittelwert von 57,35 (*SD*=22,64; *N*=63) für den ersten Befragungszeitpunkt. Für den zweiten Befragungszeitpunkt wurde dieses Item nur von denjenigen beantwortet, die noch keine Rückmeldung oder eine Absage erhalten haben. Für die Kandidaten, die eine Zusage erhalten haben, wurde die tatsächliche Entscheidung in die Intention überführt. Bei einer Angebotsannahme wurde von einer Intention von 100 ausgegangen, bei einer Absage von 0 (= Intention Zusammengeführt). Dies diente zum Zusammenführen aller Antworten in eine Form, die die Betrachtung der Intention zur Angebotsannahme für alle Kandidaten ermöglicht, ist aber statistisch nicht haltbar. Insbesondere bei weiterführenden Berechnungen ist dies zu berücksichtigen. Aus diesem Grund konnten für den zweiten Befragungszeitpunkt (*N*=52) Mittelwert und Standardabweichung für die zusammengeführte Intention nicht berechnet werden. Ein Vergleich der Befragten, die an beiden Zeitpunkten teilgenommen haben, ist ebenfalls aus oben genannten Gründen statistisch nicht sinnvoll. Die relativen Häufigkeiten der Wahrscheinlichkeit der Annahme eines Angebots für die Stichprobe I sind in Abbildung 4.7 dargestellt.

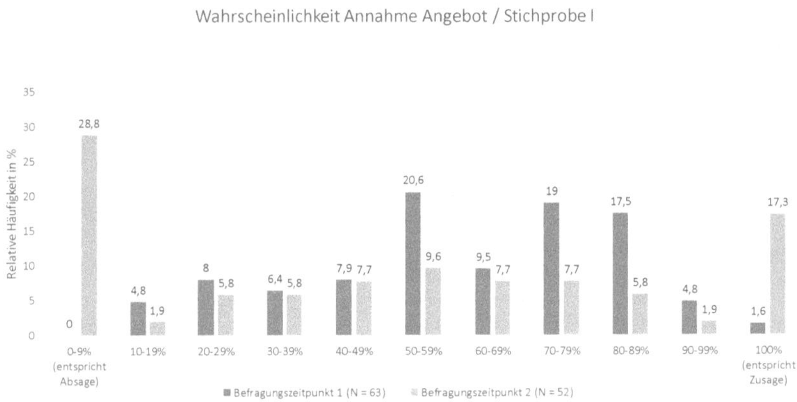

Abbildung 4.7: Relative Häufigkeiten Wahrscheinlichkeit Annahme Angebot Stichprobe I (Promovierende; erster und zweiter Befragungszeitpunkt)

Der Mittelwert für das zweite Item zur Erfassung der Intention, ein Angebot anzunehmen, lag für die Stichprobe II bei 78,24 (*SD*=24,06; *N*=90) für den ersten Befragungszeitpunkt und konnte für den zweiten Befragungszeitpunkt (*N*=48) ebenfalls nicht berechnet werden, eine Berechnung des Unterschieds zwischen beiden Befragungszeitpunkten ist auch nicht möglich. Die relativen Häufigkeiten der Wahrscheinlichkeit der Annahme eines Angebots für die Stichprobe II sind in Abbildung 4.8.

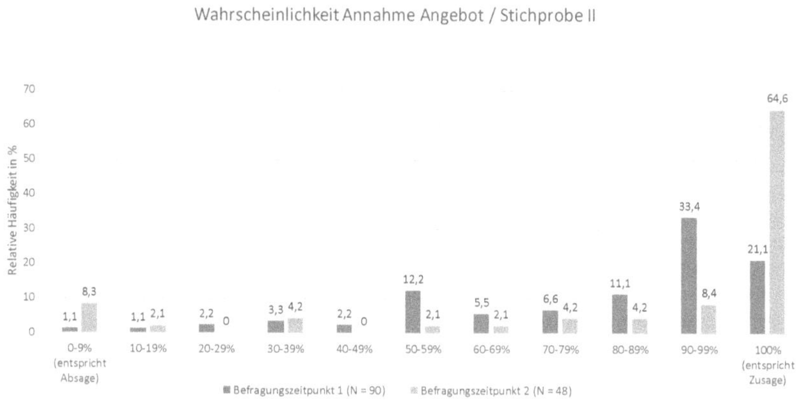

Abbildung 4.8: Relative Häufigkeiten Wahrscheinlichkeit Annahme Angebot Stichprobe II (Assessment-Center-Kandidaten; erster und zweiter Befragungszeitpunkt)

Die tatsächliche Entscheidung des Kandidaten wurde in den Fällen erfasst, in denen durch das Unternehmen eine Zusage ausgesprochen wurde. Von 42,3 % der Befragten der Stichprobe I (22 Befragte), die eine Zusage erhalten haben, haben 59,1 % das Angebot abgelehnt und 40,9 % haben das Angebot angenommen. In der Stichprobe II haben 66,7 % eine Zusage erhalten (32 Befragte), davon haben 87,5 % das Angebot angenommen und 12,5 % haben das Angebot abgelehnt.

Die beiden Stichproben wurden in Bezug auf die Haltung und die Intention mittels Mann-Whitney-U-Test verglichen. Für die Intention, den Arbeitgeber zu empfehlen, war der Kolmogorov-Smirnov-Test in Bezug auf die asymptotische Signifikanz (p=.08) nicht signifikant. Die exakte Signifikanz wies jedoch einen signifikanten Wert von p=.03 auf. Daher werden im Folgenden die mittleren Ränge berichtet. Es gab einen signifikanten Unterschied zwischen Stichprobe I (M_{RangI}=63,02) und Stichprobe II (M_{RangII}=86,79). Für die anderen Outcome-Variablen waren die Verteilungen der beiden Gruppen zum ersten Befragungszeitpunkt unterschiedlich, Kolmogorov-Smirnov p<.05. Es gab zum ersten Befragungszeitpunkt einen signifikanten Unterschied zwischen Stichprobe I und Stichprobe II in Bezug auf die Haltung (M_{RangI}=61,68 / M_{RangII}=87,72) und die Intention, ein Angebot anzunehmen (M_{RangI}=53,58 / M_{RangII}=93,39).

Für die betrachteten Outcome-Variablen waren die Verteilungen der beiden Gruppen zum zweiten Befragungszeitpunkt ebenfalls unterschiedlich, Kolmogorov-Smirnov p<.05. Es gab zum zweiten Befragungszeitpunkt einen signifikanten Unterschied zwischen der Stichprobe I und der Stichprobe II in Bezug auf die Haltung (M_{RangI}=40,15 / M_{RangII}=61,71) und die Intention, den Arbeitgeber zu empfehlen (M_{RangI}=43,14 / M_{RangII}=58,47).

Der Unterschied in Bezug auf die Intention, ein Angebot anzunehmen, konnte nicht berechnet werden. Die nachgewiesenen Unterschiede stützen die Entscheidung, die beiden Stichproben bei der Beurteilung der Ergebnisse gesondert zu betrachten.

4.2.5.3 Korrelative Zusammenhänge zwischen Input- und Outcome-Variablen

Correlative Relations between Input- and Outcome-Variables

Zur Überprüfung der Hypothesen 2.a bis 2.k wurden die Korrelationen nach Kendall (1-seitig) zwischen den Input- und den Outcome-Variablen betrachtet (Tabelle 4.10 bis Tabelle 4.13). Zudem wurden zur Interpretation die entsprechenden Streudiagramme erstellt, diese werden jedoch nicht abgebildet. Sofern Unterschiede zwischen Korrelationen auffällig waren, wurde diese statistisch geprüft. Zudem wurden zur Untersuchung der Zusammenhänge mit der Outcome-Variable Entscheidung des Kandidaten Mann-Whitney-U-Tests berechnet, um die Bewertung der Input-Variablen zwischen den Kandidaten, die ein Angebot annehmen, und denen, die ein Angebot ablehnen, zu vergleichen. Die Ergebnisse werden im Folgenden in Bezug auf die Hypothesen dargestellt. Im Anschluss werden die Voraussetzungen für die multiple lineare Regressionsanalysen geprüft, die für eine aussagekräftige Analyse nicht hinreichend erfüllt werden.

Aspekt I: Augenhöhe und Wohlwollen (Hypothese 2.a)

Betrachtet man die Zusammenhänge zwischen dem Aspekt Augenhöhe und Wohlwollen und den Outcome-Variablen, gab es über beide Stichproben und Befragungszeitpunkte hinweg auf einem Signifikanzniveau von .01 konsistent einen Zusammenhang mit der Haltung und der Intention, den Arbeitgeber weiterzuempfehlen. Die Korrelationen lagen zwischen $\tau(88)=.23$, $p<.001$ (Intention Empfehlung für Stichprobe II / Erster Befragungszeitpunkt) und $\tau(50)=.47$, $p<.001$ (Intention Empfehlung für Stichprobe I / Zweiter Befragungszeitpunkt). In Bezug auf die Intention, ein potenzielles Angebot anzunehmen, zeigten sich keine konsistenten Zusammenhänge über die Stichproben / Befragungszeitpunkte hinweg, doch alle Korrelationen waren positiv. Betrachtet man die Streudiagramme mit dem Aspekt sowie der Intention, ein Angebot anzunehmen, ist die Annahme eines Zusammenhangs, auch aufgrund der geringen Streuung, nicht zu verwerfen. Zudem wurde geprüft, ob sich der Aspekt zwischen den Kandidaten, die ein Angebot angenommen bzw. abgelehnt haben unterschied. Die Verteilungen der beiden Gruppen unterschieden sich in beiden Stichproben nicht voneinander, Kolmogorov-Smirnov $p>.05$.

Es gab einen signifikanten Unterschied im Median zwischen den Kandidaten, die das Angebot angenommen haben, und denen, die das Angebot abgelehnt haben. Für Stichprobe I mit $U=27{,}50$, $Z=-2{,}09$, $p=.02$[5], $r=-.45$ ($Mdn=4{,}89$ für Annahme / $Mdn=4{,}33$ für Absage) und für die Stichprobe II mit $U=21{,}50$, $Z=-1{,}97$, $p=.02$, $r=-.35$ ($Mdn=4{,}56$ für Annahme / $Mdn=3{,}61$ für Absage). Die Beurteilung des Aspekts Augenhöhe und Wohlwollen war höher bei den Kandidaten, die das Angebot annahmen.

[5] Bei den Mann-Whitney-U-Tests, die zur Prüfung der Hypothese 2 durchgeführt wurden, wird gemäß den Hypothesen einseitig getestet, es wird die exakte Signifikanz, 1-seitig, berichtet.

Tabelle 4.10: Korrelationen Input- mit Outcome-Variablen (Stichprobe I – Promovierende / Erster Befragungszeitpunkt)

Korrelationen Input- mit Outputvariablen (Stichprobe I / Erster Befragungszeitpunkt)				
		Haltung Gesamt	Intention Empfehlung	Intention Annahme
Augenhöhe und Wohlwollen (modifiziert)	Korrelation Kendall-Tau-b	,275**	,296**	0,115
	Signifikanz (1-seitig)	0,002	0,001	0,108
	N	63	63	63
Transparenz und Nachvollziehbarkeit (modifiziert)	Korrelation Kendall-Tau-b	,216*	,442**	,154*
	Signifikanz (1-seitig)	0,013	0,000	0,046
	N	63	63	63
Zeitplanung und zügiger Prozessverlauf (modifiziert)	Korrelation Kendall-Tau-b	,227**	,406**	,161*
	Signifikanz (1-seitig)	0,009	0,000	0,039
	N	63	63	63
Äußeres Erscheinungsbild (modifiziert)	Korrelation Kendall-Tau-b	,331**	,466**	,250**
	Signifikanz (1-seitig)	0,000	0,000	0,004
	N	63	63	63
Kompetenz der Ansprechpartner (modifiziert)	Korrelation Kendall-Tau-b	,233*	,406**	-0,031
	Signifikanz (1-seitig)	0,010	0,000	0,371
	N	63	63	63
Eigenschaften der Tätigkeit	Korrelation Kendall-Tau-b	,226*	0,167	,198*
	Signifikanz (1-seitig)	0,014	0,050	0,021
	N	62	62	62
Eigenschaften der Organisation	Korrelation Kendall-Tau-b	,333**	,210*	,276**
	Signifikanz (1-seitig)	0,000	0,015	0,001
	N	63	63	63
Person-Job-Fit	Korrelation Kendall-Tau-b	,406**	0,149	,478**
	Signifikanz (1-seitig)	0,000	0,084	0,000
	N	63	63	63
Person-Organisation-Fit	Korrelation Kendall-Tau-b	,506**	,233*	,405**
	Signifikanz (1-seitig)	0,000	0,016	0,000
	N	63	63	63
Wahrscheinlichkeit Zusage	Korrelation Kendall-Tau-b	0,159	0,139	0,101
	Signifikanz (1-seitig)	0,055	0,079	0,143
	N	63	63	63
Wahrgenommene Alternativen	Korrelation Kendall-Tau-b	-,206*	-0,031	-,210*
	Signifikanz (1-seitig)	0,019	0,376	0,014
	N	63	63	63
** Die Korrelation ist auf dem Niveau von 0,01 (1-seitig) signifikant.				
* Die Korrelation ist auf dem Niveau von 0,05 (1-seitig) signifikant.				

Aspekt II: Transparenz und Nachvollziehbarkeit (Hypothese 2.b)

Auch die Zusammenhänge zwischen dem Aspekt Transparenz und Nachvollziehbarkeit und der Haltung sowie der Intention, ein Angebot anzunehmen, waren über die beiden Stichproben und Befragungszeitpunkte signifikant, $p<.01$. Die Korrelationen lagen zwischen $\tau(61)=.22$, $p=.01$ (Haltung für Stichprobe I / Erster Befragungszeitpunkt) und $\tau(46)=.48$, $p<.001$ (Intention Empfehlung für Stichprobe II / Zweiter Befragungszeitpunkt). Beim ersten Befragungszeitpunkt waren zudem die Zusammenhänge zwischen dem Aspekt und der Intention zur Angebotsannahme signifikant. Beim zweiten Befragungszeitpunkt zeigte sich dieser Zusammenhang bei der Betrachtung ohne die Kandidaten, die eine Zusage erhalten haben nur in Stichprobe II. Die Unterschiede in den Korrelationen zwischen den Stichproben waren jedoch nicht signifikant, $p>.05$. Bei den Kandidaten, die ein Angebot erhalten haben, gab es keinen Unterschied zwischen denjenigen, die zugesagt haben, und denjenigen, die abgesagt haben, $U=57{,}00$, $Z=-.10$, $p=.47$ (Stichprobe I), $U=45{,}00$, $Z=-.63$, $p=.28$ (Stichprobe II), bei der Interpretation ist die geringe Stichprobengröße bei letzteren Ergebnissen zu berücksichtigen.

Aspekt III: Zeitplanung und zügiger Prozessverlauf (Hypothese 2.c)

Die Zusammenhänge zwischen dem Aspekt Zeitplanung und zügiger Prozessverlauf und den Outcome-Variablen Haltung und Intention (Empfehlung) waren ebenfalls in beiden Stichproben und zu beiden Befragungszeitpunkten signifikant, $p<.01$. Sie lagen zwischen $\tau(88)=.19$, $p=.01$ (Intention Empfehlung für Stichprobe II / Erster Befragungszeitpunkt) und $\tau(46)=.45$, $p<.001$ (Intention Empfehlung für Stichprobe II / Zweiter Befragungszeitpunkt). In Bezug auf die Intention, ein potenzielles Angebot anzunehmen, waren ebenfalls die meisten Zusammenhänge signifikant, jedoch mit relativ geringen Korrelationen. Bei der Prüfung der Korrelationen bei den Kandidaten, die keine Zusage erhalten haben, waren die Zusammenhänge zum zweiten Befragungszeitpunkt sowohl in Stichprobe I, $\tau(28)=.25$, $p=.03$, als auch in Stichprobe II signifikant, $\tau(14)= .489$, $p=01$. Im Hinblick auf den Aspekt Zeitplanung und zügiger Prozessverlauf war bei den Kandidaten, die ein Angebot erhalten haben, kein Unterschied zwischen denjenigen, die zugesagt haben, und denjenigen, die abgesagt haben, nachweisbar, $U=49{,}00$, $Z=-.64$, $p=.27$ (Stichprobe I), $U=40{,}00$, $Z=-.91$, $p=.19$ (Stichprobe II). Diese Ergebnisse sind aufgrund der kleinen Stichprobengröße eingeschränkt interpretierbar.

Tabelle 4.11: Korrelationen Input- mit Outcome-Variablen (Stichprobe I – Promovierende / Zweiter Befragungszeitpunkt)

Korrelationen Input- mit Outputvariablen (Stichprobe I / Zweiter Befragungszeitpunkt)				
		Haltung Gesamt	Intention Empfehlung	Intention Annahme (ohne Zusage erhalten)
Augenhöhe und Wohlwollen (modifiziert)	Korrelation Kendall-Tau-b	,394**	,471**	0,084
	Signifikanz (1-seitig)	0,000	0,000	0,265
	N	52	52	30
Transparenz und Nachvollziehbarkeit (modifiziert)	Korrelation Kendall-Tau-b	,287**	,351**	0,098
	Signifikanz (1-seitig)	0,003	0,000	0,231
	N	52	52	30
Zeitplanung und zügiger Prozessverlauf (modifiziert)	Korrelation Kendall-Tau-b	,207*	,292**	,252*
	Signifikanz (1-seitig)	0,025	0,002	0,030
	N	52	52	30
Äußeres Erscheinungsbild (modifiziert)	Korrelation Kendall-Tau-b	0,174	,182*	0,033
	Signifikanz (1-seitig)	0,058	0,046	0,406
	N	52	52	30
Kompetenz der Ansprechpartner (modifiziert)	Korrelation Kendall-Tau-b	,426**	,437**	0,019
	Signifikanz (1-seitig)	0,000	0,000	0,448
	N	52	52	30
Eigenschaften der Tätigkeit	Korrelation Kendall-Tau-b	,476**	,193*	0,185
	Signifikanz (1-seitig)	0,000	0,037	0,096
	N	52	52	30
Eigenschaften der Organisation	Korrelation Kendall-Tau-b	,331**	,274**	0,201
	Signifikanz (1-seitig)	0,001	0,004	0,068
	N	52	52	30
Person-Job-Fit	Korrelation Kendall-Tau-b	,542**	,192*	0,222
	Signifikanz (1-seitig)	0,000	0,049	0,073
	N	52	52	30
Person-Organisation-Fit	Korrelation Kendall-Tau-b	,495**	,479**	0,223
	Signifikanz (1-seitig)	0,000	0,000	0,066
	N	52	52	30
Wahrscheinlichkeit Zusage	Korrelation Kendall-Tau-b	0,092	,247**	0,025
	Signifikanz (1-seitig)	0,199	0,010	0,428
	N	52	52	30
Wahrgenommene Alternativen	Korrelation Kendall-Tau-b	-,255*	-0,028	-,240*
	Signifikanz (1-seitig)	0,010	0,397	0,042
	N	52	52	30
** Die Korrelation ist auf dem Niveau von 0,01 (1-seitig) signifikant.				
* Die Korrelation ist auf dem Niveau von 0,05 (1-seitig) signifikant.				

Aspekt IV: Äußeres Erscheinungsbild (Hypothese 2.d)

Die Korrelationen des Aspekts Äußeres Erscheinungsbild mit den Outcome-Variablen wiesen über die beiden Stichproben und Befragungszeitpunkte hinweg keine konsistenten Zusammenhänge auf. In Bezug auf die Haltung war lediglich die Korrelation zwischen dem Aspekt und der Haltung in Stichprobe I zum ersten Befragungszeitpunkt signifikant, $\tau(61)=.33$, $p<.001$. Betrachtet man darüber hinaus die Streudiagramme, zeigte sich in Stichprobe I auch beim zweiten Befragungszeitpunkt eher ein positiver Zusammenhang, dieser war jedoch nicht signifikant. In der Stichprobe II war die Streuung der Punktwolke sehr gering. Aufgrund dessen ist ein Zusammenhang durchaus denkbar, jedoch nicht nachweisbar. Die Zusammenhänge zwischen dem Aspekt und der Intention, den Arbeitgeber weiterzuempfehlen waren signifikant, außer in der Stichprobe II zum zweiten Befragungszeitpunkt. Auch hier ist die geringe Streuung der Daten zu berücksichtigen. Tendenziell waren beim jeweils ersten Befragungszeitpunkt die Zusammenhänge zwischen dem Aspekt und der Intention, den Arbeitgeber zu empfehlen, stärker. Aufgrund des Skalenniveaus der Daten und der daraus resultierenden Berechnung nonparametrischer Korrelationskennwerte, konnte die statistische Signifikanz dieser Unterschiede nicht berechnet werden. Die Korrelationen zwischen dem Aspekt Äußeres Erscheinungsbild und der Intention, ein Angebot anzunehmen, wiesen kein konsistentes Bild auf. Auch die Betrachtung der Streudiagramme lässt keine zuverlässige Interpretation zu. In Stichprobe I gab es keine signifikanten Unterschiede zwischen den Kandidaten, die zugesagt haben, und denen, die abgesagt haben, U=57,00, Z=-.10, p=.46. In der Stichprobe II sind die Ergebnisse aufgrund der geringen Stichprobengröße (vier Absagen) nicht interpretierbar.

Aspekt V: Kompetenz der Ansprechpartner (Hypothese 2.e)

Die Korrelationen zwischen dem Aspekt Kompetenz der Ansprechpartner und der Haltung sowie der Intention, den Arbeitgeber zu empfehlen, waren fast alle signifikant. Die Daten streuten relativ gering, was eine mögliche Erklärung dafür sein könnte, dass nicht alle Zusammenhänge signifikant waren. In Bezug auf die Intention, ein potenzielles Angebot anzunehmen, gab es in Stichprobe I keine signifikanten Zusammenhänge. In der Stichprobe II war der Zusammenhang zwischen dem Aspekt und der Intention, ein Angebot anzunehmen, zum ersten Befragungszeitpunkt signifikant, $\tau(88)=.166$, $p=.02$. Außerdem war der entsprechende Zusammenhang bei denen, die keine Zusage erhalten haben, signifikant, $\tau(14)= .498$, $p=.01$. Bei den Kandidaten, die ein Angebot erhalten haben, war kein Unterschied zwischen denjenigen, die zugesagt haben, und denjenigen, die abgesagt haben, nachweisbar, U=42,00, Z=-1,12, p=.14 (Stichprobe I), U=52,50, Z=-.21, p=.47 (Stichprobe II). Auch hier sind die Ergebnisse aufgrund der geringen Stichprobengröße nur eingeschränkt interpretierbar.

Tabelle 4.12: Korrelationen Input- mit Outcome-Variablen (Stichprobe II – Assessment-Center-Kandidaten / Erster Befragungszeitpunkt)

Korrelationen Input- mit Outputvariablen (Stichprobe II / Erster Befragungszeitpunkt)				
		Haltung Gesamt	Intention Empfehlung	Intention Annahme
Augenhöhe und Wohlwollen (modifiziert)	Korrelation Kendall-Tau-b	,261**	,230**	,180*
	Signifikanz (1-seitig)	0,001	0,002	0,010
	N	90	90	90
Transparenz und Nachvollziehbarkeit (modifiziert)	Korrelation Kendall-Tau-b	,284**	,296**	,224**
	Signifikanz (1-seitig)	0,000	0,000	0,002
	N	90	90	90
Zeitplanung und zügiger Prozessverlauf (modifiziert)	Korrelation Kendall-Tau-b	,210**	,188**	,140*
	Signifikanz (1-seitig)	0,005	0,010	0,034
	N	90	90	90
Äußeres Erscheinungsbild (modifiziert)	Korrelation Kendall-Tau-b	0,130	,386**	0,070
	Signifikanz (1-seitig)	0,070	0,000	0,196
	N	90	90	90
Kompetenz der Ansprechpartner (modifiziert)	Korrelation Kendall-Tau-b	,169*	,215**	,166*
	Signifikanz (1-seitig)	0,027	0,006	0,022
	N	90	90	90
Eigenschaften der Tätigkeit	Korrelation Kendall-Tau-b	,459**	,466**	,348**
	Signifikanz (1-seitig)	0,000	0,000	0,000
	N	90	90	90
Eigenschaften der Organisation	Korrelation Kendall-Tau-b	,470**	,490**	,290**
	Signifikanz (1-seitig)	0,000	0,000	0,000
	N	90	90	90
Person-Job-Fit	Korrelation Kendall-Tau-b	,489**	,334**	,300**
	Signifikanz (1-seitig)	0,000	0,000	0,000
	N	90	90	90
Person-Organisation-Fit	Korrelation Kendall-Tau-b	,530**	,348**	,342**
	Signifikanz (1-seitig)	0,000	0,000	0,000
	N	90	90	90
Wahrscheinlichkeit Zusage	Korrelation Kendall-Tau-b	,217**	,152*	,142*
	Signifikanz (1-seitig)	0,005	0,033	0,035
	N	90	90	90
Wahrgenommene Alternativen	Korrelation Kendall-Tau-b	-,222**	-,182*	-,249**
	Signifikanz (1-seitig)	0,004	0,013	0,001
	N	90	90	90
** Die Korrelation ist auf dem Niveau von 0,01 (1-seitig) signifikant.				
* Die Korrelation ist auf dem Niveau von 0,05 (1-seitig) signifikant.				

Eigenschaften der Tätigkeit / Organisation / Person-Job-Fit / Person-Organisation-Fit (Hypothese 2.f-i)

In beiden Stichproben korrelierten die Eigenschaften der Tätigkeit und der Organisation mit der Haltung und der Intention, den Arbeitgeber weiterzuempfehlen (außer Eigenschaften der Tätigkeit und Intention zur Empfehlung in Stichprobe I zum ersten Befragungszeitpunkt). Zudem lässt auch die Betrachtung der Streudiagramme auf einen positiven Zusammenhang schließen. Auch die Zusammenhänge mit der Intention, ein Angebot anzunehmen, waren weitestgehend signifikant. Betrachtet man lediglich die Gruppe, die keine Zusage erhalten hat, zeigten sich auch hier signifikante Zusammenhänge für Stichprobe II, $\tau(14)=.60$, $p=.001$ für die Eigenschaften der Tätigkeit und $\tau(14)=.49$, $p=.01$ für die Eigenschaften der Organisation.

Die Zusammenhänge zwischen dem Person-Job-Fit und dem Person-Organisation-Fit mit allen Outcome-Variablen waren über die beiden Stichproben und Befragungszeitpunkte bis auf eine Ausnahme signifikant. Diese Zusammenhänge waren relativ gering, was sich auch in der visuellen Darstellung in den Streudiagrammen widerspiegelte. In der Stichprobe I in der Gruppe derer, die keine Zusage erhalten haben, zeigte sich kein Zusammenhang zwischen Person-Job-Fit und der Intention zur Annahme wohingegen dieser Zusammenhang in Stichprobe II signifikant war, $\tau(14)=.78$, $p<.001$. Die Korrelationen zwischen den Eigenschaften der Tätigkeit und der Intention, den Arbeitgeber zu empfehlen, zum ersten Befragungszeitpunkt unterschieden sich zwischen den Stichproben, in der Stichprobe I waren sie geringer. Aufgrund des Skalenniveaus der Daten und der daraus resultierenden Berechnung nonparametrischer Korrelationskennwerte, konnte die statistische Signifikanz dieser Unterschiede jedoch nicht berechnet werden. Zum zweiten Befragungszeitpunkt zeigte sich eine vergleichbare Tendenz, auch hier konnten keine statistischen Kennwerte berechnet werden.

Beim Vergleich der Kandidaten, die ein Angebot angenommen haben, und derer, die ein Angebot abgelehnt haben, zeigten sich in beiden Stichproben Unterschiede. Die Verteilungen der beiden Gruppen unterschieden sich in allen Auswertungseinheiten nicht voneinander, Kolmogorov-Smirnov $p>.05$. In Stichprobe I unterschieden sich die Gruppen hinsichtlich der Eigenschaften der Tätigkeit ($Mdn_{Annahme}=4{,}67$; $Mdn_{Absage}=4{,}00$), des Person-Job-Fits ($Mdn_{Annahme}=4{,}00$; $Mdn_{Absage}=3{,}00$) und des Person-Organisation-Fits ($Mdn_{Annahme}=4{,}00$; $Mdn_{Absage}=3{,}00$). In Stichprobe II hinsichtlich der Eigenschaften der Tätigkeit ($Mdn_{Annahme}=3{,}67$; $Mdn_{Absage}=2{,}83$), der Eigenschaften der Organisation ($Mdn_{Annahme}=3{,}83$; $Mdn_{Absage}=3{,}58$), des Person-Job-Fits ($Mdn_{Annahme}=4{,}00$; $Mdn_{Absage}=3{,}50$) und des Person-Organisation-Fits ($Mdn_{Annahme}=4{,}00$; $Mdn_{Absage}=3{,}50$). Die entsprechenden Koeffizienten zu den Tests befinden sich in Tabelle 4.14.

Tabelle 4.13: Korrelationen Input- mit Outcome-Variablen (Stichprobe II – Assessment-Center-Kandidaten / Zweiter Befragungszeitpunkt)

Korrelationen Input- mit Outputvariablen (Stichprobe II / Zweiter Befragungszeitpunkt)				
		Haltung Gesamt	Intention Empfehlung	Intention Annahme (ohne Zusage erhalten)
Augenhöhe und Wohlwollen (modifiziert)	Korrelation Kendall-Tau-b	,278**	,409**	,494**
	Signifikanz (1-seitig)	0,007	0,000	0,005
	N	48	48	16
Transparenz und Nachvollziehbarkeit (modifiziert)	Korrelation Kendall-Tau-b	,273**	,477**	,498**
	Signifikanz (1-seitig)	0,008	0,000	0,005
	N	48	48	16
Zeitplanung und zügiger Prozessverlauf (modifiziert)	Korrelation Kendall-Tau-b	,290**	,446**	,489**
	Signifikanz (1-seitig)	0,005	0,000	0,005
	N	48	48	16
Äußeres Erscheinungsbild (modifiziert)	Korrelation Kendall-Tau-b	-0,195	-0,023	0,050
	Signifikanz (1-seitig)	0,055	0,425	0,404
	N	48	48	16
Kompetenz der Ansprechpartner (modifiziert)	Korrelation Kendall-Tau-b	0,166	,432**	,498**
	Signifikanz (1-seitig)	0,085	0,000	0,007
	N	48	48	16
Eigenschaften der Tätigkeit	Korrelation Kendall-Tau-b	,441**	,446**	,599**
	Signifikanz (1-seitig)	0,000	0,000	0,001
	N	48	48	16
Eigenschaften der Organisation	Korrelation Kendall-Tau-b	,289**	,430**	,485**
	Signifikanz (1-seitig)	0,006	0,000	0,006
	N	48	48	16
Person-Job-Fit	Korrelation Kendall-Tau-b	,567**	,622**	,777**
	Signifikanz (1-seitig)	0,000	0,000	0,000
	N	48	48	16
Person-Organisation-Fit	Korrelation Kendall-Tau-b	,548**	,695**	,796**
	Signifikanz (1-seitig)	0,000	0,000	0,000
	N	48	48	16
Wahrscheinlichkeit Zusage	Korrelation Kendall-Tau-b	0,143	0,131	0,038
	Signifikanz (1-seitig)	0,108	0,123	0,424
	N	48	48	16
Wahrgenommene Alternativen	Korrelation Kendall-Tau-b	-0,140	-,187*	-0,317
	Signifikanz (1-seitig)	0,114	0,049	0,054
	N	48	48	16
** Die Korrelation ist auf dem Niveau von 0,01 (1-seitig) signifikant.				
* Die Korrelation ist auf dem Niveau von 0,05 (1-seitig) signifikant.				

Tabelle 4.14: Koeffizienten des Mann-Whitney-U-Tests in Bezug auf die Entscheidung des Kandidaten

	Stichprobe I			Stichprobe II		
	U	Z	p (1-seitig)	U	Z	p (1-seitig)
Eigenschaften der Tätigkeit	16,00	-2,88	.00	26,50	-1,71	.04
Eigenschaften der Organisation	38,00	-1,38	.09	25,00	-1,79	.04
Person-Job-Fit	29,00	-2,08	.03	20,00	-2,53	.01
Person-Organisation-Fit	28,50	-2,10	.03	26,00	-2,37	.03

Erwartung einer Zusage (Hypothese 2.j)

Die Zusammenhänge zwischen der Einschätzung der Erwartung einer Zusage und den Outcome-Variablen Haltung, Intention und Entscheidung waren kaum signifikant bzw. wiesen keine konsistenten Ergebnisse auf. Die Korrelationen der Erwartung einer Zusage mit der Haltung waren lediglich in Stichprobe II zum ersten Befragungszeitpunkt signifikant, auch die Betrachtung der Streudiagramme ließ nicht auf einen starken Zusammenhang schließen. Die Korrelationen der Erwartung einer Zusage mit der Intention, den Arbeitgeber zu empfehlen, waren nur für die Stichprobe I zum zweiten Befragungszeitpunkt, $\tau(50)=.25$, $p=.01$, und für die Stichprobe II zum ersten Befragungszeitpunkt, $\tau(88)=.15$, $p=.01$, signifikant. Betrachtet man ergänzend die Streudiagramme, zeigte sich über alle Auswertungseinheiten hinweg eine relativ breite Verteilung in Bezug auf die Erwartung einer Zusage und die Intention zur Weiterempfehlung ist bei allen Ausprägungen derer relativ unspezifisch. Größtenteils waren alle Korrelationen positiv, dennoch lassen die Signifikanzen und die visuelle Darstellung keine Bestätigung eines stabilen Zusammenhangs zu. Auch die Zusammenhänge der Erwartung einer Zusage und der Intention, ein Angebot anzunehmen, zeigten keine stabilen Ergebnisse über die Auswertungseinheiten hinweg. Es gab positive wie auch einen negativen signifikanten Zusammenhang. Für die Kandidaten, die keine Zusage erhalten haben, waren in beiden Stichproben die Zusammenhänge nicht signifikant. Betrachtet man ergänzend die Streudiagramme, zeigte sich über alle Auswertungseinheiten hinweg eine relativ breite Verteilung in Bezug auf die Erwartung einer Zusage, wohingegen bei allen Ausprägungen derer die Intention zur Angebotsannahme relativ hoch ist.

Die Berechnung der Mittelwertsunterschiede für die Entscheidung des Kandidaten mittels Mann-Whitney-U-Test wies in Stichprobe I signifikante Ergebnisse auf. Die Verteilungen der beiden Gruppen unterschieden sich nicht voneinander, Kolmogorov-Smirnov $p>.05$. Der Mann-Whitney-U-Test zeigte einen signifikanten Unterschied in den Medianen zwischen den Kandidaten, die ein Angebot angenommen haben ($Mdn=75$)

und den Kandidaten, die ein Angebot abgelehnt haben (*Mdn*=90), *U*=28,50, *Z*=-2,05, *p*=.02, *r*=-.44. Da der Medianunterschied nicht der erwarteten Richtung entsprach, wird zudem die asymptotische Signifikanz, 2-seitig, berichtet, *p*=.04. In Stichprobe II wies die Berechnung der Mittelwertsunterschiede für die Entscheidung ebenfalls signifikante Ergebnisse auf. Die Verteilungen der beiden Gruppen unterschieden sich nicht voneinander, Kolmogorov-Smirnov *p*>.05. Der Mann-Whitney-U-Test zeigte einen signifikanten Unterschied in den Medianen zwischen den Kandidaten, die ein Angebot angenommen haben (*Mdn*=77), und den Kandidaten, die ein Angebot abgelehnt haben (*Mdn*=55), *U*=15,50, *Z*=-2,32, *p*=.01, *r*=-.41.

Wahrgenommene Alternativen (Hypothese 2.k)

Die Zusammenhänge zwischen den wahrgenommenen Alternativen und den Outcome-Variablen waren negativer Ausprägung. In Bezug auf die Haltung waren in Stichprobe I zu beiden Befragungszeitpunkten und in Stichprobe II zum ersten Befragungszeitpunkt die Korrelationen signifikant. Die Streudiagramme ließen ebenfalls auf diesen negativen Zusammenhang schließen. Die Zusammenhänge zwischen den Wahrgenommenen Alternativen und der Intention, den Arbeitgeber zu empfehlen, waren nur in Stichprobe II signifikant, *τ*(88)=-.18, *p*=.01 für den ersten Befragungszeitpunkt und *τ*(46)=-.19, *p*=.05 für den zweiten Befragungszeitpunkt. Die relativ geringen Korrelationen spiegelten sich auch in den Streudiagrammen wider. Bei einer breiten Streuung in Bezug auf die Wahrgenommenen Alternativen über die gesamte Skala, war die Intention zur Empfehlung bei allen Ausprägungen der Wahrgenommenen Alternativen relativ ähnlich verteilt und lediglich im oberen Skalenbereich. Die Zusammenhänge in Bezug auf die Intention, ein Angebot anzunehmen, waren signifikant, außer in Stichprobe II zum zweiten Befragungszeitpunkt. Bei der Betrachtung der Kandidatengruppe, die keine Zusage erhalten hat, ist der Zusammenhang in Stichprobe I signifikant, *τ*(28)=-.24, *p*=.04. In Stichprobe II befindet er sich gerade an der Grenze des Signifikanzniveaus, *τ*(14)=-.32, *p*=.05.

Die Berechnung der Mittelwertsunterschiede für die Entscheidung des Kandidaten mittels Mann-Whitney-U-Test wies in Stichprobe I ein signifikantes Ergebnis auf. Die Verteilungen der beiden Gruppen unterschieden sich nicht voneinander, Kolmogorov-Smirnov *p*>.05. Der Mann-Whitney-U-Test zeigte in der Stichprobe I einen signifikanten Unterschied in den Medianen zwischen den Kandidaten, die ein Angebot angenommen haben (*Mdn* = 50) und denen, die ein Angebot abgelehnt haben (*Mdn*=90), *U*=18,50, *Z*=-2,72, *p*=.002, *r*=-.58. Der Mann-Whitney-U-Test war in der Stichprobe II nicht signifikant, *U*=36,00, *Z*=-1,149, *p*=.14, *Mdn*=71 für Annahme und *Mdn*=77,5 für Absage.

Prüfung der Voraussetzungen der multiplen linearen Regression

Damit die multiple lineare Regression angewendet werden kann, müssen verschiedene Voraussetzungen erfüllt sein (Eid et al., 2010), wie bspw. eine bestimmte Stichprobengröße (Green, 1991, zitiert nach VanVoorhis & Morgan, 2007), die Unabhängigkeit der Residuen (Eid et al., 2010), keine Multikollinearität (Eid et al., 2010; Rudolf & Müller, 2011) und eine Normalverteilung der Residuen (Eid et al., 2010; Lumley et al., 2002). Die Soll-Stichprobengröße für die multiple lineare Regression nach $N = 50 + 8 * k$ (*k* = Anzahl der Input-Variablen; Green, 1991, zitiert nach VanVoorhis &

Morgan, 2007) liegt in der vorliegenden Arbeit bei N=138, wenn alle Prädiktoren des Modells einbezogen werden, und bei N=106, wenn man Candidate Experience als einen Wert betrachtet (nicht als fünf gesonderte Aspekte). Die Ist-Stichprobengrößen weichen stark davon ab. Zum ersten Befragungszeitpunkt N=61 für Stichprobe I und N=90 für Stichprobe II. Beim zweiten Befragungszeitpunkt N=52 für Stichprobe I und N=48 für Stichprobe II. Aufgrund der zu geringen Stichprobengrößen ist von der Anwendung des Verfahrens der linearen Regression abzuraten. Auch bzgl. weiterer Voraussetzungen gab es bei der Überprüfung Einschränkungen für mehrere Outcome-Variablen, bspw. hinsichtlich der Unabhängigkeit der Residuen (Durbin-Watson-Statistik <1,5 oder >2,5), der Multikollinearität und den Tests auf Normalverteilung.

4.2.6 Einfluss der Entscheidung des Unternehmens (Hypothese 3)

Influence of the Company's Decision (Hypothesis 3)

Von den Befragten der Stichprobe I (Promovierende) gaben 48,1 % der Befragten an, dass sie eine Absage erhalten haben, 42,3 % haben eine Zusage erhalten und 9,6 % haben keine Rückmeldung vom Unternehmen erhalten. In der Stichprobe II (Assessment-Center-Kandidaten) haben 29,2 % eine Absage erhalten, 66,7 % haben eine Zusage erhalten und 4,2 % gaben an, keine Rückmeldung erhalten zu haben (siehe Abbildung 4.9).

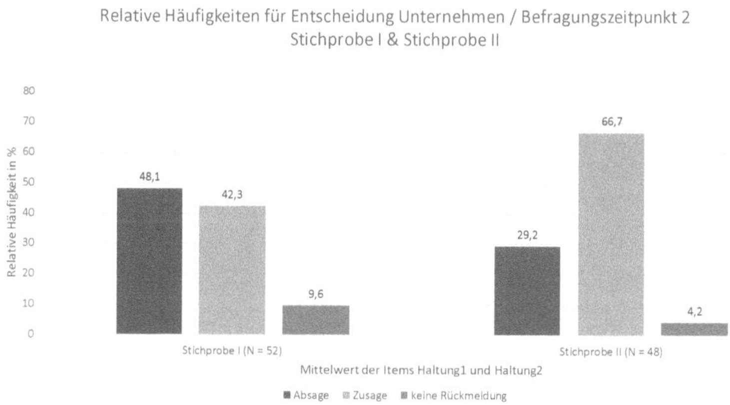

Abbildung 4.9: Relative Häufigkeiten Entscheidung Unternehmen / Zweiter Befragungszeitpunkt (Stichprobe I und II)

Zur Prüfung der Hypothese 3 wurden für die Kandidaten, die eine Absage erhalten haben, mittels Vorzeichentest alle Input- und Outcome-Variablen vom ersten Befragungszeitpunkt mit denen vom zweiten Befragungszeitpunkt verglichen. Für die Stichprobe I ist festzuhalten, dass sich bei den Kandidaten, die eine Absage erhalten haben (N=25), folgende Variablen verändert haben: die Haltung hat sich vom ersten (*Mdn*=4,5) zum zweiten Befragungszeitpunkt (*Mdn*=4,0) verringert, *p*=.004 (1-seitig), *n*=25. Außerdem hat sich die Intention, den Arbeitgeber zu empfehlen vom ersten (*Mdn*=9,00) zum zweiten Befragungszeitpunkt (*Mdn*=8,00) verringert, *p*=.01 (1-seitig), *n*=25.

Darüber hinaus wurden zur Prüfung des zweiten Teils der Hypothese mittels Mann-Whitney-U-Test der Unterschied zwischen allen Input- und Outcome-Variablen von den Kandidaten, die eine Zusage erhalten haben, und den Kandidaten, die eine Absage erhalten haben, geprüft. Die Kandidaten, die eine Absage erhalten haben, folgende Variablen niedriger beurteilt als die Kandidaten, die eine Zusage erhalten haben:

- Augenhöhe und Wohlwollen (Mdn_{Zusage}=4,44; Mdn_{Absage}=4,11); U=173,5, Z=-2,170, p=.02 (1-seitig), r=-.32[6]
- Transparenz und Nachvollziehbarkeit (Mdn_{Zusage}=4,08; Mdn_{Absage}=3,85); U=178,00; Z=-2,07, p=.02 (1-seitig), r=-.30[6]
- Zeitplanung und zügiger Prozessverlauf (Mdn_{Zusage}=4,44; Mdn_{Absage}=3,88); U=162,00, Z=-2,41, p=.01 (1-seitig), r=-.35[6]

In der Stichprobe II gab es bei den Kandidaten, die eine Absage erhalten haben (N=14), vom ersten zum zweiten Befragungszeitpunkt keine Unterschiede, p>.05. Jedoch haben die Kandidaten, die eine Absage erhalten haben, entgegen der aufgestellten Hypothesen, folgende Variable höher beurteilt als die Kandidaten, die eine Zusage erhalten haben:

- Eigenschaften der Tätigkeit (Mdn_{Zusage}=3,67; Mdn_{Absage}=4,33); U=126,5, Z=-2,361, p=.01 (1-seitig), r=-.35 (aufgrund der Richtung des Zusammenhangs entgegen der Hypothese wird zudem der asymptotische Signifikanzwert, 2-seitig, berichtet, p=.02)[6]
- Eigenschaften der Organisation (Mdn_{Zusage}=3,83; Mdn_{Absage}=4,17); U=133,5, Z=-2,183, p=.014 (1-seitig), r=-.32 (aufgrund der Richtung des Zusammenhangs entgegen der Hypothese wird zudem der asymptotische Signifikanzwert, 2-seitig, berichtet, p=.03)[6]

Bei der Interpretation der Ergebnisse zur Hypothese 3 sind die relativ geringen Stichprobengrößen zu berücksichtigen.

[6] Die Verteilungen der untersuchten Gruppen unterschieden sich nicht, Kolmogorov-Smirnov p > .05.

5 Diskussion und Implikationen

Discussion and Implications

In den ersten Absätzen dieses Kapitels werden zunächst die Besonderheiten der Stichproben sowie des Versuchsdesigns im Kontext der Informationen aus dem Methodenteil (Kapitel 4.1) sowie aus dem Ergebnisteil (insbesondere Kapitel 4.2.2 und 4.2.3) erörtert. In Kapitel 5.1 wird eine Beurteilung der entwickelten Items zur Erfassung der Candidate Experience vorgenommen. Die Besonderheit des Instrumentes und seiner Anwendung wird dabei berücksichtigt. Abschließend erfolgt ein Zwischenfazit zur Beurteilung des Instruments zur Erfassung der Candidate Experience. Im Anschluss werden die Ergebnisse in Bezug auf den Zusammenhang zwischen Input- und Outcome-Variablen diskutiert; zunächst werden allgemeine Verteilungen und Tendenzen in den Input- und Outcome-Variablen interpretiert, es folgt die Diskussion der Ergebnisse in Bezug auf die aufgestellten Hypothesen. Das Kapitel 5.2 wird mit einem Zwischenfazit zum Zusammenhang zwischen Input- und Outcome-Variablen abgeschlossen. In Kapitel 5.3 werden die Ergebnisse im Kontext des Einflusses der Entscheidung des Unternehmens diskutiert.

Aus den oben genannten Erkenntnissen werden die Forschungsfragen beantwortet und konkrete Implikationen und Handlungsempfehlungen für die Gestaltung einer positiven Candidate Experience abgeleitet. Es werden Empfehlungen für den Einsatz des entwickelten Instrumentes sowie für weitere praxisrelevante Anwendungen und mögliche Forschungsarbeiten gegeben.

Um die Diskussion der Ergebnisse im richtigen Kontext zu betrachten, wird zunächst die Besonderheit der Stichproben und der verwendeten Methode erneut hervorgehoben. Bei beiden untersuchten Stichproben handelt es sich nicht um repräsentative Stichproben, die die Grundgesamt aller Kandidaten in Bewerbungsprozessen abbilden. Die Stichproben sind beide sehr speziell – es handelt sich ausschließlich um Kandidaten mit einem sehr hohen Bildungsniveau (Bachelor / Master / Promotion) im breiten Feld der Produktionstechnik, größtenteils mit einem Studium des Maschinenbaus oder Wirtschaftsingenieurwesens. Somit stellen sie im Rahmen des in Kapitel 2.1 dargestellten durch Arbeitgeber wahrgenommenen Mangels an qualifiziertem Personal eine besonders attraktive Kandidaten-Gruppe dar. Eine weitere Besonderheit liegt in der Methode dieser Arbeit, die eine Erhebung von Daten an zwei Befragungszeitpunkten zu sehr konkret definierten Punkten im Bewerbungsprozess vorsah. Durch das spezielle Versuchsdesign konnte eine besondere Betrachtungsweise eingenommen werden. Durch die Nähe der Mitarbeiterinnen des Karrierepools zu den Kandidaten war es in der Stichprobe I (Promovierende) möglich, die Kandidaten während des Bewerbungsprozesse zu begleiten und zu den sehr bestimmten Zeitpunkten zu befragen. Die Besonderheit liegt hier darin, dass die Kandidaten sich bei unterschiedlichen Unternehmen im Prozess befanden und vor und nach dem Feedback des Unternehmens befragt wurden. Die Unternehmen, zu denen die Kandidaten (anonym) befragt wurden, wussten davon nichts und agierten somit vollkommen unvoreingenommen im realen Prozess. Auch in der Stichprobe II (Assessment-Center Kandidaten) wurde die Untersuchung so designt, dass eine Befragung vor und nach dem Feedback durch das Unternehmen erfolgen konnte – der Unterschied zu der Stichprobe I lag im Wesentlichen darin, dass die Kandidaten alle an dem gleichen Auswahlverfahren teilnahmen. Die

Besonderheit dieser Studie liegt somit in den speziellen Stichproben in Kombination mit dem Versuchsdesign, das eine Betrachtung zu mehreren Befragungszeitpunkten, insbesondere vor und nach dem Feedback durch das Unternehmen, ermöglichte. Außerdem ist hervorzuheben, dass es sich um reale – keine fiktiven oder simulierten – Bewerbungsprozesse handelte.

Auf den ersten Blick weisen die beiden Stichproben diverse Gemeinsamkeiten auf: es handelte sich bei allen Befragten um junge (Nachwuchs-) Ingenieure, alle waren auf der Suche nach einer neuen beruflichen Tätigkeit, es wurden für alle gute Chancen auf dem Arbeitsmarkt erwartet. Dennoch gibt es Unterschiede zwischen den Stichproben und im Versuchsdesign, die eine Aufteilung bei der Auswertung rechtfertigen, beispielsweise hinsichtlich der Berufserfahrung. Die Befragten der Stichprobe I (Promovierende) haben in der Regel mindestens fünf Jahre Berufserfahrung an den produktionstechnischen Instituten der RWTH Aachen University gesammelt, die sehr industrienah arbeiten. Bei den Befragten der Stichprobe II (Assessment-Center-Kandidaten) hingegen handelte es sich häufig um Absolventen eines (in der Regel ingenieurwissenschaftlichen) Studiums. Somit befanden sich die Befragten an sehr unterschiedlichen Punkten ihrer beruflichen Laufbahn.

Dies führt zu unterschiedlichen Ausgangssituationen für die Suche nach einem neuen Arbeitgeber. Die Promovierenden (Stichprobe I) bewarben sich in der Regel aus einer bestehenden Anstellung heraus und hatten häufig die Möglichkeit, ihren derzeitigen Arbeitsvertrag noch zu verlängern, sodass ein gewisses Sicherheitsgefühl zu erwarten ist. Die Befragten der Stichprobe II (Assessment-Center-Kandidaten) hingegen bewarben sich aus dem Studium auf die Stelle als Wissenschaftlicher Mitarbeiter (m/w/d) und hatten somit größtenteils noch keine finanzielle Sicherheit bzw. es ist ein größeres Risiko in dieser Situation zu erwarten. Zudem resultiert ein wesentlicher Unterschied zwischen den beiden Gruppen aus der Methode dieser Studie. Die Befragten der Stichprobe I waren bei unterschiedlichsten Unternehmen in Bewerbungsprozessen und wurden von einer unabhängigen Stelle, dem Karrierepool, befragt. Dieses Versuchsdesign für die Stichprobe I ist unter anderem ein wesentlicher Mehrwert dieser Studie (vgl. Kapitel 1.1 sowie vorangegangener Abschnitt). Die Kandidaten der Stichprobe II hingegen durchlebten alle das gleiche Auswahlverfahren für die gleiche Stelle an einem produktionstechnischen Institut der RWTH Aachen University.

In Bezug auf die Persönlichkeit der Kandidaten konnten aufgrund des Skalenniveaus, der Verteilung der Daten und der zur Verfügung stehenden Informationen zur Referenzgruppe keine validen statistischen Vergleiche mit der Referenzgruppe erfolgen. Die Prüfung der Unterschiede zwischen den beiden Stichproben wies keine signifikanten Differenzen auf – alle fünf Faktoren waren in den beiden Stichproben ähnlich ausgeprägt. Bei der Betrachtung der Werte zeigte sich für beide Stichproben eine marginal niedrigere Ausprägung der Extraversion und der Offenheit als für die Vergleichsgruppe. Hinsichtlich der Gewissenhaftigkeit und des Neurotizismus hingegen zeigte sich eine marginal höhere Ausprägung als für die Vergleichsgruppe. In Bezug auf die Verträglichkeit waren keine Unterschiede ersichtlich.

Für die berufliche Selbstwirksamkeit sind keine Werte einer Referenzgruppe vorhanden, zwischen den Stichproben zeigten sich auch hier keine signifikanten Unterschiede. Die Werte für die berufliche Selbstwirksamkeit sind sowohl in Stichprobe I (M=4,89) als auch in Stichprobe II (M=4,86) relativ hoch ausgeprägt. Eine mögliche

Erklärung hierfür könnte der hohe Bildungsstatus bzw. der bereits hohe erreichte Abschluss (in den meisten Fällen bereits Master bzw. Promotion) sein. Es ist anzunehmen, dass die Kandidaten in ihrer bisherigen beruflichen Tätigkeit (bei Stichprobe I) bzw. in ihrem Studium / studienbegleitenden Tätigkeiten (bei Stichrobe II) bereits diversen Herausforderungen begegnet sind und diese erfolgreich gemeistert haben, sodass daraus eine hohe berufliche Selbstwirksamkeit erwachsen ist. Zudem könnte auch eine hohe Ausprägung der beruflichen Selbstwirksamkeit schon vor Studien- / Berufsbeginn zur Wahl eines als anspruchsvoll bekannten Studiums / Berufes im Bereich der Produktionstechnik geführt haben.

Es ist festzuhalten, dass es Unterschiede zwischen den beiden Stichproben gibt, die die Entscheidung stützten, die Auswertung beider Stichproben gesondert durchzuführen.

5.1 Beurteilung des Instruments zur Erfassung der Candidate Experience

Assessment of the Candidate Experience Instrument

Ein wissenschaftlich fundiertes psychologisches Testverfahren unterscheidet sich grundsätzlich insofern von einer einfachen Fragensammlung als dass ersteres einer Untersuchung im Hinblick auf sogenannte Testgütekriterien unterzogen wurde (Moosbrugger & Kelava, 2012). Zudem wird ein anspruchsvolles Vorgehen in der Planungs- und Entwicklungsphase zugrunde gelegt, das unter anderem die deskriptivstatistische Evaluation der Items und die Analyse von Testwertverteilungen umfasst (Kelava & Moosbrugger, 2012). Bei der Erfassung der Candidate Experience handelt es sich nicht um ein psychologisches Testverfahren, sondern um ein von subjektiver Einschätzung geprägtes Erfassungsinstrument für die Wahrnehmung des Kandidaten im Bewerbungsprozess. Dennoch ist ein Ziel dieser Arbeit, ein anspruchsvolles und geprüftes Instrument zur Erfassung der Candidate Experience zu entwickeln. Daher wurden einige Beurteilungsmethoden psychologischer Testverfahren auf das Candidate Experience Instrument angewendet (Ergebnisse siehe Kapitel 4.2.4.1). Basis hierfür ist in der Regel die Anwendung des Fragebogens oder Testverfahrens in einer möglichst repräsentativen Stichprobe (Kelava & Moosbrugger, 2012). An dieser Stelle sei erneut darauf hingewiesen, dass es sich bei den Stichproben nicht um repräsentative, sondern um sehr spezifische Stichproben handelte. Dies stellt einen Mehrwert der vorliegenden Studie dar und stützt, ergänzend zu den oben genannten Gründen, die Annahme, dass bei den Items nicht der Anspruch besteht, einwandfreie deskriptivstatistische Eigenschaften aufzuweisen. Vielmehr würde es einem idealtypischen Bewerbungserleben entsprechen, wenn alle Items mit der maximalen Ausprägung beurteilt würden. Dennoch ist es inhaltlich sinnvoll, wenn eine gewisse Varianz in der Beantwortung der Items existiert (Itemschwierigkeit). Zudem dient die Analyse der Item-Skala-Korrelationen (korrigiert und unkorrigiert) der Untersuchung der Hypothese 1. Es ist außerdem anzumerken, dass die psychometrischen Eigenschaften nicht als strenges Ausschlusskriterium zu sehen sind – dies gilt generell in der Testtheorie und aus oben geschilderten Gründen insbesondere für die Entwicklung der Candidate Experience Items. Daher werden der theoretischen Herleitung (Kapitel 2 und Kapitel 3) und der Interpretation sowie Beurteilung auf inhaltlicher Ebene ein wesentlicher Stellenwert zugetragen. Der Betrachtung der Item-Skala-Korrelationen kommt ein hoher Stellenwert zur Untersuchung der Hypothese 1 zu.

Als Ursachen für die in Kapitel 4.2.4.1 beschriebenen Testwertverteilungen können die spezifische selektive Stichprobe sowie die Eigenschaft als Evaluationsinstrument angeführt werden. Da es sich bei beiden Stichproben um sehr qualifizierte und auf dem Arbeitsmarkt begehrte Mitarbeiter handelte, ist davon auszugehen, dass Unternehmen aufgrund des hohen Bedarfes an solchen Kandidaten versuchen, sich besonders positiv zu verhalten; ggf. ist dies bei anderen Kandidatengruppen anders. Zudem ist es auch generell nicht wünschenswert oder nachvollziehbar erklärbar, dass das Erleben im Bewerbungsprozess normalverteilt sein sollte. Die Skalen-/Item-Kennwerte wiesen insgesamt sehr zufriedenstellende Ergebnisse auf, aufgrund der Analysen war es empfehlenswert, dass an den meisten entwickelten Items festgehalten wird. Lediglich sechs Items (Details siehe Kapitel 4.2.4.1) wiesen starke Einschränkungen auf bzw. ein Entfernen der Items schien aufgrund inhaltlicher Argumente sinnvoll, sodass diese für die weiterführenden Analysen im Rahmen dieser Arbeit ausgeschlossen wurden. Dennoch ist anzumerken, dass es empfehlenswert ist, die Items in weiteren, größeren und weniger spezifizierten, Stichproben anzuwenden und zu untersuchen, um generalisierbarere Aussagen treffen zu können.

Insbesondere die korrigierten und unkorrigierten Item-Skala-Korrelationen sowie Cronbachs Alpha tragen zur Untersuchung der Hypothesen bei, die die Annahme beinhalten, dass ein korrelativer Zusammenhang zwischen den im Rahmen dieser Arbeit entwickelten Items und dem jeweils zugehörigen Aspekt der Candidate Experience besteht (Hypothesen 1.a bis 1.e). Eine grafische Darstellung der erwarteten Zusammenhänge befindet sich in Abbildung 5.1.

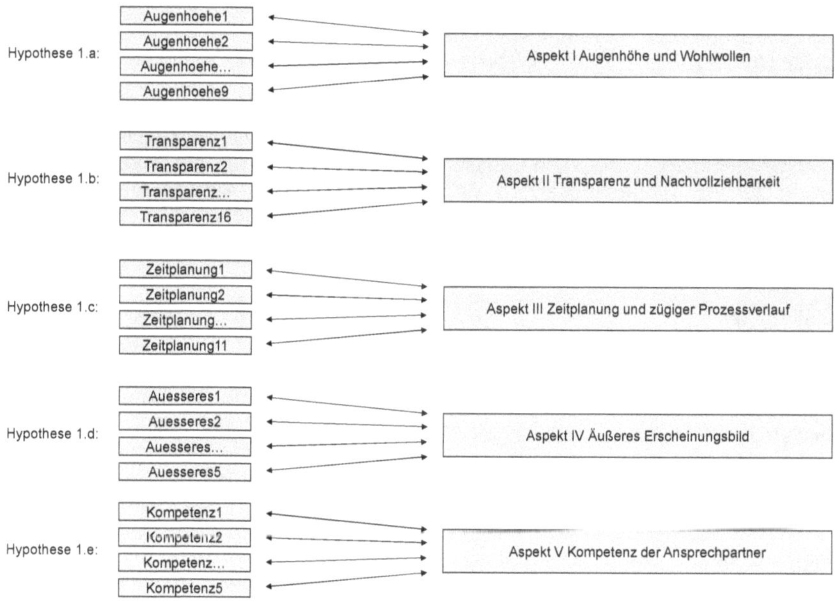

Abbildung 5.1: Grafische Darstellung der Zusammenhänge gemäß der Hypothesen 1.a bis 1.e

In Bezug auf die Hypothesen 1.a bis 1.e konnte aufgrund der Korrelationsanalysen ein zufriedenstellender Zusammenhang zwischen den einzelnen Items und den jeweils zugehörigen Aspekten festgestellt werden. Alle Items korrelierten mit den zugehörigen Aspekten. Bis auf wenige Ausnahmen war die numerische Höhe der Korrelation mit dem zugehörigen Aspekt höher ist als mit den anderen Aspekten.

In Bezug auf die Beurteilung des Instruments zur Erfassung der Candidate Experience ist darüber hinaus hinsichtlich der klassischen Testgütekriterien folgendes festzuhalten:

Objektivität

Die Fragebogenstudie wurde vollständig online am privaten Computer der jeweiligen Teilnehmer durchgeführt, sodass die Instruktion ausschließlich schriftlich über die entsprechende Plattform erfolgte. So erhielten alle Befragten die identische Instruktion. Nachfragen waren nicht möglich, da kein Testleiter vor Ort war. In dem Sinne kann die Durchführungsobjektivität als sehr gut angesehen werden. Eine indirekte Einschränkung gibt es jedoch insofern, als dass die Bitte um Teilnahme von unterschiedlichen Personengruppen ausgehen konnte. So wurden die Teilnehmer der Stichprobe I von Mitarbeiterinnen des Karrierepools, also einer unabhängigen Stelle, um Teilnahme gebeten, in der Stichprobe II ging die Bitte um Teilnahme von den Organisatoren des Auswahlverfahrens, also von Unternehmensseite, aus. Obwohl absolute Vertraulichkeit und Anonymität gewährleistet wurden, sind entsprechende Verzerrungen durch diese Unterschiede möglich. Beispielsweise sind Antworten im Sinne der sozialen Erwünschtheit denkbar, wenn die Bitte um Teilnahme von den Organisatoren des Auswahlverfahrens ausgeht. Von der Unabhängigkeit des Testergebnisses vom jeweiligen Testauswerter, der sogenannten Auswertungsobjektivität, ist in der Regel bei Multiple-Choice-Aufgaben auszugehen (Moosbrugger & Kelava, 2012), daher kann von Auswertungsobjektivität ausgegangen werden. Detaillierte Instruktionen zur Auswertung und Interpretation werden jedoch erst im Zuge der vorliegenden Arbeit entwickelt, sodass eine Beurteilung der Auswertungsobjektivität und auch der Interpretationsobjektivität noch nicht abschließend vorgenommen werden kann.

Reliabilität

Gemäß der Annahmen der Test-Retest-Reliabilität wurden die Korrelationen aller Werte vom ersten zum zweiten Befragungszeitunkt berechnet. Die Korrelationsanalysen zeigten einen signifikanten Zusammenhang aller Werte vom ersten zum zweiten Befragungszeitpunkt, sodass die Test-Retest-Reliabilität für gut befunden werden kann.

Die Paralleltest-Reliabilität war nicht ohne weiteres zu untersuchen, da kein Paralleltest durchgeführt wurde. Es ist jedoch empfehlenswert, dieses Verfahren in weiterführenden Studien zur Anwendung zu bringen. Daher wurde die Berechnung der Split-Half-Reliabilität vorgenommen.

Die Spearman-Brown-Koeffizienten für die gesamten Candidate Experience Items lagen zwischen .95 und .98. Auch die Spearman-Brown-Koeffizienten für die einzelnen Aspekte der Candidate Experience waren zu großen Teilen sehr zufriedenstellend, insbesondere für die Aspekte Augenhöhe und Wohlwollen, Transparenz und Nachvollziehbarkeit sowie Zeitplanung und zügiger Prozessverlauf. Alle Koeffizienten lagen über .8. Für den Aspekt Kompetenz der Ansprechpartner lagen alle Werte über .74. Das ist akzeptabel, aber nicht als sehr gut zu beurteilen. Für den Aspekt Äußeres Erscheinungsbild sind insbesondere für die Stichprobe I die Werte mit .48 für den ersten Befragungsteil und mit .50 für den zweiten Befragungsteil nicht zufriedenstellend. Schermelleh-Engel und Werner (2012) verweisen jedoch darauf, dass der Einsatz eines niedrig reliablen Messinstrumentes mangels Alternativen immer noch sinnvoll sein kann. Selbst gängige Testverfahren weisen teils Reliabilitäten um .7 auf. Dennoch ist der Einsatz der Skala Äußeres Erscheinungsbild in Bezug auf die Split-Half-Reliabilität kritisch zu betrachten.

Als Basis für eine hohe interne Konsistenz wurde bereits bei der Entwicklung des Fragebogens die Interrater-Übereinstimmung in Bezug auf die Zuordnung der Items zu den einzelnen Aspekten der Candidate Experience überprüft. Als entsprechendes Maß wurde Fleiss' Kappa herangezogen. Die Items wurden in diesem Entwicklungsschritt so optimiert, dass Fleiss' Kappa für die Candidate Experience Items gute Werte aufwies (Kapitel 3.6 und Kapitel 3.7). Als übliches Maß der internen Konsistenz wird darüber hinaus Cronbachs Alpha herangezogen.

Die hohen Cronbachs Alpha Werte lassen auf eine hohe interne Konsistenz in Bezug auf alle Candidate Experience Items schließen. Hier gibt es zwar hohe Zusammenhänge und Redundanzen, dies spricht aber zunächst einmal dafür, dass die einzelnen Aspekte positiv miteinander assoziiert sind. Ein positives Erleben in Bezug auf bestimmte Aspekte ist gemäß der Datenbasis in der Regel assoziiert mit einem positiven Erleben in den anderen Aspekten. Dies ist inhaltlich nachvollziehbar und bringt keinen Bedarf mit sich, Anpassungen an dem Erhebungsinstrument vorzunehmen. Theoretisch wäre zu diskutieren, ob man die Candidate Experience als Gesamtwert in der weiterführenden Betrachtungsweise berücksichtigt. Es wurde jedoch entschieden, weiterhin die fünf Aspekte getrennt zu betrachten, um einen Informationsverlust zu vermeiden. Es sind jedoch Szenarien denkbar, in denen die Betrachtung des Gesamtwerts einen wesentlichen Beitrag leisten kann. Die Daten lassen darauf schließen, dass eine Berechnung des Gesamtwertes sinnvoll ist. Ein denkbares Szenario wären weitere wissenschaftliche Untersuchungen über den Einfluss der Candidate Experience. In der praktischen Anwendung, bspw. zur Ableitung von Optimierungsmaßnahmen, ist eine Betrachtung auf Skalen- oder sogar Itemebene sinnvoller, um Informationsverlust zu vermeiden. In Verbindung mit den Resultaten der Item- und Skalenanalysen der vorangegangenen Abschnitte weist das darauf hin, dass es sich bei der Candidate Experience eher um ein eindimensionales Konstrukt handelt und die definierten Aspekte rein inhaltlicher / argumentativer Natur sind. Von einem fünf-faktoriellen Konstrukt mit den Aspekten der Candidate Experience als klar abgrenzbare Faktoren ist nicht auszugehen.

Validität

Um dem Anspruch der Inhaltsvalidität gerecht zu werden, wurde dem Design des Instrumentes ein aufwändiges Verfahren zur Entwicklung zugrunde gelegt (Kapitel 3). Dabei wurde auf theoretische Arbeiten in verschiedensten direkt und indirekt angrenzenden Themenbereichen zurückgegriffen. Außerdem wurde der Entwicklungsprozess anhand wissenschaftlicher Vorgehensweisen aufgebaut. Der gesamte Entwicklungsprozess wurde unter Einbindung von Experten durchgeführt, wie den wissenschaftlich äußerst erfahrenen Betreuern dieser Arbeit und Studierenden der Psychologie sowie der Autorin, die mehrjährige Praxiserfahrung sowohl auf Unternehmens- als auch Kandidatenseite (durch Bewerbungsberatung) vorweisen kann. Gestützt wurde der Aufbau des Instrumentes zudem von Erfahrungen direkt Betroffener, die in den explorativen Interviews mit Kandidaten, die gerade einen Bewerbungsprozess durchlaufen haben, erfragt wurden. Darüber hinaus könnte man in einer folgenden Entwicklungsstufe des Instrumentes weitere Fachleute aus Wissenschaft und Praxis einbinden, die die „inhaltliche[n] Validität durch die Autorität von Experten“ (Moosbrugger & Kelava, 2012) weiter bestärken könnten. Eine numerische Berechnung eines Maßes zur Beurteilung ist nicht vorhanden.

Um zur Augenscheinvalidität, der Nachvollziehbarkeit und Akzeptanz des Verfahrens durch die Befragten, beizutragen, wurde Wert darauf gelegt, den Befragten zu erläutern, was der Hintergrund der Befragung ist. Dies erfolgte zum einen mündlich, wenn sie auf die Befragung aufmerksam gemacht wurden, als auch in der schriftlichen Instruktion. Zudem wurden die Items jedes Aspekts mit einer Erläuterung eingeleitet, um die Nachvollziehbarkeit zu fördern. Darüber hinaus wäre es in einem nächsten Entwicklungsschritt sinnvoll, die Augenscheinvalidität bei den Teilnehmern zu erfragen.

In Bezug auf die Konstruktvalidität ist festzuhalten: da das Konstrukt der Candidate Experience oder ähnlicher Konstrukte bisher wenig erforscht ist, war die Erfassung der konvergenten Validität nicht ohne weiteres möglich. Im Rahmen dieser Arbeit wurde keine Erfassung in der Hinsicht vorgenommen. Da verschiedene Unternehmensberatungen sich mit dem Thema auseinandersetzen und auch selbst entwickelte Fragebögen verwenden, um entsprechende Erfassungen vorzunehmen, ist in einer nächsten Entwicklungsstufe denkbar, einen solchen Fragebogen zur Erfassung der konvergenten Validität heranzuziehen. Dies könnte als Anhaltspunkt dienen, bisher sind jedoch keine wissenschaftlich gestützten Verfahren bekannt. Auch die diskriminante Validität wurde im Rahmen dieser Arbeit nicht erfasst. Es ist theoretisch denkbar, einen niedrigen Zusammenhang mit der erfassten beruflichen Selbstwirksamkeit oder der Persönlichkeit nachzuweisen. Doch der Anspruch bei der diskriminanten Validität besteht darin, dass es sich um relativ konstruktnahe Tests handelt (Moosbrugger & Kelava, 2012), die im Rahmen dieser Arbeit keine Anwendung gefunden haben.

Nicht zuletzt wird bei der Betrachtung der Validität die Kriteriumsvalidität als relevant erachtet. „Ein Test weist Kriteriumsvalidität auf, wenn vom Verhalten der Testperson innerhalb der Testsituation erfolgreich auf ein „Kriterium“, nämlich auf ein Verhalten außerhalb der Testsituation, geschlossen werden kann“ (Moosbrugger & Kelava, 2012). Im Prinzip wurde das in der vorliegenden Arbeit durch den Zusammenhang zwischen der Candidate Experience und den Outcome-Variablen Haltung, Intention und Entscheidung erfasst, da es sich hierbei in Bezug auf die Candidate Experience Items um Kriterien außerhalb der Testsituation handelt. Dieser Zusammenhang wird im Rahmen der Berechnungen zu den Hypothesen 2.a bis 2.e betrachtet (siehe Kapitel 4.2.5).

Zwischenfazit zur Beurteilung des Instruments zur Erfassung der Candidate Experience

Zur Beurteilung des Instruments zur Erfassung der Candidate Experience kann festgehalten werden, dass die entwickelten Items zur Erfassung der Candidate Experience in der optimierten Itemauswahl eine fundierte Möglichkeit bieten, um die Candidate Experience zu erfassen. Die Korrelationsanalysen im Hinblick auf die Hypothesen 1.a bis 1.e lassen die Schlussfolgerung zu, dass die Hypothese 1 bestätigt werden kann. Die Gütekriterien der Objektivität, der Reliabilität und der Validität können – sofern erfasst bzw. berechnet - als gut bis sehr gut betrachtet werden. Weitere Untersuchungen sind für eine umfassende Aussage zu allen Gütekriterien notwendig. Die diskutierten Ergebnisse weisen darauf hin, dass es sich bei der Candidate Experience eher um ein Konstrukt mit verschieden inhaltlich / argumentativ definierten Themenbereichen (den fünf Aspekten) handelt, eine faktorielle Differenzierung dieser Subaspekte jedoch nicht möglich ist. Um eine abschließende Beurteilung vornehmen zu können, ist der Einbezug weiterer Maße bzw. die Durchführung weiterer Studien, wie in den vorangegangenen Abschnitten beschrieben, empfehlenswert.

5.2 Zusammenhang zwischen Input- und Outcome-Variablen

Relationship Between Input- and Outcome-Variables

In diesem Kapitel geht es um die Diskussion der Ergebnisse in Bezug auf den Zusammenhang zwischen den Input- und Outcome-Variablen. Eine Übersicht über die erwarteten Zusammenhänge gemäß der Hypothesen 2.a bis 2.k befindet sich in Abbildung 5.2.

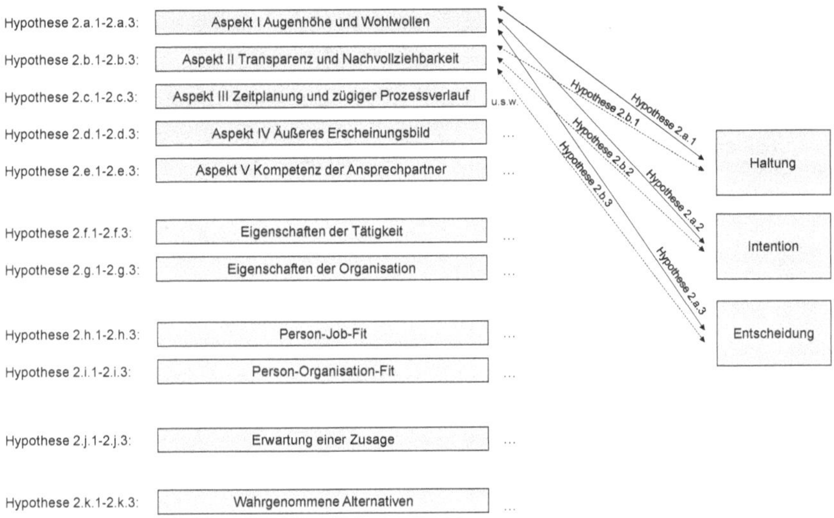

Abbildung 5.2: Grafische Darstellung der Zusammenhänge gemäß der Hypothesen 2.a bis 2.k

Bezüglich der Verteilung der Input- und Outcome-Variablen ist zunächst festzuhalten, dass alle Variablen über beide Stichproben und Befragungszeitpunkte hinweg sehr positiv bewertet wurden. Diese Tendenz geht mit einer relativ geringen Streuung der Werte einher. Als Erklärung dafür ist die Spezifität der Stichproben heranzuziehen. Es handelte sich um Kandidaten mit einem in der Regel vergleichbaren Background und Ambitionen, sie stellten eine durchaus homogene Stichprobe dar. Dies spiegelt sich auch in den erfassten Persönlichkeitsmerkmalen und der beruflichen Selbstwirksamkeit wider. Es waren keine Unterschiede zwischen den Stichproben erkennbar, was einen Vergleich der beiden Stichproben im Hinblick auf die anderen Variablen möglich macht. Zudem waren sie durchweg hoch qualifiziert, daher ist es möglich, dass sich Unternehmen hier besonders bemühen, einen positiven Bewerbungsprozess und eine positive Candidate Experience zu schaffen, sodass das Erleben der Kandidaten nur einen Ausschnitt dessen widerspiegelt, was Kandidaten generell über verschiedene Qualifizierungsniveaus, Branchen, etc. hinweg erleben. Außerdem ist es denkbar, dass auch bei weniger qualifiziertem Personal eine entsprechende Verschiebung der Verteilung vorhanden ist, da sich eine gewisse Qualität in Bewerbungsprozessen bereits branchen- und qualifizierungsübergreifend etabliert hat. Eine Normalverteilung der Werte lag bei den meisten Variablen nicht vor. Dies ist auch nicht wahrscheinlich und schon gar nicht erwünscht. Dies ist bei der Interpretation der Ergebnisse zu berücksichtigen und führt dazu, dass die Ergebnisse spezifisch betrachtet und nicht ohne Weiteres generalisiert werden können.

Im direkten Vergleich der beiden Stichproben hinsichtlich der Varianz der Werte fiel auf, dass die Varianz in Stichprobe I (Promovierende) tendenziell höher als in Stichprobe II (Assessment-Center-Kandidaten) war. Grundsätzlich ist dies sinnvoll und nachvollziehbar. Die Befragten der Stichprobe I waren bei unterschiedlichen Unternehmen in Bewerbungsprozessen, wodurch davon auszugehen ist, dass in ihrem Erleben mehr Varianz ist. Dass sich dennoch auch in der Stichprobe II, den Assessment-Center-Kandidaten, die das gleiche Auswahlverfahren erlebten, eine gewisse Varianz zeigt, stützt die grundlegenden Annahmen des Konstruktes der Candidate Experience: obwohl die Befragten der Stichprobe II das gleiche Auswahlverfahren erlebt haben, wiesen die Candidate Experience und deren Aspekte in vielen Punkte eine ähnlich hohe Varianz auf wie die Stichprobe I, die unterschiedliche Auswahlverfahren erlebt hatte. Das stärkt die Annahme, dass es sich bei der Candidate Experience um ein subjektives Empfinden der Kandidaten handelt, welches trotz vergleichbarer Erlebnisse bei jedem Kandidaten in einer anderen persönlichen Wahrnehmung und Beurteilung resultiert. Neben den beschriebenen Unterschieden hinsichtlich der Varianz sind auch einzelne Unterschiede hinsichtlich der Mediane zwischen den Stichproben erkennbar. Diese sind jedoch marginal.

Alle Input-Variablen des ersten Befragungszeitpunktes korrelierten in beiden Stichproben mit den entsprechenden Werten zum zweiten Befragungszeitpunkt. Das weist auf eine Stabilität über verschiedene Befragungszeitpunkte hinweg hin und spricht für die Zuverlässigkeit der Erhebungsmethode (siehe auch Retest-Reliabilität in Kapitel 5.1). In Bezug auf das Instrument zur Erfassung der Candidate Experience ist dies positiv hervorzuheben. Zudem ist auch argumentativ ein Zusammenhang der Werte über die verschiedenen Befragungszeitpunkte hinweg sinnvoll.

Bei der Prüfung von Unterschieden vom ersten zum zweiten Befragungszeitpunkt gab es bzgl. der Candidate Experience Aspekte kaum signifikante Unterschiede. Betrachtete man jedoch unabhängig von der Signifikanz der Unterschiede die zentralen Tendenzen, fiel auf, dass es sich mehrheitlich um eine Verringerung der Werte vom ersten zum zweiten Befragungszeitpunkt handelte. Dies weist auf veränderte Erlebnisse oder zumindest eine veränderte Wahrnehmung des Erlebten hin. Zwischen dem ersten und zweiten Befragungszeitpunkt hatte ein Großteil der Befragten beider Stichproben nur in Bezug auf Rückmeldung / Feedback Kontakt zu dem Unternehmen. Ein positives Erleben sollte auch in Bezug auf diesen Teil des Bewerbungsprozesses berücksichtigt werden. Obwohl die Unterschiede zwischen den Befragungszeitpunkten nicht signifikant waren, sollte dieser Punkt weiterhin angemessen berücksichtigt werden. In beiden Stichproben haben sich die Gesamt-Candidate-Experience-Werte vom ersten zum zweiten Befragungszeitpunkt kaum verändert. Das weist darauf hin, dass – trotz der oben beschriebenen Tendenzen der Aspekte über den Zeitverlauf – das Gesamtbild des Erlebten im Bewerbungsprozess stabil ist bzw. davon ausgegangen werden kann, dass Unternehmen sich konsistent verhalten oder, dass das einmal Erlebte eines Kandidaten im weiteren Prozessverlauf schwierig revidiert werden kann. Auch in Bezug auf die übrigen Input-Variablen gab es in beiden Stichproben keine Unterschiede vom ersten zum zweiten Befragungszeitpunkt. Dies zeigt, dass die erfassten

Merkmale über die Befragungszeitpunkte hinweg – trotz der weiteren Erlebnisse der Befragten mit den Unternehmen – sehr stabil sind.

Die Zusammenhänge zwischen den Input-Variablen sind grundsätzlich logisch nachvollziehbar, da die Konstrukte teilweise ähnliche Aspekte beinhalten oder ein Zusammenhang definitionsinhärent ist, wie beispielsweise der Zusammenhang zwischen den Eigenschaften der Tätigkeit und dem Person-Job-Fit. Aufgrund der Korrelationen können keine Aussagen über kausale Zusammenhänge getroffen werden, dennoch ist es aufgrund der relativ starken Interkorrelationen der Input-Variablen denkbar, dass diese nicht alle als unabhängige, parallel existierende Variablen betrachtet werden können. Die Interkorrelationen weisen darauf hin, dass die Variablen sich möglichweise gegenseitig beeinflussen. Doch aufgrund der vorliegenden Daten können diese Annahmen nicht verifiziert werden.

Die Analyse der korrigierten und unkorrigierten Item-Skala-Korrelationen in Kapitel 4.2.4.1 sowie Kapitel 5.1 hat gezeigt, dass die Zusammenhänge der einzelnen Items mit den zugehörigen Aspekten signifikant und in den meisten Fällen höher waren als mit den anderen Aspekten der Candidate Experience. Dennoch war dieses Bild nicht idealtypisch und wies eher auf einen Gesamtfaktor der Candidate Experience hin (siehe auch Kapitel 5.1). Die Betrachtung der Interkorrelationen der Aspekte untereinander verstärkt dieses Bild noch, da die Zusammenhänge zwischen den Aspekten über beide Befragungszeitpunkt und beide Stichproben hinweg sehr hoch waren. Die aufgestellten Hypothesen beziehen sich jedoch auf die Zusammenhänge der einzelnen Aspekte mit den Outcome-Variablen, daher wurden die Aspekte der Candidate Experience und die Betrachtung der Zusammenhänge mit den Outcome-Variablen weiterhin gesondert betrachtet.

In den Daten war eine – teilweise signifikante – Verringerung der Outcome-Variablen vom ersten zum zweiten Befragungszeitpunkt erkennbar. Der erste Befragungszeitpunkt lag unmittelbar nach den ersten Auswahlverfahren, sodass die Erfahrungen noch sehr präsent waren. Möglicherweise geraten im weiteren Prozessverlauf einzelne Aspekte in Vergessenheit, sodass beim zweiten Befragungszeitpunkt, dem nicht zwangsläufig unmittelbar ein Auswahlverfahren vorangeht, eine Beurteilung mit etwas mehr Distanz und weniger Emotionen erfolgt. Darüber hinaus ist es denkbar, dass Unternehmen Wert auf die Ausgestaltung der Auswahlverfahren legen, aber im weiteren Prozessverlauf, bspw. beim Geben von Feedback, tatsächlich die Qualität der Interaktion mit dem Kandidaten nachlässt. Die Kandidaten haben vermutlich in der Zwischenzeit auch noch weitere Informationen erhalten (z. B. Gehalt) oder andere Unternehmen in Auswahlverfahren kennengelernt, was die veränderte Beurteilung der Outcome-Variablen mit sich bringen könnte.

Der Vergleich der beiden Stichproben zeigte, dass verschiedene Input-Variablen und die Outcome-Variablen in Stichprobe II höher waren als in Stichprobe I. Gegebenenfalls waren die Kandidaten der Stichprobe I anspruchsvoller im Hinblick auf diverse Aspekte. Dadurch, dass die Kandidaten der Stichprobe II sich alle bei dem gleichen Arbeitgeber beworben haben, ist es auch denkbar, dass dieser insgesamt ein sehr gutes Bild abgibt, sodass die höhere Bewertung der Kandidaten „objektiv" begründet ist.

Zur Überprüfung der Hypothesen 2.a bis 2.k wurden die Korrelationen nach Kendall (1-seitig) zwischen den Input-Variablen und den Outcome-Variablen berechnet (Kapitel 4.2.5.3). Zudem wurden zur Interpretation die entsprechenden Streudiagramme erstellt, diese wurden jedoch nicht dargestellt. Ergänzend zu der Ergebnisdarstellung in Kapitel 4.2.5.3 wurden zur Interpretation der Korrelationen die Abbildung 5.3 bis Abbildung 5.5 erstellt. Im Folgenden werden die Ergebnisse im Hinblick auf die Zusammenhänge zwischen den Candidate Experience Aspekten sowie den übrigen Input-Variablen und den Outcome-Variablen diskutiert.

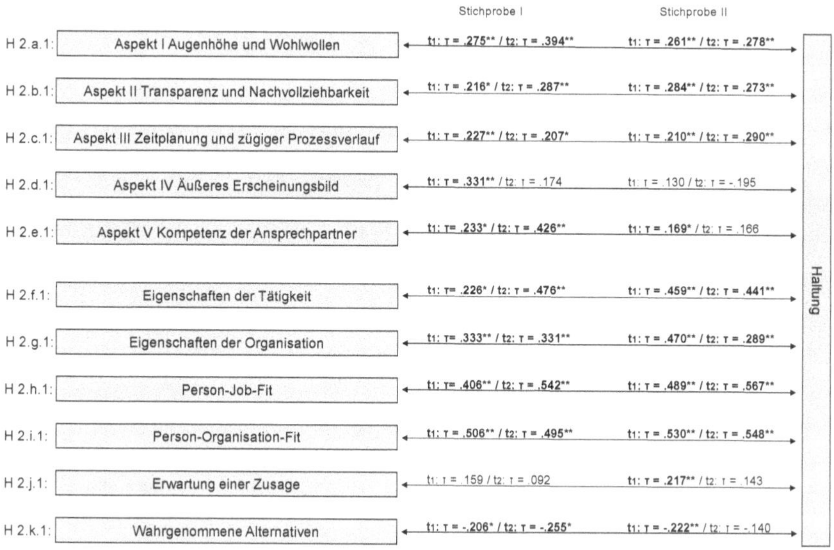

(fett** markiert): Die Korrelation (nach Kendall [τ]) ist auf dem Niveau von 0,01 (1-seitig) signifikant.
* (**fett** markiert): Die Korrelation (nach Kendall [τ]) ist auf dem Niveau von 0,05 (1-seitig) signifikant.

Abbildung 5.3: Darstellung der Zusammenhänge zwischen den Input-Variablen und der Haltung für Stichprobe I (Promovierende) und Stichprobe II (Assessment-Center-Kandidaten), jeweils für den ersten und den zweiten Befragungszeitpunkt

Aspekt I: Augenhöhe und Wohlwollen

Es wurde ein Zusammenhang zwischen dem Aspekt Augenhöhe und Wohlwollen und der Haltung, der Intention und der Entscheidung eines Kandidaten erwartet. Aufgrund der Ergebnisse kann festgehalten werden, dass der Aspekt Augenhöhe und Wohlwollen starke Zusammenhänge mit der Haltung und der Intention, den Arbeitgeber zu empfehlen, aufweist. Darüber hinaus gaben die Ergebnisse Hinweise darauf, dass der Aspekt auch in Bezug auf die Intention, ein Angebot anzunehmen, und die Entscheidung des Kandidaten relevant ist. Die Ergebnisse bzgl. der Entscheidung des Kandidaten sind als Indiz für einen Zusammenhang zwischen dem Aspekt Augenhöhe und

Wohlwollen und dieser heranzuziehen, dienen jedoch aufgrund der geringen Stichprobengröße nur bedingt als Nachweis.

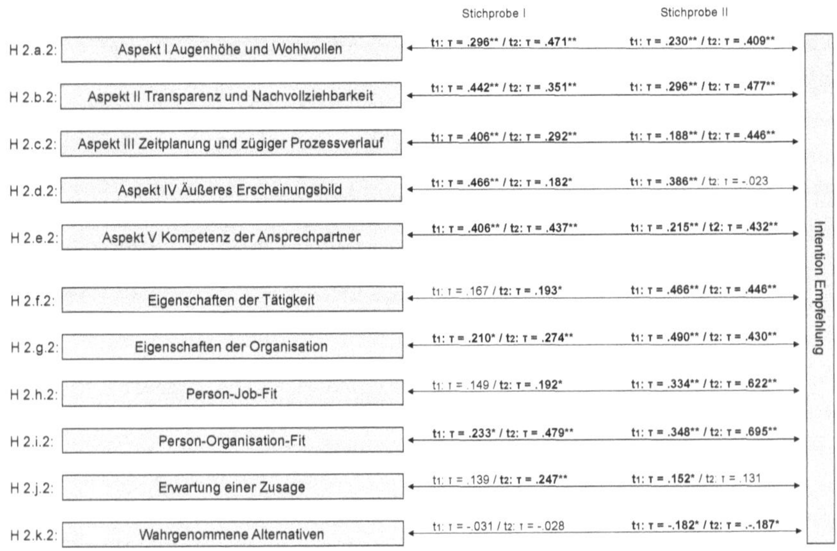

(fett** markiert): Die Korrelation (nach Kendall [τ]) ist auf dem Niveau von 0,01 (1-seitig) signifikant.
* (**fett** markiert): Die Korrelation (nach Kendall [τ]) ist auf dem Niveau von 0,05 (1-seitig) signifikant.

Abbildung 5.4: Darstellung der Zusammenhänge zwischen den Input-Variablen und der Intention, den Arbeitgeber zu empfehlen, für Stichprobe I (Promovierende) und Stichprobe II (Assessment-Center-Kandidaten), jeweils für den ersten und den zweiten Befragungszeitpunkt

Die Erwartungen bzgl. eines Zusammenhangs zwischen dem Aspekt Augenhöhe und Wohlwollen und den Outcome-Variablen basierten zum einen auf der Signaling Theory (Spence, 1973), die verschiedene Autoren bereits im Zusammenhang mit Bewerbungsprozesse aufgegriffen haben (z.B. Breaugh, 2008; Rynes & Cable, 2003 und weitere). Die Ergebnisse bestärken die Annahme, dass Kandidaten ein positives Erleben in Bezug auf Augenhöhe und Wohlwollen, als Signal für ein positives Arbeitsumfeld sehen. Auch die Annahme mit Bezug zur Social Identity Theory (z. B. Ashforth & Mael, 1989; Tajfel & Turner, 1979, 2004; Turner, 1975), dass Kandidaten zur Unterstützung ihres Selbstkonzepts wohlwollende Unternehmensvertreter als positiv wahrnehmen und sich mit ihnen identifizieren, wird durch die Ergebnisse der vorliegenden Studie bestärkt. Es ist gemäß der Ergebnisse davon auszugehen, dass ein Zusammenhang zwischen dem Aspekt Augenhöhe und Wohlwollen und der Haltung besteht; darüber hinaus weisen die Daten auch auf einen Zusammenhang des Aspekts mit der Intention des Kandidaten hin. Auch stärken die Ergebnisse die Ausführungen von Athanas und Wald (2014), die ein wertschätzendes Verhalten und individuelles Eingehen im Kontext der Candidate Experience als wichtig erachten. Aufgrund der Ergebnisse ist sogar ein Zusammenhang mit der Entscheidung des Kandidaten anzunehmen, jedoch sind hier weitere Studien mit einem größeren Stichprobenumfang empfehlenswert, um hier eine zuverlässige Aussage treffen zu können.

Aspekt II: Transparenz und Nachvollziehbarkeit

In Bezug auf den Aspekt Transparenz und Nachvollziehbarkeit wurde ebenfalls ein Zusammenhang mit der Haltung, der Intention und der Entscheidung eines Kandidaten erwartet. Die Analyse der korrelativen Zusammenhänge stützt die Annahme, dass ein positives Erleben in Bezug auf Transparenz und Nachvollziehbarkeit zu einer positiven Haltung gegenüber dem Unternehmen und einer entsprechenden Empfehlung führt. Diese Hypothese stützte sich ebenfalls auf die Signaling Theory (Spence, 1973). Aufgrund der Ergebnisse kann grundsätzlich davon ausgegangen werden, dass der Aspekt Transparenz und Nachvollziehbarkeit als Signal im Kontext dieser Theorie herangezogen wird und positiv mit den Outcomes Haltung und Intention, den Arbeitgeber zu empfehlen, assoziiert ist. Gemäß der Daten kann bestätigt werden, dass ein Zusammenhang zwischen dem Aspekt Transparenz und Nachvollziehbarkeit und der Haltung sowie der Intention, den Arbeitgeber zu empfehlen, besteht. Das stärkt auch die Annahme von Athanas und Wald (2014), dass Transparenz, Fairness und Nachvollziehbarkeit in Bezug auf die Candidate Experience wichtig sind. In Bezug auf die Intention, ein Angebot anzunehmen, und die Entscheidung waren die Ergebnisse nicht konsistent, insbesondere nicht beim zweiten Befragungszeitpunkt. Dass ein Zusammenhang des Aspekts mit der Intention, ein Angebot anzunehmen, und mit Entscheidung besteht, kann aufgrund der vorliegenden Daten daher nicht bestätigt werden. Gegebenenfalls wird das Erleben in Bezug auf Transparenz und Nachvollziehbarkeit eher zu Beginn eines Bewerbungsprozesses als Signal für Charakteristika des Arbeitgebers herangezogen. Wenn im weiteren Verlauf andere Informationen und Erfahrungen in Bezug auf den potenziellen Arbeitgeber vorliegen, verlieren diese Aspekte ggf. an Bedeutung für die Intention, ein Angebot anzunehmen und insbesondere auch für die tatsächliche Entscheidung.

Aspekt III: Zeitplanung und zügiger Prozessverlauf

Gemäß der Hypothesen wurde ein Zusammenhang des Aspektes Zeitplanung und zügiger Prozessverlauf (zum Zeitpunkt der Hypothesenbildung „Ergebnisorientierung") mit den Outcome-Variablen erwartet. Diese Hypothesen bauen auf verschiedenen vorangegangenen Studien (z.B. Chapman et al., 2005; Rynes et al., 1990) und der Einbettung dieses Aspekts im Kontext der Candidate Experience (Athanas & Wald, 2014) und der Servicequalität (Parasuraman et al., 1988) auf. In Bezug auf den Aspekt Zeitplanung und zügiger Prozessverlauf kann festgehalten werden, dass Zusammenhänge zwischen dem Aspekt und der Haltung sowie der Intention, den Arbeitgeber weiterzuempfehlen, nachweisbar waren. Auch ist aufgrund der Daten anzunehmen, dass ein Zusammenhang zwischen dem Aspekt und der Intention, ein Angebot anzunehmen, besteht. Dass ein Zusammenhang zwischen dem Aspektes Zeitplanung und zügiger Prozessverlauf und der Entscheidung besteht, war auf der vorliegenden Datenbasis nicht nachweisbar. Gegebenenfalls wird der Aspekt Zeitplanung und zügiger Prozessverlauf von Kandidaten als wichtig – wenn nicht sogar notwendig – angesehen, hat jedoch keinen Einfluss auf die tatsächliche Entscheidung des Kandidaten.

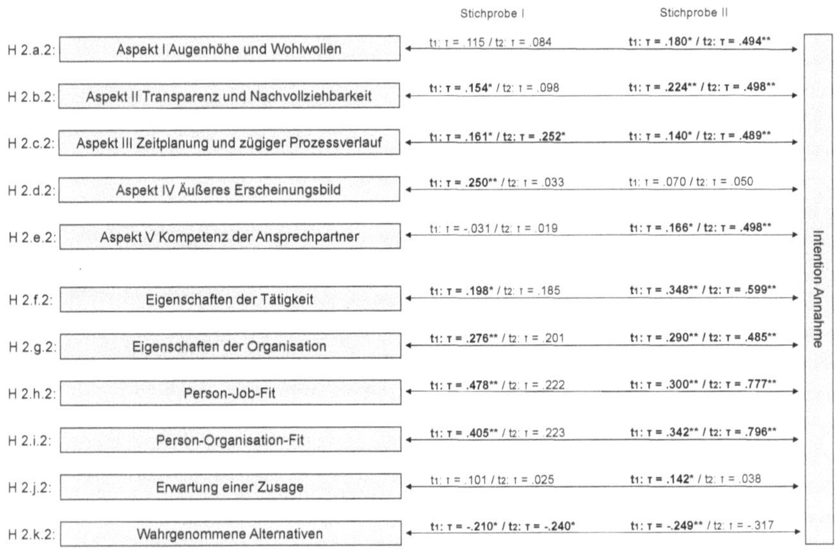

(fett** markiert): Die Korrelation (nach Kendall [τ]) ist auf dem Niveau von 0,01 (1-seitig) signifikant.
* (**fett** markiert): Die Korrelation (nach Kendall [τ]) ist auf dem Niveau von 0,05 (1-seitig) signifikant.
T2: ohne Kandidaten, die eine Zusage erhalten haben

Abbildung 5.5: Darstellung der Zusammenhänge zwischen den Input-Variablen und der Intention, ein Angebot anzunehmen, für Stichprobe I (Promovierende) und Stichprobe II (Assessment-Center-Kandidaten), jeweils für den ersten und den zweiten Befragungszeitpunkt

Aspekt IV: Äußeres Erscheinungsbild

Es wurde ein Zusammenhang vom Aspekt Äußeres Erscheinungsbild mit der Haltung, der Intention und der Entscheidung eines Kandidaten erwartet. Grundlage für diese Hypothese waren verschiedene vorangehende Studien, die bspw. einen Zusammenhang von der physischen Arbeitsumgebung und der Arbeitszufriedenheit (Raziq & Maulabakhsh, 2015) oder die Eindrücke eines Standortbesuchs im Kontext des Bewerbungsprozesses untersuchten (Turban et al., 1995). Auch wurden die Signaling Theory (Spence, 1973) sowie die Social Identity Theory (Ashforth & Mael, 1989; Tajfel & Turner, 1979, 2004; Turner, 1975) in Bezug auf das äußere Erscheinen von Unternehmensvertretern bei der theoretischen Herleitung herangezogen. Es ist jedoch festzuhalten, dass sich zwischen dem Aspekt äußeres Erscheinungsbild und den Outcome-Variablen keine konsistenten Zusammenhänge in den Ergebnissen zeigten. Es ist somit aufgrund der vorliegenden Datenbasis davon auszugehen, dass der Aspekt Äußeres Erscheinungsbild nicht mit den Outcome-Variablen Haltung, Intention und Entscheidung im Zusammenhang steht. Eine mögliche Erklärung dafür, dass keine Zusammenhänge nachgewiesen werden konnten, ist die sehr geringe Streuung der Daten. Darüber hinaus ist es jedoch auch denkbar, dass dem Aspekt Äußeres Erscheinungsbild im Kontext der Haltung, Intention und Entscheidung des Kandidaten tatsächlich einen geringeren Stellenwert einnimmt als angenommen. Auch wird aufgrund der Analyse der Korrelationen vermutet, dass der Aspekt Äußeres Erscheinungsbild eher in den früheren Phasen relevant ist. Möglicherweise greifen grundsätzlich die Mechanismen der Signaling Theory (Spence, 1973), werden dann jedoch im Laufe eines Kontaktes durch bessere „Signale" wie zum Beispiel andere Candidate Experience Aspekte, ersetzt. Auch ist es denkbar, dass das äußere Erscheinen eines Arbeitgebers sehr wichtig für Kandidaten ist, hier jedoch üblicherweise bei Arbeitgebern in Deutschland schon ein hoher Standard vorliegt – diese mögliche Erklärung ist auch konsistent mit der geringen Streuung der Daten in Bezug auf den Aspekt Äußeres Erscheinungsbild.

Aspekt V: Kompetenz der Ansprechpartner

Darüber hinaus wurde ein Zusammenhang zwischen dem Aspekt Kompetenz der Ansprechpartner und den Outcome-Variablen erwartet. Auch diese Hypothese gründet auf der Signaling Theory (Spence, 1973) sowie auf der Social Identity Theory (Ashforth & Mael, 1989; Tajfel & Turner, 1979, 2004; Turner, 1975). In Bezug auf den Aspekt Kompetenz der Ansprechpartner ist festzuhalten, dass Zusammenhänge zu der Haltung und der Intention, den Arbeitgeber zu empfehlen, bestanden. Zusammenhänge des Aspekts mit der Intention, ein Angebot anzunehmen, lagen nur teilweise in Stichprobe II vor. Aufgrund der Daten ist somit nicht von einem generalisierbaren Zusammenhang zwischen dem Aspekt Kompetenz der Ansprechpartner und der Intention, ein Angebot anzunehmen, auszugehen. Auch ist aufgrund der Daten nicht von einem Zusammenhang des Aspekts mit der Entscheidung des Kandidaten auszugehen. Möglicherweise greifen auch hier die Mechanismen der Signaling und der Social Identitiy Theory in ihren Grundsätzen und positive Assoziationen in Bezug auf die Kompetenz der Ansprechpartner wirken sich positiv auf die generelle Haltung gegenüber dem potenziellen Arbeitgeber aus. Sofern es um die Intention, ein Angebot anzunehmen, bzw. die tatsächliche Entscheidung des Kandidaten geht, rücken diese Aspekte möglicherweise in den Hintergrund.

Eigenschaften der Tätigkeit / Organisation / Person-Job-Fit / Person-Organisation-Fit

Es wurden außerdem Zusammenhänge zwischen den Eigenschaften der Tätigkeit und der Organisation, dem Person-Job-Fit und dem Person-Organisation-Fit und den Outcome-Variablen erwartet, da diese in verschiedenen vorangegangenen Studien nachgewiesen werden konnten. Lediglich in Bezug auf den Zusammenhang von Person-Job-Fit und den Outcome-Variablen waren vorangegangene Studien konträr. Die Ergebnisse der vorliegenden Studie können die erwarteten Zusammenhänge teilweise bestätigen. Sie lassen auf die erwarteten Zusammenhänge zwischen den Eigenschaften der Tätigkeit und der Organisation sowie dem Person-Job-Fit und dem Person-Organisation-Fit und den Outcome-Variablen schließen. In der Stichprobe I waren jedoch die Zusammenhänge von den Eigenschaften der Tätigkeit und dem Person-Job-Fit sowie der Intention zur Empfehlung nicht durchweg signifikant bzw. teilweise geringer als in Stichprobe II. Dies macht insofern Sinn, als dass eine ansprechende und passende Tätigkeit für den Kandidaten bzw. der entsprechende Fit weniger Relevanz für die Empfehlung bei Freunden oder Bekannten hat als bspw. die Organisation als

Ganzes. Beim Vergleich der Kandidaten, die ein Angebot angenommen haben, und derer, die ein Angebot abgelehnt haben, zeigten sich in beiden Stichproben Unterschiede. Dies lässt darauf schließen, dass eine höhere Ausprägung in den Input-Variablen eher mit einer Zusage durch den Kandidaten in Verbindung steht. Doch auch hier sind die Ergebnisse aufgrund der geringen Stichprobengröße nur eingeschränkt interpretierbar. Obwohl es einzelne statistische Abweichungen in den Zusammenhängen gab, ist grundsätzlich davon auszugehen, dass die Eigenschaften der Tätigkeit und der Organisation, der Person-Job-Fit und der Person-Organisation-Fit mit allen Outcome-Variablen positiv assoziiert sind. Dies bestärkt die vorangegangenen Studien aufgrund derer die Eigenschaften der Tätigkeit und der Organisation, der Person-Job-Fit und der Person-Organisation-Fit als wesentliche Einfluss- bzw. Entscheidungsfaktoren in Bewerbungsprozessen gesehen werden.

Erwartung einer Zusage

Auf der Basis der Expectancy Theory (Vroom, 1964, 1966) wurde ein Zusammenhang zwischen der Erwartung einer Zusage und den Outcome-Variablen Haltung, Intention und Entscheidung erwartet. Grundsätzlich lassen die Daten über die verschiedenen Stichproben, Befragungszeitpunkte und Outcome-Variablen hinweg auf einen eher positiven Zusammenhang zwischen der Erwartung einer Zusage und den Outcome-Variablen schließen. Aufgrund der Inkonsistenz in den Ergebnissen sind jedoch keine zuverlässigen Aussagen diesbezüglich zu treffen. In Betracht zu nehmen ist die Annahme, dass es sich bei der Erwartung einer Zusage nicht um eine Input-Variable handelt, die konsistent mit den Outcome-Variablen in Verbindung steht, sondern vielmehr um ein Outcome, beeinflusst durch die Candidate Experience (siehe hierzu auch die Betrachtung der Interkorrelationen der Input-Variablen, Kapitel 4.2.5.1). Das bedeutet, dass eine positive Candidate Experience zu einem positiven Gesamtgefühl führen kann und der Kandidat somit eher eine Zusage erwarten würde. Darüber hinaus ist es auch denkbar, dass Unternehmen für sich bei attraktiven Bewerber besonders positiv verhalten, wodurch ein positiver Zusammenhang zwischen der Erwartung einer Zusage und den Candidate Experience Aspekten ebenfalls erklärt werden könnte. Möglicherweise fällt es Kandidaten bei rundum sehr positivem Erleben (siehe grundsätzliche Verteilungen der Werte) auch schwer, die Erwartung einer Zusage abzuschätzen.

Wahrgenommene Alternativen

Es wurde ein Zusammenhang zwischen den wahrgenommenen Alternativen und den Outcome-Variablen erwartet. Der erwartete negative Zusammenhang spiegelte sich tendenziell in den Daten wider, war aber nicht über alle Outcome-Variablen und Auswertungseinheiten signifikant nachweisbar. Methodisch ist anzumerken, dass durch die Erfassung der Wahrgenommenen Alternativen („Wie wahrscheinlich ist es aus Ihrer Sicht, dass Sie eine gleichwertige oder bessere Stelle bei einem anderen Arbeitgeber angeboten bekommen?") eine Bewertung der Option bereits inhärent ist. Beantwortet man diese Frage mit einer hohen Ausprägung ist dies vermutlich verknüpft mit einer geringen Bewertung der Option, wohingegen eine geringe Ausprägung bei der Frage mit einer hohen Bewertung der Option einhergeht. Dies ist auch bei der Betrachtung der Interkorrelationen der Input-Variablen deutlich geworden: die Wahrgenommenen Alternativen korrelieren insbesondere mit den Eigenschaften der Tätigkeit und dem Person-Job-Fit. Daher sollte die Interpretation mit Bedacht erfolgen. Bezüglich der Wahrgenommenen Alternativen ist somit grundsätzlich von einem negativen Zusammenhang auszugehen, es ist jedoch keine zuverlässige Aussage zu treffen, da methodisch noch Optimierungsbedarf bei der Erfassung der Wahrgenommenen Alternativen besteht.

Zwischenfazit zum Zusammenhang zwischen Input- und Outcome-Variablen

In Bezug auf die Analyse der Zusammenhänge der Candidate Experience Aspekte und der Outcome-Variablen kann festgehalten werden, dass nicht alle erwarteten Zusammenhänge bestätigt werden konnten. Insbesondere in Bezug auf die Outcomes Haltung und Intention, den Arbeitgeber zu empfehlen, waren starke Zusammenhänge erkennbar. Sehr konsistent waren die Zusammenhänge der Aspekte Augenhöhe und Wohlwollen, Transparenz und Nachvollziehbarkeit sowie Zeitplanung und zügiger Prozessverlauf mit den Outcomes Haltung und Intention, den Arbeitgeber zu empfehlen. Insbesondere aufgrund der geringen Streuung und der relativ kleinen Stichproben sind diese Ergebnisse als sehr positiv zu beurteilen. Der Aspekt Äußeres Erscheinungsbild hingegen wies eher in den frühen Phasen des Prozesses Zusammenhänge auf. Möglicherweise ist dies dadurch zu erklären, dass der Aspekt relativ oberflächlich und dadurch früh im Prozess gut zu bewerten ist und im Sinne der Signaling Theory (Spence, 1973, 2002) herangezogen wird. Im weiteren Prozessverlauf gewinnen dann andere Erfahrungen und Informationen die Überhand. Der Aspekt Kompetenz der Ansprechpartner hat ebenfalls eher in Bezug auf die Haltung und die Intention, den Arbeitgeber zu empfehlen, Relevanz. Als Erklärung kann die Social Identity Theory (Ashforth & Mael, 1989; Tajfel & Turner, 1979, 2004; Turner, 1975) herangezogen werden. Die Kandidaten waren ein sehr anspruchsvolles Arbeitsumfeld und Auftreten bei sich selbst und anderen gewöhnt, sodass hierdurch der Anspruch bzw. der entsprechende Einfluss durch den Aspekt Kompetenz der Ansprechpartner erklärt werden könnte. In Bezug auf die Intention, ein Angebot anzunehmen, waren weniger Zusammenhänge nachweisbar. In Bezug auf die tatsächliche Entscheidung des Kandidaten können kaum aussagekräftige Annahmen getätigt werden, da die Stichprobengröße derer, die eine Zusage erhalten haben und somit eine Entscheidung treffen konnten, relativ gering war. Die Daten lassen auf einen Einfluss des Aspekts Augenhöhe und Wohlwollen auf die Entscheidung schließen, eine generalisierbare Aussage ist aber nicht zuverlässig nachweisbar. Hier sind weitere Untersuchungen mit mehr Befragten und einer breiteren Streuung sinnvoll. Insgesamt lassen die oben aufgeführten Ergebnisse jedoch auf eine hohe Relevanz der Candidate Experience im Bewerbungsprozess schließen.

Bezüglich der Zusammenhänge zwischen den übrigen Input-Variablen und den Outcome-Variablen ist festzuhalten, dass die Eigenschaften der Tätigkeit und der Organisation sowie der Person-Job-Fit und der Person-Organisation-Fit relativ konsistent mit den Outcome-Variablen assoziiert waren. Diese Ergebnisse waren für alle Outcome-Variablen relativ stabil. Lediglich die Zusammenhänge zwischen den Eigenschaften der Tätigkeit sowie dem Person-Job-Fit mit der Intention, den Arbeitgeber zu empfehlen, waren etwas geringer. Dies scheint sinnvoll vor der Überlegung, dass eine ansprechende und passende Tätigkeit für den Kandidaten eine geringere Relevanz für die Empfehlung bei Freunden oder Bekannten hat. Grundsätzlich ließen die Daten außerdem auf einen eher positiven Zusammenhang zwischen der Erwartung einer Zusage und den Outcome-Variablen schließen. Aufgrund der Inkonsistenz in den Ergebnissen sind jedoch auf der vorliegenden Datenbasis keine zuverlässigen Aussagen zu treffen. Auch bzgl. der Wahrgenommenen Alternativen sind keine abschließenden Aussagen zu treffen, da methodisch noch Optimierungsbedarf besteht. Dennoch ist hier wie erwartet eher von einem negativen Zusammenhang auszugehen.

Wichtig ist hinsichtlich der gesamten Interpretation, dass Korrelationen statistische Zusammenhänge beschreiben, die nicht notwendigerweise kausaler Natur sind. Dennoch kann bei einem entsprechenden Versuchsdesign verbunden mit einer inhaltlich nachvollziehbaren Argumentation von einem gewissen Ursache-Wirkungs-Zusammenhang ausgegangen werden. In der vorliegenden Studie sind die Input-Variablen gekennzeichnet durch ein Erleben des Kandidaten, die Outcome-Variablen hingegen spiegeln eine mentale Haltung bzw. ein Verhalten wider. Durch die theoretischen Überlegungen wird hier ein Ursache-Wirkungs-Zusammenhang zugrunde gelegt (Kapitel 2). Verschiedene psychologische Theorien bieten hier die Basis. Gemäß der Theory of Planned Behavior (Ajzen, 1991; Ajzen & Gilbert Cote, 2008) führen mentale / psychische Prozesse zu einer Intention, die wiederum ein Verhalten folgen lässt (Details siehe auch Kapitel 2.4.1). Auch die Expectancy Theory (Vroom, 1964) baut darauf auf, dass eine Entscheidung bzw. Intention aus dem Produkt mentaler / psychischer Prozesse und Bewertungen resultiert (Details siehe Kapitel 2.4.4). Aufgrund dieser Überlegungen kann durch die Analyse der Korrelationen eine Ursache-Wirkungs-Verbindung zwar nicht statistisch zuverlässig nachgewiesen werden, der Versuchsaufbau und die zugrunde gelegten psychologischen Theorien stärken jedoch die Annahme, dass die Verbindungen kausaler Natur sind. Um generalisierbarere Aussagen treffen zu können, ist es empfehlenswert, größere generalisierbarere Stichproben mit einer höheren Varianz in den Daten und einem größeren Anteil derer, die ein Angebot abgelehnt haben, zu untersuchen.

5.3 Einfluss der Entscheidung des Unternehmens

Influence of the Company's Decision

Es wurde erwartet, dass Kandidaten, die eine Absage erhalten, die Variablen beim zweiten Befragungszeitpunkt und im Vergleich zu Kandidaten, die eine Zusage erhalten haben, niedriger beurteilen. Es traten in Bezug auf diese Erwartungen nur wenige signifikante Effekte auf. In Stichprobe I (Promovierende) gab es nur vereinzelte Effekte, die gemäß der Erwartung signifikant waren. In Stichprobe II (Assessment-Center-Kandidaten) waren die einzigen zwei signifikanten Effekte entgegen der Erwartungen. Möglicherweise ist es den Kandidaten grundsätzlich gut möglich, eine objektive Beurteilung vorzunehmen – und auch nach einer Absage weiter beizubehalten. Dadurch, dass bei den Kandidaten ein hoher Bildungsstand vorlag, kann von einer gewissen Fähigkeit zur Selbstreflektion ausgegangen werden. Außerdem ist bei der Bewertung zu berücksichtigen, dass das gesamte Erleben der Kandidaten sehr positiv war, also ein hohes Niveau bei allen Variablen vorlag. Ein solch positives Erleben kann eventuell – ein gewisses Maß einer angemessenen Urteilsfähigkeit bei den Kandidaten vorausgesetzt – nicht im Nachhinein schlecht gemacht werden. Kritischer könnten die Effekte der Dissonanzreduktion bei negativem Erleben sein. Hier ist denkbar, dass Kandidaten nach einer Absage dramatisieren und somit ein schlechtes Bild auf das Unternehmen werfen. Diese Annahme vorausgesetzt wären insbesondere Kandidaten, die eine Absage erhalten und eine eher negative Erfahrung im Bewerbungsprozess machen, kritisch für Unternehmen.

Die Analyse der Daten wies jedoch in wenigen Fällen auch erwartete Effekte auf, also verringerte Werte bei einer Absage. Hier seien insbesondere die verringerten Werte in Stichprobe I (Promovierende) in Bezug auf die Aspekte Augenhöhe und Wohlwollen, Transparenz und Nachvollziehbarkeit, Zeitplanung und zügiger Prozessverlauf (im Vergleich zu den Kandidaten, die eine Zusage erhalten haben) sowie Haltung und Intention zur Empfehlung (im Vergleich zu vor der Absage durch das Unternehmen) genannt. Eine mögliche Erklärung dafür könnte sein, dass bei diesen Aspekten eine stärkere Subjektivität bzw. persönliche Betroffenheit vorliegt. Der Aspekt Augenhöhe und Wohlwollen umfasst sehr persönliche Empfindungen, die mit Wertschätzung und einer positiven Haltung des Gegenübers einhergehen. Eine Absage kann somit den stärker subjektiv geprägten Aspekt stärker im Sinne der Dissonanzreduktion beeinflussen. Zudem ist es auch denkbar, dass Unternehmen bei Absagen tatsächlich in der Prozessqualität nachlassen. Gegebenenfalls lassen Unternehmen bei Kandidaten, die eine Absage erhalten haben, nach – im Vergleich zum ersten Befragungszeitpunkt oder aber auch im Vergleich zu Kandidaten, die eine Zusage erhalten haben. Häufig wird zunächst priorisierten Kandidaten zugesagt und deren Rückmeldung abgewartet bis ein Feedback an die mit Priorität zwei oder drei beurteilten Kandidaten erfolgt, die dann im Zweifelsfall eine Absage erhalten. Zudem ist es auch denkbar, dass das Absagen von Kandidaten generell eine geringere Wichtigkeit für die Unternehmensvertreter hat, sodass dies zeitlich verzögert erfolgt. Gegebenenfalls haben die Kandidaten dann auch kein Interesse mehr, sodass sich eine Absage nicht negativ auf ihr Erleben auswirkt.

Zwischenfazit zum Einfluss der Entscheidung des Unternehmens

Es ist festzuhalten, dass die Entscheidung des Unternehmens den Erlebens- und Verhaltensprozess des Kandidaten nur wenig beeinflusst hat. Eine Absage durch das Unternehmen stand im Zusammenhang mit niedrigeren Werten beispielsweise in Bezug auf die Aspekte Augenhöhe und Wohlwollen, Transparenz und Nachvollziehbarkeit sowie Zeitplanung und zügiger Prozessverlauf. Das sind eher die subjektiveren, weicheren Themen. Doch insgesamt kann der Einfluss durch die Entscheidung des Unternehmens aufgrund der vorliegenden Daten nur als gering beurteilt werden

5.4 Beantwortung der Forschungsfragen

Answering the Research Questions

Die Forschungsfragen können aufgrund der Erkenntnisse der vorliegenden Studie wie folgt beantwortet werden.

I. Welche Aspekte beeinflussen das Erleben von Kandidaten im Bewerbungsprozess?

Zur Beantwortung der ersten Forschungsfrage ist auf Basis der theoriegeleiteten Herangehensweise festzuhalten, dass das Erleben von Bewerbern durch die fünf Aspekte der Candidate Experience Augenhöhe und Wohlwollen, Transparenz und Nachvollziehbarkeit, Zeitplanung und zügiger Prozessverlauf, Äußeres Erscheinungsbild sowie Kompetenz der Ansprechpartner beeinflusst wird.

II. Wie kann man die Aspekte des Erlebens von Kandidaten im Bewerbungsprozess erfassen?

Der zweiten Forschungsfrage wurde sich durch die Entwicklung des Candidate Experience Erhebungsinstruments (Kapitel 3) inkl. der beiden Vorstudien (Kapitel 3.6 und 3.7) sowie durch die psychometrische Beurteilung dessen (Kapitel 5.1) gewidmet. Resultat der iterativen Anpassungen nach den Vorstudien I und II war das finale Erhebungsinstrument zur Erfassung der Candidate Experience mit 46 Items und den Aspekten Augenhöhe und Wohlwollen (9 Items), Transparenz und Nachvollziehbarkeit (16 Items), Zeitplanung und zügiger Prozessverlauf (11 Items), Äußeres Erscheinungsbild (5 Items) sowie Kompetenz der Ansprechpartner (5 Items).

Zur Beantwortung der zweiten Forschungsfrage ist festzuhalten, dass die definierten fünf Aspekte der Candidate Experience anhand des entwickelten Erhebungsinstruments zuverlässig erfasst werden können. Das vollständige Erhebungsinstrument befindet sich in Anhang D für den ersten Befragungszeitpunkt und in Anhang E für den zweiten Befragungszeitpunkt.

Die Ergebnisse der deskriptivstatistischen Evaluation der Items sind ein Hinweis darauf, dass es sich bei den definierten Aspekten des Erhebungsinstrumentes eher um inhaltlich / argumentativ differenzierte Aspekte statt um statistisch relevante Faktoren der Candidate Experience handelt. Die Gütekriterien der Objektivität, der Reliabilität und der Validität können – sofern im Rahmen dieser Arbeit überprüft - grundsätzlich positiv beurteilt werden. Neben den geprüften Gütekriterien können in weiteren Untersuchungen noch andere Kennwerte in die Betrachtungsweise aufgenommen werden, wie beispielsweise die Berechnung der konvergenten und diskriminanten Validität (Konstruktvalidität) oder die explizite Abfrage der Augenscheinvalidität. Bei der Bewertung und Anwendung des Erhebungsinstrumentes ist zu berücksichtigen, dass es sich hierbei um eine erste Entwicklungsstufe des Verfahrens handelt und weitere Untersuchungen, Analysen und eventuelle Optimierungen empfehlenswert sind.

III. Inwieweit beeinflussen die Aspekte des Erlebens von Kandidaten im Bewerbungsprozess

a) die Haltung des Kandidaten?

b) die Intention des Kandidaten?

c) die Entscheidung des Kandidaten?

Zur Beantwortung der Forschungsfrage III kann festgehalten werden: die Aspekte der Candidate Experience, insbesondere die Aspekte Augenhöhe und Wohlwollen, Transparenz und Nachvollziehbarkeit sowie Zeitplanung und zügiger Prozessverlauf, stehen im Zusammenhang mit der Haltung eines Kandidaten gegenüber dem Unternehmen sowie der Intention, den Arbeitgeber weiterzuempfehlen. Mit der Intention, ein potenzielles Angebot anzunehmen, und der tatsächlichen Entscheidung des Kandidaten ist ebenfalls ein Zusammenhang anzunehmen, aber nicht nachweisbar. Hier sind eher die übrigen Input-Variablen assoziiert, insbesondere die Eigenschaften der Tätigkeit, der Person-Job-Fit und der Person-Organisation-Fit. Die wesentlichen nachweisbaren Zusammenhänge sind in der Abbildung 5.6 in der Übersicht dargestellt.

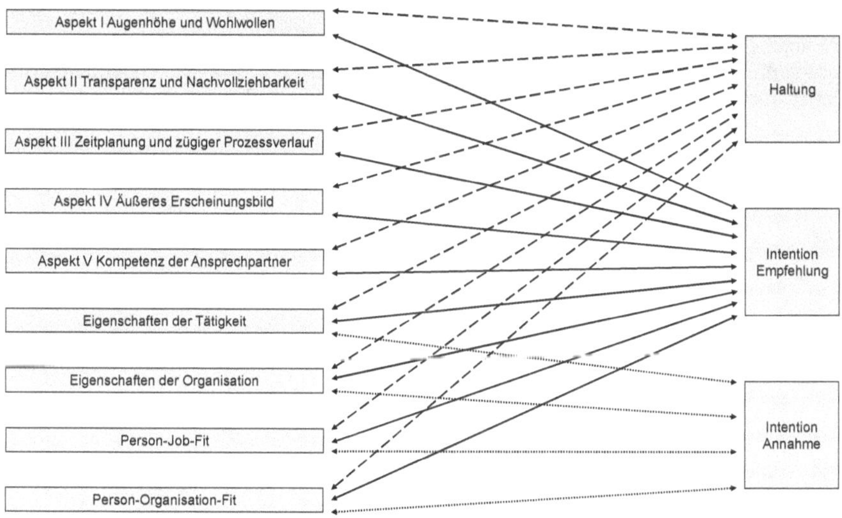

Abbildung 5.6: Übersicht über die wesentlichen Zusammenhänge zwischen Input- und Outcome-Variablen

Um generalisierbare Aussagen treffen zu können, sind weitere Studien mit heterogeneren Stichproben erforderlich. Insbesondere um die Zusammenhänge der Candidate Experience und der Intention, ein Angebot anzunehmen und der tatsächlichen Entscheidung des Kandidaten weiter zu untersuchen. Außerdem sind für aussagekräftige Analysen zu den Zusammenhängen zwischen der Erwartung einer Zusage und den Outcome-Variablen weitere Untersuchungen erforderlich. Auch in Bezug auf die Untersuchung der Zusammenhänge der Wahrgenommenen Alternativen besteht noch

Bedarf, weitere Untersuchungen durchzuführen. Methodisch besteht hier noch Optimierungsbedarf, da dem Item zur Erfassung der Wahrgenommenen Alternativen bereits eine Bewertung der entsprechenden Option inhärent ist.

IV. Inwieweit beeinflusst die Entscheidung des Unternehmens den Erlebens- und Entscheidungsprozess des Kandidaten?

Insgesamt zeigen sich bezüglich der Entscheidung des Unternehmens keine oder nur sehr geringe Effekte. Es zeigen eher die Candidate Experience Aspekte Augenhöhe und Wohlwollen, Transparenz und Nachvollziehbarkeit sowie Zeitplanung und zügiger Prozessverlauf die erwarteten Effekte im Kontext der Dissonanzreduktion, also verringerte Werte bei einer Absage. Diese Variablen sind insbesondere von starker Subjektivität geprägt. Die Candidate Experience Aspekte Äußeres Erscheinungsbild und Kompetenz der Ansprechpartner sowie die Eigenschaften der Tätigkeit und der Organisation, der Person-Job-Fit, der Person-Organisation-Fit und die Wahrgenommenen Alternativen weisen keine Veränderungen auf, die auf eine Dissonanzreduktion hinweisen. Möglicherweise ist es den Kandidaten bei diesen Variablen, die im Vergleich objektiver zu beurteilen sind, eher möglich, eine Beurteilung unabhängig von der Rückmeldung des Unternehmens vorzunehmen.

Abschließend ist zur Beantwortung der Forschungsfrage IV festzuhalten, dass aufgrund der Datenbasis nicht davon auszugehenden ist, dass die Entscheidung des Unternehmens den Erlebens- und Verhaltensprozess des Kandidaten stark beeinflusst.

5.5 Implikationen und Handlungsempfehlungen

Implications and Recommendations for Action

Durch die vorliegende Arbeit konnte die Relevanz eines Candidate Experience Managements nachgewiesen werden. Die Ergebnisse zeigen, dass es sich lohnt, systematisch die Candidate Experience als Teil des gesamten Erlebens eines Kandidaten im Bewerbungsprozess zu berücksichtigen, da eine positive Candidate Experience mit einem positiven Gesamtbild des Unternehmens und damit verbundenen Intentionen eines Kandidaten einhergeht. Zur Beantwortung der übergeordneten Fragestellung dieser Arbeit, „Wie können Unternehmen durch ein systematisches Candidate Experience Management Mitarbeiter für sich gewinnen?" wird im Folgenden dargestellt, wie man sich als Unternehmen dem Candidate Experience Management annehmen kann.

Beim Candidate Experience Management geht es um die systematische Steuerung der Candidate Experience (Verhoeven, 2016d), welche als wichtiger Teil der Strategie eines Unternehmens gesehen werden sollte (Verhoef et al., 2009). Durch den ganzheitlichen Charakter des Ansatzes sowie die diversen direkten und indirekten Kontaktpunkte, die berücksichtigt werden sollten, ist eine abteilungsübergreifende Zusammenarbeit und Umsetzung des Ansatzes unerlässlich (Meyer & Schwager, 2007; Verhoeven, 2016c). Sowohl Kootz (2014) als auch Verhoeven (2016a) empfehlen einen mehrstufigen Prozess, der im Wesentlichen zunächst von einer Analyse und Priorisierung, von einer darauf aufbauenden Entwicklung von Maßnahmen und anschließend von einer Umsetzung und einer regelmäßigen Prüfung und Optimierung geprägt ist.

Der wesentliche Gedanke des Candidate Experience Managements ist, dass die Loyalität und das Vertrauen des Kandidaten durch ein durchweg positives Gesamterlebnis, speziell abgestimmt auf seine Bedürfnisse, geschaffen wird (Meyer & Schwager, 2007; Schmitt & Mangold, 2004; Verhoef et al., 2009). Das Candidate Experience Management hat zum Ziel, alle Kontaktpunkte, die der Kandidat im Rahmen der gesamten Candidate Journey mit dem Unternehmen hat, zu gestalten (Athanas & Wald, 2014; Kootz, 2014; Verhoeven, 2016d). Zur Identifikation der Kontaktpunkte können die im Rahmen dieser Arbeit in Anlehnung an Athanas und Wald (2014) und Verhoeven (2016c) definierten Phasen der Candidate Experience dienen (siehe Kapitel 2.3.2). Im nächsten Schritt ist es wichtig, die Kontaktpunkte hinsichtlich ihrer Relevanz zu priorisieren. Als Kriterien können hier bspw. die Bedeutung für die Kandidatenbeziehung bzw. die Haltung, der Einfluss auf die Intention und das Verhalten des Kandidaten oder aber die Umsetzbarkeit seitens des Unternehmens herangezogen werden (bspw. Kootz, 2014; Verhoeven, 2016a; ergänzt um die Erkenntnisse der vorliegenden Studie). Bereits in diesem Schritt ist es notwendig, die Bedürfnisse des Kandidaten zu kennen, dessen Perspektive einzunehmen und sich als Unternehmen bewusst zu machen, welcher Eindruck beim Kandidaten erweckt wird (Berry et al., 2002; Popp, 2005). Mögliche Herangehensweisen, um sich in den Kandidaten hineinzuversetzen, sind bspw. das Candidate Journey Mapping, die Anwendung des entwickelten Erhebungsinstruments oder die Arbeit mit sogenannten Personas. Auf dieser Basis kann dann ein Konzept mit Maßnahmen entwickelt werden, das die Bedürfnisse des Kandidaten berücksichtigt und so zu einem positiven Gesamterlebnis führen kann (Popp, 2005).

Die Entwicklung der Items des im Rahmen dieser Arbeit konzipierten Erhebungsinstrumentes erfolgte, indem ein Ordnungsrahmen aus den Aspekten der Candidate

Experience und den relevanten Phasen geschaffen wurde. Ein vergleichbares Vorgehen wird auch für die Definition von Maßnahmen empfohlen. Durch die Verwendung einer Matrix aus den definierten Kontaktpunkten und den fünf Aspekten der Candidate Experience ist sichergestellt, dass alle Kontaktpunkte und Aspekte bei den Überlegungen berücksichtigt werden. Bei der Candidate Experience handelt es sich um ein subjektives Empfinden, das vom Kandidaten wahrgenommen wird. Je nach Kandidat respektive für jedes Unternehmen bzw. jede zu besetzende Stelle können somit unterschiedliche Maßnahmen sinnvoll sein. Die Definition von Maßnahmen sollte somit immer unternehmensspezifisch auf Basis der definierten Kontaktpunkte und im Abgleich mit entsprechenden Erfassungen der Candidate Experience erfolgen. Das daraus entstehende Konzept sollte als holistische Unternehmensstrategie verstanden werden, nachvollziehbar und verständlich sein und allen Mitarbeitern, die in direkter oder indirekter Form Einfluss nehmen können, bekannt sein.

Um alle Kontakte des Kandidaten mit dem Unternehmen konsistent entsprechend der Bedürfnisse des Kandidaten gestalten zu können, ist es unerlässlich, regelmäßig einen Abgleich von den Bedürfnissen und Erwartungen des Kandidaten und seinen Erlebnissen mit dem Unternehmen vorzunehmen (Berry et al., 2002; Detecon, 2010). In der sogenannten Monitoring- (Kootz, 2014) bzw. Tracking-Phase (Verhoeven, 2016a) steht somit die Analyse der tatsächlichen Bewerbererlebnisse, der Candidate Experience, im Fokus. Die regelmäßige Analyse der Candidate Experience ist notwendig, um langfristig eine positive Candidate Experience zu gewährleisten. Durch das Tracking werden kontinuierlich Handlungsfelder transparent, deren Ursache sowohl in sich verändernden Ansprüchen der Kandidaten als auch in einer veränderten Gestaltung der Kontaktpunkte durch das Unternehmen (bewusst oder unbewusst) liegen kann. Unabhängig von der Ursache ist dabei jedoch immer, was der Kandidat erlebt und wie er es empfindet. Das Aufdecken einer negativen Candidate Experience an gewissen Kontaktpunkten sollte somit immer Anlass sein, sich damit auseinanderzusetzen.

Zur Erfassung der Candidate Experience ist sowohl eine qualitative als auch eine quantitative Erhebung denkbar. Verhoeven (2016a) nennt als qualitative Verfahren zum einen retrospektive Kandidaten-Interviews, zum anderen den Einsatz sogenannter Mystery Bewerber. Bei den retrospektiven Kandidaten-Interviews handelt es sich um die Befragung von Kandidaten nach Abschluss ihres Bewerbungsprozesses, wie auch im Rahmen der explorativen Interviews der vorliegenden Studie erfolgt (siehe Kapitel 3.3). Der Einsatz von „Mystery Bewerbern" (Verhoeven, 2016a), analog zum Test-Käufer / Mystery Shopper bspw. im Einzelhandel, erfordert die Beauftragung von Externen (bspw. Agenturen, Beratungen), die sich als Kandidat in einen Bewerbungsprozess bei dem jeweiligen Unternehmen begeben. Um den tatsächlichen Abgleich der Bedürfnisse und Erwartungen des Kandidaten mit seinen Erlebnissen mit dem Unternehmen quantitativ zu erfassen, kann das entwickelte Instrument zur Erfassung der Candidate Experience herangezogen werden:

Anwendung des Erhebungsinstruments: Die Anwendung des Erhebungsinstrumentes dient der quantitativen Evaluation eines Bewerbungsprozesses mittels subjektiver Beurteilung durch einen Kandidaten. Die Anwendung ist immer dann sinnvoll, wenn ein Kandidat einen Bewerbungsprozess durchlebt oder gerade durchlebt hat. Dabei ist es sowohl denkbar, die Erhebung im laufenden Prozess durchzuführen, als auch nach Abschluss des Prozesses. Gemäß der durchgeführten Studie sind die Ergebnisse im

Laufe des Prozesses relativ stabil und weitestgehend unabhängig von der Entscheidung des Unternehmens, dennoch ist es möglich, dass es bei anderen Durchführungen entsprechende Einflüsse gibt. Sofern verschiedene Kandidaten in die Betrachtungsweise einbezogen werden sollen, ist es daher empfehlenswert, die Befragung immer zum gleichen Punkt eines Prozesses durchzuführen, bspw. nach Abschluss des vollständigen Verfahrens. Darüber hinaus ist es auch denkbar die Befragung, wie in der vorliegenden Studie, zu verschiedenen Zeitpunkten durchzuführen. Dabei ist jedoch die Praktikabilität in der Anwendungsumgebung zu berücksichtigen.

Eine Durchführung ist sowohl in einer Paper-Pencil-Form als auch online, wie in der durchgeführten Studie, möglich. Die Durchführung mit einer Online-Version hat diverse Vorteile, bspw. die Ortsunabhängigkeit, das Einrichten von Pflichtfeldern oder die vereinfachte Möglichkeit zur digitalen Extraktion der Daten. Dies setzt jedoch eine entsprechende Verfügbarkeit eines Computers oder eines anderen mobilen Endgeräts und die entsprechende Anwendung voraus. Davon kann nicht in jedem Anwendungsfeld ausgegangen werden.

In der Regel wird das Ausfüllen des Erhebungsinstruments in den denkbaren Anwendungsfeldern freiwillig sein und sollte die Candidate Experience nicht negativ – und bestenfalls sogar positiv – beeinflussen. Vor diesem Hintergrund ist es besonders wichtig, den Hintergrund und das Anliegen dieser Befragung sowie die Verwendung der Daten zu erläutern, sodass für die Kandidaten Transparenz geboten ist. Es ist sinnvoll, einen entsprechenden Leitfaden zu erstellen, sodass auch bei der Durchführung durch unterschiedliche Mitarbeiter oder an verschiedenen Zeitpunkten eine vergleichbare Erläuterung erfolgt. Eine Instruktion in schriftlicher Form kann, wie in der durchgeführten Studie, ergänzend verwendet werden.

Theoretisch ist es möglich, die Rückmeldung einzelner Kandidaten als individuelles Feedback zu betrachten und entsprechend zu bewerten. Das setzt jedoch ein großes Vertrauensverhältnis voraus. Es ist ggf. in Einzelfällen denkbar, das Instrument zur Unterstützung in einem persönlichen Feedbackgespräch (retrospektives Kandidaten-Interview) anzuwenden, evtl. speziell bei internen Bewerbern, wo bereits ein stabileres Vertrauensverhältnis besteht. Die Bereitschaft, an der Erhebung teilzunehmen und wahrheitsgetreu zu antworten, ist jedoch voraussichtlich höher, wenn Anonymität gewährleistet wird und eine Auswertung und Interpretation der Daten nur ab einer gewissen Stichprobengröße stattfindet. Daher wird empfohlen zu definieren, in welcher Form eine Auswertung der Daten erfolgt und dies dem Kandidaten gegenüber transparent zu machen. In vielen Unternehmen gibt es definierte kritische Gruppengrößen, die bspw. bei der Auswertung von Mitarbeiterbefragungen angewendet werden. Daran könnte man sich orientieren.

Bei der Interpretation der Daten ist wesentlich, dass nicht das Verhalten des Unternehmens bzw. der Unternehmensvertreter beurteilt wird, sondern das subjektive Empfinden des Kandidaten. Das heißt, das Instrument gibt keinen Aufschluss darüber, was theoretisch gut oder sinnvoll ist, sondern wie der Kandidat empfindet. Es wird im Prinzip der Erfüllungsgrad der Bedürfnisse des Kandidaten erfasst. Theoretisch kann also das exakt gleiche Verhalten eines Unternehmensvertreters bei zwei Kandidaten bei der Beurteilung der Candidate Experience zu vollkommen unterschiedlichen Ergebnissen im Erhebungsinstrument führen. Dennoch wird aufgrund der theoretischen Basis der Entwicklung des Instruments angenommen, dass sich über verschiedene

Kandidaten hinweg bei einem theoretisch identischen Verhalten des Unternehmens (-vertreters) ähnliche Tendenzen in der Beurteilung der Candidate Experience zeigen. Dennoch werden die erhobenen Daten noch Interpretationsspielraum offen lassen, durch welches tatsächlich Erlebte das Wahrnehmen des Kandidaten zustande gekommen ist. Je nach Anwendungsfall kann eine Betrachtung auf Itemebene sinnvoll sein, auf der sich das Erlebte konkreter als auf Skalenebene widerspiegelt. Doch auch hier handelt es sich um das subjektive Empfinden und nicht die tatsächliche Ursache für dieses Empfinden. Das Instrument dient also dazu, sich in den Kandidaten hineinzuversetzen und seine Bedürfnisse zu analysieren. Da es sich um die subjektive Beurteilung des Erlebens im Bewerbungsprozess handelt, besteht auch nicht der Anspruch einer psychometrischen Skala. Im Idealfall sollte das Empfinden immer sehr positiv ausgeprägt sein bzw. es sollte das Ziel eines jeden Unternehmens sein, dies zu erreichen.

Das Instrument kann als Feedbackinstrument eines einzelnen Kandidaten zu dem entsprechenden Bewerbungsprozess genutzt werden, aus o. g. Gründen wird jedoch in der praktischen Anwendung davon abgeraten. Bei der Anwendung bei mehreren Kandidaten bietet das Instrument die Möglichkeit, den Status quo des Erlebens der Kandidaten für ein Unternehmen zu erfassen. Unabhängig von Vergleichswerten wird ersichtlich, wie die Kandidaten den Prozess bei dem entsprechenden Unternehmen erlebt haben. Die verschiedenen Aspekte und Items können hinsichtlich ihrer Ausprägung verglichen werden, Stärken und Schwächen hinsichtlich der Candidate Experience können durch den Vergleich aufgedeckt werden. Dies kann als Ausgangssituation für die Einführung eines systematischen Candidate Experience Managements verwendet werden oder aber als regelmäßiges Monitoring-Instrument. Der Ansatz kann sowohl sein, sich eher schwach ausgeprägten Aspekten zu widmen, oder aber bereits positiv ausgeprägte Aspekte zu stärken.

Der Ansatz des Candidate Experience Managements beinhaltet, regelmäßig die Bedürfnisse und Erwartungen des Kandidaten zu hinterfragen und entsprechende Anpassungen vorzunehmen. Die Anwendung des Erhebungsinstrumentes ist auch im Zeitverlauf denkbar, um die Bedürfnisse und Erwartungen der Kandidaten kontinuierlich zu reviewen, Veränderungen wahrzunehmen und auch den Einfluss von initiierten Veränderungen zu prüfen (Monitoring-/Trackingphase nach Kootz, 2014 bzw. Verhoeven, 2016a). Es handelt sich dann in der Praxis voraussichtlich um verschiedene Kandidaten, die im Zeitverlauf befragt werden, dennoch lassen Tendenzen entsprechende Rückschlüsse zu. So kann das Instrument dazu dienen, einen Status Quo der Candidate Experience abzubilden, Veränderungen in der Candidate Experience von Kandidaten wahrzunehmen und diese Veränderungen – je nach Ausprägung – zu fördern oder gegenzusteuern. Darüber hinaus unterstützt es auch darin, das Thema bewusst zu machen bzw. kontinuierlich präsent zu halten.

Außerdem ist es denkbar, verschiedene Gruppen zu vergleichen. Möglich wäre es bspw. verschiedene Standorte oder Abteilungen eines Unternehmens zu vergleichen, um sicherzustellen, dass das Erleben der Kandidaten im Sinne eines ganzheitlichen Ansatzes über verschiedene Bereiche hinweg konsistent ist. Außerdem ist auch externes Benchmarking denkbar. Dies dient zum Vergleich hinsichtlich des Status quo und einer entsprechenden Einordnung des eigenen Unternehmens im Vergleich zur Branche, o. ä. Zudem ist es denkbar, aufgrund eines externen Vergleichs einen Austausch bzgl. Best Practice anzustoßen.

Wie in den vorangegangenen Abschnitten bereits aufgegriffen, gibt es diverse Anwendungsfelder für das Erfassungsinstrument für die Candidate Experience. Der Vorteil der quantitativen Erfassung der Candidate Experience gegenüber den qualitativen Methoden liegt darin, dass mit vergleichsweise geringem Aufwand eine solide Datenbasis erfasst werden kann. Durch die umfangreiche Entwicklungsphase des Instrumentes ist sichergestellt, dass die wesentlichen Phasen und Aspekte der Candidate Experience erfasst werden. Zudem ist eine Erweiterung des Instrumentes um unternehmensspezifische Aspekte möglich. Außerdem ermöglicht die quantitative Erfassung der Candidate Experience, wie in den vorangegangenen Abschnitten bereits erläutert, einen Vergleich über verschiedene Zeitpunkte und Kandidatengruppen hinweg. Nachteilig ist ein eventuelles durch die vorgegebenen Items eingeschränktes Feedback der Kandidaten mit weniger Informationsgehalt als bspw. ein qualitatives Interview. Doch eine Ergänzung des Erhebungsinstruments um qualitative Methoden ist möglich, wenn man die Datenbasis erweitern möchte.

Zur Darstellung der definierten Kontaktpunkte eines Bewerbungsprozesses und der entsprechenden qualitativen und / oder quantitativen Beurteilung derer bietet das Customer Experience Management mit dem sogenannten Customer Journey Mapping ein Instrument zur Visualisierung und inhaltlichen Arbeit, welches auf die Candidate Journey übertragen werden kann (Verhoeven, 2016c). Originär ebenfalls aus dem Customer Experience Management stammend ist das Customer Journey Mapping eine visuelle Repräsentation der gesamten Customer Journey und ihren Kontaktpunkten in Verbindung mit dem Kundenerlebnis (Marquez et al., 2015; Marquez & Downey, 2015). Details und Empfehlungen zur Anwendungen finden sich zum Beispiel bei Kootz (2014), Rosenbaum et al. (2017), Verhoef et al. (2009) oder Verhoeven (2016b).

Eine weitere Methode, die bei der Einführung bzw. Durchführung eines Candidate Experience Managements sinnvoll ist, ist die Anwendung von Personas. Diese Methode wurde ursprünglich von Alan Cooper im Bereich der Softwareentwicklung angewendet, der sogenannte Personas definiert hat, um bei der Entwicklung einer neuen Software die Bedürfnisse verschiedener potenzieller Anwender zu erfüllen (Cooper, 2004; Cooper, 2008). Bei Personas handelt es sich um Archetype eines Benutzers / Kunden, die stellvertretend für eine Gruppe mit ihren jeweiligen Anforderungen, Bedürfnissen und Wünschen stehen (Beck et al., 2005; Cooper, 2004). Übertragen auf den Bereich des Candidate Experience Managements handelt es sich bei Personas also um Archetype, die stellvertretend für eine bestimmte Kandidatengruppe stehen.

5.6 Fazit und Ausblick

Conclusion and Outlook

Aufgrund der theoretischen Überlegungen und der empirischen Untersuchung kann abschließend festgehalten werden, dass die Beurteilung eines Bewerbungsprozesses seitens des Kandidaten neben den klassischen Variablen wie den Eigenschaften der Tätigkeit und der Organisation, dem Person-Job-Fit und dem Person-Organisation-Fit durch das subjektive Erleben eines Kandidaten geprägt wird. Die sogenannte Candidate Experience kann inhaltlich geclustert werden in die Aspekte Augenhöhe und Wohlwollen, Transparenz und Nachvollziehbarkeit, Zeitplanung und zügiger Prozessverlauf, Äußeres Erscheinungsbild sowie Kompetenz der Ansprechpartner. Zur Erfassung der Candidate Experience kann das im Rahmen dieser Arbeit entwickelte Messinstrument herangezogen werden. Dabei handelt es sich um ein Verfahren, welches das subjektive Empfinden von Kandidaten erfasst. Im Prinzip wird durch das Verfahren der Bewerbungsprozess aus Sicht der Kandidaten auf der Basis einer subjektiven Einschätzung evaluiert. Das Instrument macht keine Aussage darüber, inwiefern der Prozess objektiven Kriterien genügt bzw. wie gut der Bewerbungsprozess generell gestaltet ist. Die durch das Messinstrument erfassten Aspekte bzw. das Konstrukt der Candidate Experience stehen in Zusammenhang mit der Haltung des Kandidaten gegenüber dem Unternehmen sowie der Intention, den Arbeitgeber Freunden und Bekannten zu empfehlen. Mit einer positiven Candidate Experience ist also assoziiert, dass der Kandidat dem Unternehmen gegenüber positiv eingestellt ist und es mit einer höheren Wahrscheinlichkeit weiterempfiehlt. Ein kausaler Zusammenhang ist statistisch nicht nachweisbar, jedoch aufgrund des Versuchsdesigns und argumentativer Aspekte anzunehmen. Zudem kann von einem Zusammenhang der Candidate Experience mit der Intention, ein Angebot anzunehmen, bzw. der tatsächlichen Entscheidung des Kandidaten ausgegangen werden. Neben der Candidate Experience sind auch die Eigenschaften der Tätigkeit und der Organisation, der Person-Job-Fit und der Person-Organisation-Fit positiv mit den Outcome-Variablen assoziiert. Bezüglich der Erwartung einer Zusage und den wahrgenommenen Alternativen können keine zuverlässigen Aussagen getroffen werden. Zudem ist aufgrund der Analyse der Ergebnisse nicht von einem starken Einfluss der Entscheidung des Unternehmens im Sinne der Dissonanzreduktion auszugehen.

Es wurde bereits an verschiedenen Punkten dieser Arbeit Optimierungspotenzial im Hinblick auf die durchgeführte Studie aufgeführt. In Bezug auf die Gestaltung des Erhebungsinstrumentes ist hier insbesondere die Erfassung der Wahrgenommenen Alternativen zu nennen. Die Erfassung der Wahrgenommenen Alternativen mittels des Items „Wie wahrscheinlich ist es aus Ihrer Sicht, dass Sie eine gleichwertige oder bessere Stelle bei einem anderen Arbeitgeber angeboten bekommen?“ beinhaltet bereits eine Bewertung der aktuellen Option. Beantwortet der Kandidat diese Frage mit einer hohen Ausprägung ist dies vermutlich verknüpft mit einer geringen Bewertung der Option, wohingegen eine geringe Ausprägung bei der Frage mit einer hohen Bewertung der Option einhergeht. Denkbar ist alternativ eine Beurteilung der Wahrgenommenen Alternativen unabhängig von der aktuellen Option, bspw. „Wie wahrscheinlich ist es aus Ihrer Sicht, dass Sie eine attraktive Stelle bei einem anderen Arbeitgeber angeboten bekommen?“. So könnte man der Abhängigkeit von der Bewertung der aktuellen Option entgegenwirken.

Ein interessanter Aspekt der vorliegenden Studie ist die spezifische Stichprobe hochqualifizierter Ingenieure. Genau diese Spezifität bringt jedoch auch eine eingeschränkte Generalisierbarkeit der Ergebnisse mit sich. Darüber hinaus war ein wesentlicher Mehrwert der Studie bei der Befragung der Stichprobe I die Befragung durch eine neutrale Institution (und nicht den potenziellen Arbeitgeber) sowie die Befragung von Kandidaten, die bei unterschiedlichen potenziellen Arbeitgebern im Bewerbungsprozess waren. In beiden Stichproben wurde die Befragung zu zwei sehr konkret definierten Zeitpunkten im Bewerbungsprozess durchgeführt, was die Untersuchung der Entscheidung des Unternehmens ermöglichte. Dennoch gingen diese Besonderheiten im Versuchsdesign mit relativ kleinen Stichprobengrößen einher. In weiterführenden Studien wäre es wünschenswert, auch andere Kandidaten und größere Stichproben zu untersuchen. Dabei ist es zum einen interessant, andere gefragte und qualifizierte Fachkräfte zu befragen. Zum anderen wären aber im Vergleich auch die Ergebnisse in weniger gefragten Berufsfeldern interessant, um ggf. Unterschiede feststellen zu können. Um unabhängig von spezifischen Erkenntnissen generalisierbare Aussagen treffen zu können, wären Befragungen in großen repräsentativen Stichproben wünschenswert.

Bei der Auswertung der Studie sind aufgrund der Skalenniveaus und der Verteilungen der Variablen überwiegend deskriptivstatistische Auswertungen, insbesondere Korrelationsanalysen, durchgeführt worden. In vielen Fällen wurden nonparametrische Verfahren angewendet. Darüber hinaus wäre in weiterführenden Untersuchungen die Anwendung anderer statistischer Verfahren, wie bspw. die in der vorliegenden Arbeit geprüfte multiple lineare Regression, von Interesse.

Neben den Veränderungen im methodischen Vorgehen, die Befragung von größeren und weniger spezifischen Stichproben sowie die Anwendung von anderen statistischen Verfahren ist es außerdem denkbar, noch weitere Experten aus anderen Fachbereichen wie bspw. dem Customer Experience Management oder Berater mit Erfahrungen im Candidate Experience Management einzubinden. Das würde die Möglichkeit bieten, noch andere Blickwinkel oder Praxiserfahrungen in die Betrachtungsweise einbeziehen zu können.

Da es bisher nur wenige wissenschaftliche Studien zum Thema Candidate Experience gab, wies die vorliegende Arbeit einen explorativen Charakter auf, um sich der Konkretisierung des Konstruktes anzunähern. Damit wurde eine Basis für weiterführende wissenschaftliche Untersuchungen geschaffen. Trotz der genannten Limitationen konnte mit der vorliegenden Arbeit ein wesentlicher Beitrag zum Konstrukt der Candidate Experience und damit verbundenen Erkenntnissen geleistet werden.

Die übergeordnete Frage der vorliegenden Arbeit war, wie Unternehmen durch ein systematisches Candidate Experience Management Mitarbeiter für sich gewinnen können. Die vorliegende Studie hat zunächst die Relevanz eines systematischen Candidate Experience Managements konkret im Kontext der Schwierigkeit bei der Besetzung von Stellen und generell im Kontext eines holistischen Employer Brandings gezeigt. Daher gilt es, mit Bezug auf die Aspekte Augenhöhe und Wohlwollen, Transparenz und Nachvollziehbarkeit, Zeitplanung und zügiger Prozessverlauf, Äußeres Erscheinungsbild sowie Kompetenz der Ansprechpartner eine positive Candidate Experience zu gestalten. Es kann festgehalten werden, dass es sich beim Candidate Experience Management um einen kontinuierlichen Prozess handelt, der Commitment auf

Managementebene, die Definition eines Verantwortlichen und die abteilungsübergreifende Einbindung weiterer Mitarbeiter erfordert. Sowohl bei der Einführung als auch bei der Durchführung eines systematischen Candidate Experience Managements ist es notwendig, nach einer Analyse und Priorisierung der Kontaktpunkte unter Berücksichtigung der definierten Aspekte der Candidate Experience Maßnahmen zu definieren und umzusetzen. Um nachhaltig eine positive Candidate Experience zu gewährleisten sind darüber hinaus das regelmäßige Monitoring und die daraus resultierende Optimierung unerlässlich. Zur Erfassung der Candidate Experience können sowohl qualitative als auch quantitative Verfahren herangezogen werden. Das im Rahmen dieser Arbeit entwickelte Erhebungsinstrument bietet zur regelmäßigen quantitativen Erfassung der Candidate Experience sehr gute Voraussetzungen und kann bei Bedarf um unternehmensspezifische Items oder qualitative Verfahren ergänzt werden. Darüber hinaus wurden das Candidate Journey Mapping sowie die Arbeit mit Personas als sinnvolle unterstützende Methoden im Prozess des Candidate Experience Managements beschrieben.

Ein aktueller Trend im HR geht sogar noch einen Schritt weiter: beim sogenannten „Reverse Recruiting“ werden konventionelle Ansätze der Personalgewinnung vollkommen umgekehrt. Unternehmen bewerben sich bei Kandidaten. Die Unternehmen gehen proaktiv auf Kandidaten zu, nutzen soziale Netzwerke und innovative und flexible Kommunikationswege, stellen die Vorteile und Karrieremöglichkeiten ihres Unternehmens dar und organisieren attraktive Kennenlernevents statt klassische Bewerbungsgesprächen (Maas, 2019; My Business Future, 2020; Saß, 2019). Dieses Konzept ist durchaus mit den Prinzipien der Candidate Experience vereinbar, und macht einmal mehr deutlich, welch disruptive Überlegungen und Herangehensweisen die Situation auf dem Arbeitsmarkt von den Unternehmen erfordert.

6 Literaturverzeichnis

Ajzen, I. (1991). The theory of planned behavior. *Organizational Behavior and Human Decision Processes*, *50*, 179–211.

Ajzen, I. & Gilbert Cote, N. (2008). Attitudes and the prediction of behavior. In W. D. Crano & R. Prislin (Hrsg.), *Attitudes and attitude change* (S. 289–311). Psychology Press.

Amelang, M. & Bartussek, D. (2001). *Differentielle Psychologie und Persönlichkeitsforschung* (5. Aufl.). *Kohlhammer-Standards Psychologie*. W. Kohlhammer.

Ashforth, B. E. & Mael, F. (1989). Social Identity Theory and the organization. *Academy of Management Review*, *12*(1), 20–39.

Athanas, C. & Wald, P. M. (2014). *Candidate Experience Studie: Zusammenfassung der Ergebnisse der Studie zum Bewerbungserleben von Kandidaten in Deutschland und Ableitung von Schlussfolgerungen für Recruitingstrategien sowie Employer Branding*. Berlin / München. meta HR Unternehmensberatung GmbH & stellenanzeigen.de GmbH & Co. KG. https://www.metahr.de/downloads/candidate-experience-studie-2014/

Bandura, A. (1977). Self-efficacy: Toward a Unifying Theory of Behavioral Change. *Psychological Review*, *84*(2), 191–215.

Bauer, T. N., Maertz Jr., C. P., Dolen, M. R. & Campion, M. A. (1998). Longitudinal assessment of applicant reactions to employment testing and test outcome feedback. *Journal of Applied Psychology*, *83*, 892–903.

Beck, A., Eichstädt, H., Gaiser, B., Savigny, P. von, Schubert, U. & Schweibenz, W. (2005). Personas in der Praxis. In Hassenzahl, M., Peissner, M. (Hrsg.), *Berichtband des 3. GC-UPA Tracks. Usability Professionals 2005* (S. 92–102). German Chapters der Usability Professionals Association.

Berry, L. L., Carbone, L. P. & Haeckel, S. H. (2002). Managing the total customer experience. *MIT Sloan Management Review*, *43*(3), 1–6.

Berthon, P., Ewing, M. & Hah, L. L. (2005). Captivating company: dimensions of attractiveness in employer branding. *International Journal of Advertising*, *24*, 151–172.

BMWi Bundesministerium für Wirtschaft und Energie. (2020). *Fachkräfte für Deutschland*. https://www.bmwi.de/Redaktion/DE/Dossier/fachkraeftesicherung.html

Breaugh, J. A. (2008). Employee recruitment: Current knowledge and important areas for future research. *Human Resource Management Review*, *18*(3), 103–118. https://doi.org/10.1016/j.hrmr.2008.07.003

Bundesagentur für Arbeit, S. (2020). *Arbeitsstellen im Zeitverlauf (Monatszahlen). Arbeitsmarkt in Zahlen*. https://statistik.arbeitsagentur.de/nn_31894/SiteGlobals/Forms/Rubrikensuche/Rubrikensuche_Form.html?view=processForm&resourceId=210368&input_=&pageLocale=de&topicId=17574&year_month=aktuell&year_month.GROUP=1&search=Suchen

Bundesagentur für Arbeit, Statistik / Arbeitsmarktberichterstattung. (2018). *Fachkräfteengpassanalyse*. Berichte: Blickpunkt Arbeitsmarkt.

https://statistik.arbeitsagentur.de/Statischer-Content/Arbeitsmarktberichte/Fachkraeftebedarf-Stellen/Fachkraefte/BA-FK-Engpassanalyse-2018-06.pdf

Burstedde, A., Malin, L. & Risius, P. (2017). *Fachkräfteengpässe in Unternehmen: Rezepte gegen den Fachkräftemangel: Internationale Fachkräfte, ältere Beschäftigte und Frauen finden und binden*. https://www.iwkoeln.de/fileadmin/user_upload/Studien/Gutachten/PDF/Kofa-Studie_4_2017_Fachkraefteengpaesse.pdf

Bußmann, S. (2015). Fachkräftemangel am deutschen Arbeitsmarkt. In J. Lempp, G. van der Beek & T. Korn (Hrsg.), *Aktuelle Herausforderungen in der Wirtschaftsförderung: Konzepte für eine positive regionale Entwicklung* (S. 45–50). Springer Fachmedien.

Buttle, F. (1996). SERVQUAL: review, critique, research agenda. *European Journal of Marketing*, *30*, 8–32.

Cable, D. M. & Judge, T. A. (1996). Person-organization fit, job choice decisions, and organizational entry. *Organizational Behavior and Human Decision Processes*, *67*, 294–311.

Cancom. (2018). *Erfolgreiches Recruiting: Mit diesen Strategien punkten Unternehmen im „War for Talents"*. Cancom.Info Das Business IT Journal. https://www.cancom.info/2018/02/fachkraeftemangel-war-for-talents-unternehmen-recruiting/

Carless, S. A. (2005). Person-job fit versus person-organization fit as predictors of organizational attraction and job acceptance intentions: A longitudinal study. *Journal of Occupational and Organizational Psychology*, *78*(3), 411–429. https://doi.org/10.1348/096317905X25995

Chapman, D., Uggerslev, K. L., Carroll, S. A., Piasentin, K. A. & Jones, D. A. (2005). Applicant attraction to organizations and job choice: A meta-analytic review of the correlates of recruiting outcome. *Journal of Applied Psychology*, *90*, 928–944. https://doi.org/10.1037/0021-9010.90.5.928

Chapman, D. & Webster, J. (2006). Toward an integrated model of applicant reactions and job choice. *The International Journal of Human Resource Management*, *17*(6), 1032–1057. https://doi.org/10.1080/09585190600696572

Connelly, B. L., Certo, S. T., Ireland, R. D. & Reutzel, C. R. (2010). Signaling Theory: A Review and Assessment. *Journal of Management*, *37*(1), 39–67. https://doi.org/10.1177/0149206310388419

Cooper, A. (2008). *The origin of personas*. https://www.cooper.com/journal/2008/05/the_origin_of_personas/

Cooper, A. (2004). *Inmates Are Running the Asylum, the: Why High-Tech Products Drive Us Crazy and How to Restore the Sanity* (2nd edition). Sams.

Costa, P. T., JR. & McCrae, R. R. (1992). Normal Personality Assessment in Clinical Practice: The NEO Personality Inventory. *Psychological Assessment*, *4*(1), 5–13.

Cronin, J. J., JR. & Taylor, S. A. (1992). Measuring service quality: a reexamination and extension. *Journal of Marketing*, *56*(3), 55–68.

Czepek, J., Dummert, S., Kubis, A., Leber, U., Müller, A. & Stegmaier, J. (2015). *Betriebe im Wettbewerb um Arbeitskräfte: Bedarf, Engpässe und Rekrutierungsprozesse in Deutschland* (Aktuelle Berichte 5/2015). Nürnberg.

Detecon. (2010). *Customer Experience Management in der Telekommunikationsbranche: Marktstudie und Handlungsempfehlungen zur optimalen Gestaltung von Kundenerlebnissen*. Bonn. https://www.crm-finder.ch/fileadmin/Daten/PDF/studien/Detecon_Studie_CEM_Telco.pdf

Eid, M., Gollwitzer, M. & Schmitt, M. (2010). *Stastistik und Forschungsmethoden (Kapitel 18; S.602-698)* (1. Auflage). Beltz Verlag.

Festinger, L. (2012). *Theorie der kognitiven Dissonanz* (2. Aufl.). *Psychologie-Klassiker*. Huber.

Fleiss, J. L. (1971). Measuring nominal scale agreement among many raters. *Psychological Bulletin*, *76*(5), 378–382.

Flick, U. (1999). *Qualitative Forschung.: Theorie, Methoden, Anwendung in Psychologie und Sozialwissenschaften*. Rowohlt.

Goldberg, L. R. (1990). An Alternative "Description of Personality": The Big-Five Factor Structure. *Journal of Personality and Social Psychology*, *59*(6), 1216–1229.

Hackman, J. R. & Oldham, G. R. (1976). Motivation through the design of work: test of a theory. *Organizational Behavior and Human Performance*, *16*, 250–279.

Handelsblatt. (2017). *Fachkräftemangel – Mythos oder reale Gefahr?* https://www.handelsblatt.com/unternehmen/beruf-und-buero/buero-special/thesen-im-check-fachkraeftemangel-mythos-oder-reale-gefahr/19692892.html?ticket=ST-5357838-bdmpMw6NI1N6bHDw4Tda-ap3

Harasymowicz-Birnbach, J. (2008). *Effektivitäts- und effizienzorientierte Diagnose des Wissensmanagements: Konzeptionelle Grundlagen, empirische Studien, ausgewählte Gestaltungsempfehlungen* (1. Aufl.). *Berner betriebswirtschaftliche Schriften: Band 40* [Verlag nicht ermittelbar].

Harris, M. M. & Fink, L. S. (1987). A field study of applicant reactions to employment opportunities: Does the recruiter make a difference? *Personnel Psychology*, *40*(4), 765–784. https://doi.org/10.1111/j.1744-6570.1987.tb00623.x

Hays AG. (2016). *Digitalisierung treibt den Arbeitsmarkt an Zahl der Stellenanzeigen für Fachkräfte stieg im letzten Quartal sehr deutlich an*. https://www.presseportal.de/pm/63173/3313310

Helfferich, C. (2005). *Die Qualität qualitativer Daten: Manual für die Durchführung qualitativer Interviews* (2. Auflage). VS Verlag für Sozialwissenschaften.

Hemmerich, W. (2016). *StatistikGuru: Effektstärken für den t-Test berechnen*. https://statistikguru.de/rechner/rechner-effektstaerke-t-test.html

Hillmer, G. (2018). *Gewappnet für die Zukunft*. Stuttgarter Nachrichten. https://www.stuttgarter-nachrichten.de/inhalt.berufliche-weiterbildung-gewappnet-fuer-die-zukunft.e1ca9ac8-bdb2-4f42-949e-9990d86e080b.html

Homburg, C., Giering, A. & Hentschel, F. (1998). *Der Zusammenhang zwischen Kundenzufriedenheit und Kundenbindung. Reihe: Wissenschaftliche*

Arbeitspapiere / Institut für Marktorientierte Unternehmensführung: Bd. 18. Inst. für Marktorientierte Unternehmensführung.

Hopf, C. (1978). Die Pseudo-Exploration – Überlegungen zur Technik qualitativer Interviews in der Sozialforschung. *Zeitschrift für Soziologie*, *7*(2), 97–115.

Huber, A. (2017). *Personalmanagement* (2. Aufl.). *Vahlens Kurzlehrbücher.* Franz Vahlen.

Hurni, N. (2016). Praxisbeispiel Swisscom: Entwickeln einer Candidate Experience mit Human-Centered-Design-Methoden. In T. Verhoeven (Hrsg.), *Candidate Experience: Ansätze für eine positiv erlebte Arbeitgebermarke im Bewerbungsprozess und darüber hinaus* (1. Aufl., S. 45–58). Springer Gabler.

it-daily.net. (2020). *Modernes HR-Marketing: Der „War for Talents" in 2020.* https://www.it-daily.net/it-management/projekt-portfolio-management/23225-modernes-hr-marketing-der-war-for-talents-in-2020

IW-Forschungsgruppe Konjunktur, Institut der Deutschen Wirtschaft, Köln (2017). Die deutsche Konjunktur am Limit? Fachkräftemangel als Wachstumsbremse. IW-Konjunkturprognose Herbst 2017. *IW-Trends – Vierteljahresschrift zur empirischen Wirtschaftsforschung*, *44*(4), 1–49. https://www.econstor.eu/handle/10419/175026 (Online-Sonderausgabe Nr. 2.2017).

Jozic, D. (2015). *Customer Experience Management: Eine empirische Analyse der Gestaltungsmöglichkeiten und Erfolgsauswirkungen* [Dissertation]. Universität Mannheim, Mannheim.

Judge, T. A. & Bono, J. E. (2001). Relationship of core self-evaluations traits--self-esteem, generalized self-efficacy, locus of control, and emotional stability--with job satisfaction and job performance: A meta-analysis. *Journal of Applied Psychology*, *86*(1), 80–92. https://doi.org/10.1037//0021-9010.86.1.80

Judge, T. A. & Bretz Jr., R. D. (1991). *The effects of work values on job choice decisions.* Cornell University, School of Industrial and Labor Relations, Ithaca, NY. http://digitalcommons.ilr.cornell.edu/cahrswp/355

Judge, T. A. & Cable, D. M. (1997). Applicant personality, organizational culture, and organizational attraction. *Personnel Psychology*, *50*, 359–394.

Kelava, A. & Moosbrugger, H. (2012). Deskriptivstatistische Evaluation von Items (Itemanalyse) und Testwertverteilungen. In H. Moosbrugger & A. Kelava (Hrsg.), *Springer-Lehrbuch. Testtheorie und Fragebogenkonstruktion* (2. Aufl., S. 75–102). Springer.

Kootz, J. (2014). *Kundenorientiertes Personalrecruiting: Eine empirische Untersuchung unter besonderer Berücksichtigung von Customer Experience Management* [Dissertation]. Universität Trier, Trier.

Kremer, K. (2016). *Strategische Personalbeschaffung.: Anforderungen an eine positive Candidate Experience*. Bachelorarbeit. GRIN.

Kristof, A. L. (1996). Person-organization fit: an integrative review of its conceptualizations, measurement, and implications. *Personnel Psychology*, *49*, 1–49.

Kristof-Brown, A. L., Zimmerman, R. D. & Johnson, E. C. (2005). Consequences of individuals' fit at work: a meta-analysis of person-job, person-organization, person-group, and person-supervisor fit. *Personnel Psychology*(58), 281–342.

Laloux, F. (2015). *Reinventing Organisations: Ein Leitfaden zur Gestaltung sinnstiftender Formen der Zusammenarbeit*. Franz Vahlen.

Landis, J. R. & Koch, G. G. (1977). The measurement of observer agreement for categorial data. *Biometrics*, *33*(1), 159–174.

Lenhard, W. & Lenhard, A. (2016). *Computation of Effect Sizes*. Dettelbach. Psychometrica. https://www.psychometrica.de/effektstaerke.html https://doi.org/10.13140/RG.2.2.17823.92329

Lumley, T., Diehr, P., Emerson, S. & Chen, L. (2002). The Importance of the Normality Assumption in Large Public Health Data Sets. *Annual Review of Public Health*(23), 151–169. https://www.annualreviews.org/doi/10.1146/annurev.publhealth.23.100901.140546

Maas, S. (2019, 4. Dezember). *Reverse Recruiting: Die besten Leute gewinnen*. https://talente.co/reverse-recruiting/3592/reverse-recruiting/

Macan, T. H. & Dipboye, R. L. (1990). The Relationship of Interviewers' Preinterview Impressions to Selection and Recruitment Outcomes. *Personnel Psychology*, *43*, 745–768.

ManpowerGroup. (2015). *Studie Fachkräftemangel: Deutsche Wirtschaft muss Aufträge ablehnen* (Studie Fachkräftemangel). https://www.manpower.de/fileadmin/user_upload/2015_06_22_MPG_TalentShortageSurvey_Broschuere_Deutschland_8Seiten.pdf

Marquez, J. & Downey, A. (2015). Service Design: An Introduction to a Holistic Assessment Methodology of Library Services. *Weave: Journal of Library User Experience*, *1*(2). https://doi.org/10.3998/weave.12535642.0001.201

Marquez, J., Downey, A. & Clement, R. (2015). Walking a Mile in the User's Shoes: Customer Journey Mapping as a Method to Understanding the User Experience. *Internet Reference Services Quarterly*, *20*(3-4), 135–150. https://doi.org/10.1080/10875301.2015.1107000

Mayer, H. O. (2008). *Interview und schriftliche Befragung: Entwicklung Durchführung Auswertung* (6. Auflage). Oldenbourg.

McCarthy, J. M., Bauer, T. N., Truxillo, D. M., Campion, M. C., van Iddekinge, C. H. & Campion, M. A. (2018). Improving the Candidate Experience. *Organizational Dynamics*, *47*(3), 147–154. https://doi.org/10.1016/j.orgdyn.2018.05.004

Meyer, C. & Schwager, A. (2007). Understanding Customer Experience. *Harvard Business Review*, 1–11.

Moosbrugger, H. & Kelava, A. (2012). Qualitätsanforderungen an einen psychologischen Test (Testgütekriterien). In H. Moosbrugger & A. Kelava (Hrsg.), *Springer-Lehrbuch. Testtheorie und Fragebogenkonstruktion* (2. Aufl., S. 8–26). Springer.

Moser, K., Soucek, R., Galais, N. & Roth, C. (2018). *Onboarding - Neue Mitarbeiter integrieren* (1. Aufl.). *Praxis der Personalpsychologie: Band 37*. Hogrefe. https://elibrary.hogrefe.de/9783840928499

My Business Future. (2020). *Reverse Recruiting: Unternehmen sind die neuen Bewerber*. https://mybusinessfuture.com/reverse-recruiting/

Nicolai, C. (2018). *Personalmanagement* (5. Aufl.). *wisu texte: Bd. 8323*. UVK Verlagsgesellschaft mbH.

Otto, A. H. & Stiller, S. (2009). *Demografischer Wandel und Arbeitskräfteangebot: Perspektiven und Handlungsoptionen für hamburgische Unternehmen*. Hamburgisches WeltWirtschaftsInstitut (HWWI). HWWI Policy Report. http://www.hwwi.org/fileadmin/hwwi/Publikationen/Policy/HWWI_Policy_Report_Nr._12.pdf

Parasuraman, A., Zeithaml, V. A. & Berry, L. L. (1988). SERVQUAL: A multiple-item scale for measuring consumer perceptions of service quality. *Journal of Retailing*, *64*, 12–40.

Popp, W. (2005). *Customer Experience (CEX) und Weiterempfehlungsverhalten: theoretische Bezüge und Managementimplikationen*. *Schriftenreihe Schwerpunkt Marketing: Bd. 161*. FGM-Verlag.

Porst, R. (1998). *Im Vorfeld der Befragung: Planung, Fragebogenentwicklung, Pretesting* (ZUMA-Arbeitsbericht, 1998/02). http://nbn-resolving.de/urn:nbn:de:0168-ssoar-200484

Rammstedt, B., Kemper, C. J., Klein, M. C., Beierlein, C. & Kovaleva, A. (2014). *Big Five Inventory (BFI-10)*. Zusammenstellung sozialwissenschaftlicher Items und Skalen. https://doi.org/10.6102/zis76

Rammstedt, B., Kemper, C. J., Klein, M. C., Beierlein, C. & Kovaleva, A. (2013). A Short Scale for Assessing the Big Five Dimensions of Personality: 10 Item Big Five Inventory (BFI-10). *methoden, daten, analysen*, *7*, 233–249. https://doi.org/10.12758/mda.2013.013

Raziq, A. & Maulabakhsh, R. (2015). Impact of Working Environment on Job Satisfaction. *Procedia Economics and Finance*, *23*, 717–725. https://doi.org/10.1016/S2212-5671(15)00524-9

Reichheld, F. F. (2003). The one number you need to grow. *Harvard Business Review*, 1–11.

Rigotti, T., Schyns, B. & Mohr, G. (2008). A Short Version of the Occupational Self-Efficacy Scale: Structural and Construct Validity Across Five Countries. *Journal of Career Assessment*, *16*(2), 238–255. https://doi.org/10.1177/1069072707305763

Rosenbaum, M. S., Otalora, M. L. & Ramírez, G. C. (2017). How to create a realistic customer journey map. *Business Horizons*, *60*(1), 143–150. https://doi.org/10.1016/j.bushor.2016.09.010

Rudolf, M. & Müller, J. (2011). *Multivariate Verfahren: Eine praxisorientierte Einführung mit Anwendungsbeispielen in SPSS* (2. Auflage). Hogrefe.

Ryan, A. M. & Ployhart, R. E. (2000). Applicants' Perceptions of Selection Procedures and Decisions: A Critical Review and Agenda for the Future. *Journal of Management*, *26*(3), 565–606.

Rynes, S. L. (1998). *Recruitment, Job Choice, and Post-Hire Consequences: A Call for New Research Directions (CAHRS Working Paper #89-07).* Cornell University, Ithaca, NY. http://digitalcommons.ilr.cornell.edu/cahrswp/398

Rynes, S. L., Bretz, B. & Gerhart, B. (1990). *The importance of recruitment in job choice: A different way of looking (CAHRS Working Paper #90-24).* Cornell University, School of Industrial and Labor Relations,. http://digitalcommons.ilr.cornell.edu/cahrswp/389

Rynes, S. L. & Cable, D. M. (2003). Recruitment research in the twenty-first century. In W. C. Borman D. R. Ilgen & R. J. Klimoski (Hrsg.), *Handbook of psychology: Volume 12 Industrial and organizational psychology* (S. 55–76). John Wiley & Sons, Inc.

Sachverständigenrat zur Begutachtung der Gesamtwirtschaftlichen Entwicklung. (2017). *Für eine zukunftsorientierte Wirtschaftspolitik: Jahresgutachten 2017/18* (No. 2017/18). Jahresgutachten, Sachverständigenrat zur Begutachtung der Gesamtwirtschaftlichen Entwicklung. http://hdl.handle.net/10419/173450

Saks, A. M. & Ashforth, B. E. (1997). A longitudinal investigation of the relationships between job information sources, applicant perceptions of fit, and work outcomes. *Personnel Psychology*, *50*, 395–426.

Saks, A. M. & Ashforth, B. E. (2002). Is job search related to employment quality? It all depends on the fit. *Journal of Applied Psychology*, *87*(4), 646–654. https://doi.org/10.1037//0021-9010.87.4.646

Saks, A. M., Wiesner, W. H. & Summers, R. J. (1994). Effects of job previews on self-selection and job choice. *Journal of Vocational Behavior*, *44*, 297–316.

Saß, S. (2019). *Reverse Recruiting - was steckt dahinter?* https://www.xing.com/news/insiders/articles/reverse-recruiting-was-steckt-dahinter-2743911

Schermelleh-Engel, K. & Werner, C. S. (2012). Methoden der Reliabilitätsbestimmung. In H. Moosbrugger & A. Kelava (Hrsg.), *Springer-Lehrbuch. Testtheorie und Fragebogenkonstruktion* (2. Aufl., S. 120–141). Springer.

Schmidt, C. (2014). *Candidate Experience im Rekrutierungsprozess von Hochschulabsolventen und Young Professionals.* Forschungsarbeit in der Veranstaltung Personalforschung. GRIN.

Schmitt, B. H. & Mangold, M. (2004). *Kundenerlebnis als Wettbewerbsvorteil: Mit Customer Experience Management Marken und Märkte Gewinn bringend gestalten* (1. Auflage). Gabler Verlag. http://dx.doi.org/10.1007/978-3-322-90321-1 https://doi.org/10.1007/978-3-322-90321-1

Scholz, C. (2014). *Personalmanagement: Informationsorientierte und verhaltenstheoretische Grundlagen* (6. Aufl.). *Vahlens Handbücher.* Franz Vahlen.

Schwieder, J. (2018). *Zeit zu handeln.* Autohaus. https://www.autohaus.de/nachrichten/service-zukunft-bei-hyundai-zeit-zu-handeln-2187470.html

Schyns, B. & Collani, G. von (2002). A new occupational self-efficacy scale and its relation to personality constructs and organizational variables. *European Journal of Work and Organizational Psychology*, *11*(2), 219–241. https://doi.org/10.1080/13594320244000148

Sekiguchi, T. (2004). Person-organization fit and person-job fit in employee selection: a review of the literature. *Osaka Keidai Ronshu*, *54*(6), 179–196.

Shaw, R. B. (1997). *Trust in the balance: Building successful organizations on results, integrity, and concern* (1. Aufl.). *The Jossey-Bass business & management series*. Jossey-Bass.

Specht, F. (2018). *Für den deutschen Mittelstand wird der Fachkräftemangel zum Geschäftsrisiko*. Handelsblatt. https://www.handelsblatt.com/politik/deutschland/dihk-umfrage-fuer-den-deutschen-mittelstand-wird-der-fachkraeftemangel-zum-geschaeftsrisiko/22798704.html?ticket=ST-5037402-NNz9rfyeVMBxjNRJRgls-ap3

Spence, M. (1973). Job market signaling. *The Quarterly Journal of Economics*, *87*(3), 355–374. http://www.jstor.org/stable/1882010

Spence, M. (2002). Signaling in retrospect and the informational structure of markets. *The American Economic Review*, *92*(3), 434–459.

Stalinski, S. (2015). *Mythos Fachkräftemangel?* Tagesschau. https://www.tagesschau.de/inland/fachkraefte-107.html

Statista. (2020). *Arbeitslosenquote in Deutschland im Jahresdurchschnitt von 2004 bis 2020*. https://de.statista.com/statistik/daten/studie/1224/umfrage/arbeitslosenquote-in-deutschland-seit-1995/

Statistik der Bundesagentur für Arbeit. (2018a). *Berichte: Analyse Arbeitsmarkt: Zeitreihen (Jahreszahlen)*. https://statistik.arbeitsagentur.de/Statistikdaten/Detail/201712/analyse/analyse-arbeitsmarkt-zeitreihen/analyse-arbeitsmarkt-zeitreihen-d-0-201712-pdf.pdf

Statistik der Bundesagentur für Arbeit. (2018b). *Glossar der Statistik der Bundesagentur für Arbeit (BA)* [Grundlagen: Definitionen]. https://statistik.arbeitsagentur.de/Statischer-Content/Grundlagen/Glossare/Generische-Publikationen/Gesamtglossar.pdf

Statistisches Bundesamt. (2017). Arbeitsmarkt. In Statistisches Bundesamt (Hrsg.), *Statistisches Jahrbuch 2017* (S. 349–380).

Statistisches Bundesamt (Hrsg.). (2019). *Statistisches Jahrbuch 2019: Deutschland und Internationales*. https://www.destatis.de/DE/Themen/Querschnitt/Jahrbuch/statistisches-jahrbuch-2019-dl.pdf?__blob=publicationFile

Stock-Homburg, R. (2010). *Personalmanagement: Theorien - Konzepte - Instrumente* (2. Auflage). Gabler.

Straubhaar, T. (2016). *Der Fachkräftemangel ist ein Phantom*. Zeit Online. https://www.zeit.de/wirtschaft/2016-03/fachkraeftemangel-als-phantom

Tagesschau. (2017). *Fachkräftemangel - Handlungsbedarf trotz einiger Fortschritte*. https://www.tagesschau.de/multimedia/video/video-323067.html

Tagesschau. (2018). *Arbeitsmarkt: Maßnahmen gegen Fachkräftemangel.* https://www.tagesschau.de/multimedia/video/video-381085.html

Tajfel, H. & Turner, J. C. (1979). An integrative theory of intergroup conflict. In W. G. Austin & S. Worchel (Hrsg.), *The social psychology of intergroup relations* (S. 33–47). Brooks Cole.

Tajfel, H. & Turner, J. C. (2004). The social identity theory of intergroup behavior. In J. T. Jost & J. Sidanius (Hrsg.), *Political psychology: Key readings* (S. 276–293). Psychology.

Talent Board (Hrsg.). (2016). *2015 Europe, middle east and africa candidate experiene research report.*

Troesser, J., Kamps, A., Buchholz, C., Bethkenhagen, E., Schlüter, K., Nedoklan, M., Friedenberger, T. & Mülheim, V. (2016). *RecruitingTrends 2017: Was HR-Verantwortliche wissen müssen.* https://www.staufenbiel.de/fileadmin/fm-dam/PDF/Studien/RecruitingTrends_2017.pdf

Troger, H. (2019). *7 Erfolgsfaktoren für wirksames Personalmanagement: Antworten auf demografische Entwicklungen und andere Trends* (2. Auflage). Springer Fachmedien. http://dx.doi.org/10.1007/978-3-658-24437-8 https://doi.org/10.1007/978-3-658-24437-8

Turban, D. B., Campion, J. E. & Eyring, A. R. (1995). Factors related to job acceptance decisions of college recruits. *Journal of Vocational Behavior, 47*, 193–213.

Turban, D. B. & Dougherty, T. W. (1992). Influences of campus recruiting on applicant attraction to firms. *Academy of Management Journal, 35*(4), 739–765.

Turban, D. B., Forret, M. L. & Hendrickson, C. L. (1998). Applicant attraction to firms: Influences of organization reputation, job and organizational attributes, and recruiter behaviors. *Journal of Vocational Behavior, 52*, 24–44.

Turner, J. C. (1975). Social comparison and social identity: Some prospects for intergroup behaviour. *European Journal of Social Psychology, 5*(1), 5–34.

van Hooft, E., Born, M. P., Taris, T. W. & van der Flier, H. (2006). Ethnic and gender differences in applicants' decision-making processes: An application of the theory of reasoned action. *International Journal of Selection and Assessment, 14*(2), 156–166.

VanVoorhis, C. R. W. & Morgan, B. L. (2007). Understanding Power and Rules of Thumb for Determining Sample Sizes. *Tutorials in Quantitative Methods for Psychology, 3*(2), 43–50. https://doi.org/10.20982/tqmp.03.2.p043

vbw Vereinigung der Bayerischen Wirtschaft e. V. (2015). *Arbeitslandschaft 2040.* https://www.prognos.com/uploads/tx_atwpubdb/20150521_Prognos_Arbeitslandschaft2040-final.pdf

Verhoef, P. C., Lemon, K. N., Parasuraman, A., Roggeveen, A., Tsiros, M. & Schlesinger, L. A. (2009). Customer Experience Creation: Determinants, dynamics and management strategies. *Journal of Retailing, 85*(1), 31–41. https://doi.org/10.1016/j.jretai.2008.11.001

Verhoeven, T. (2016a). Candidate Experience als Projekt. In T. Verhoeven (Hrsg.), *Candidate Experience: Ansätze für eine positiv erlebte Arbeitgebermarke im Bewerbungsprozess und darüber hinaus* (1. Aufl., S. 59–69). Springer Gabler.

Verhoeven, T. (Hrsg.). (2016b). *Candidate Experience: Ansätze für eine positiv erlebte Arbeitgebermarke im Bewerbungsprozess und darüber hinaus* (1. Auflage). Springer Gabler. http://gbv.eblib.com/patron/FullRecord.aspx?p=4216522 https://doi.org/10.1007/978-3-658-08896-5

Verhoeven, T. (2016c). Die Candidate Journey und ihre Touchpoints. In T. Verhoeven (Hrsg.), *Candidate Experience: Ansätze für eine positiv erlebte Arbeitgebermarke im Bewerbungsprozess und darüber hinaus* (1. Aufl., S. 33–43). Springer Gabler.

Verhoeven, T. (2016d). Die Theorie der Candidate Experience. In T. Verhoeven (Hrsg.), *Candidate Experience: Ansätze für eine positiv erlebte Arbeitgebermarke im Bewerbungsprozess und darüber hinaus* (1. Aufl., S. 8–15). Springer Gabler.

Verhoeven, T. (2016e). Zahlen, Daten und Fakten zu Candidate Experience in Deutschland: Eine Übersicht der aktuellsten Studienergebnisse zum Thema Candidate Experience in Deutschland. In T. Verhoeven (Hrsg.), *Candidate Experience: Ansätze für eine positiv erlebte Arbeitgebermarke im Bewerbungsprozess und darüber hinaus* (1. Aufl., S. 17–24). Springer Gabler.

Vroom, V. H. (1964). *Work and motivation.*

Vroom, V. H. (1966). Organizational choice: a study of pre- and postdecision processes. *Organizational Behavior and Human Performance*, *1*, 212–225.

Wagner, D. (1989). Zentralisation oder Dezentralisiation der Personalfunktion in der Unternehmung? Organisatorisch-institutionelle Aspekte und konzeptionelle Perspektiven des Personalmanagements. *Zeitschrift Führung + Organisation*(3), 179–185. http://opus.kobv.de/ubp/volltexte/2011/5052/

Wald, P. M. & Athanas, C. (2017). *Candidate Journey Studie 2017*. Good Practices: Vom passenden Kandidaten zum loyalen Mitarbeiter. Berlin / München. meta HR Unternehmensberatung GmbH & stellenanzeigen.de GmbH & Co. KG. https://www.stellenanzeigen.de/arbeitgeber/candidatejourneystudie/

Wanous, J. P., Keon, T. L. & Latack, J. C. (1983). Expectancy theory and occupational/organizational choice: a review and test. *Organizational Behavior and Human Performance*, *32*, 66–86.

Weitzel, T., Laumer, S., Maier, C., Oehlhorn, C., Wirth, J. & Weinert, C. (2017). *Employer Branding und Personalmarketing: Ausgewählte Ergebnisse der Recruiting-Trends 2017*. Themenspecial 2017. https://secure-media.newjobs.com/dege/Studien/2017/Recruiting_Trends_2017_Special_Employer_Branding.pdf

Werle, K. (2012). *Mehr Geld für weniger Arbeit.* Karriere Spiegel. http://www.spiegel.de/karriere/fachkraefte-war-for-talents-und-erwartungen-der-generation-y-a-829778.html

7 Anhang

Appendix

Anhang A: Vorstudie I

Sehr geehrte Teilnehmerin, sehr geehrter Teilnehmer,

vielen Dank dafür, dass Sie sich bereit erklärt haben, den vorliegenden Fragebogen zu beantworten.

Der Fragebogen wird im Rahmen einer Promotion am Institut für Psychologie der RWTH Aachen durchgeführt. In der Promotion geht es um die Wahrnehmung von Bewerbern in Bewerbungsprozessen, die sogenannte *Candidate Experience*.

„*Candidate Experience* bezeichnet den Gesamteindruck, den ein potenzieller Bewerber [...] im Rahmen des Rekrutierungsprozesses vom potenziellen Arbeitgeber erhält. Es geht dabei um das individuelle Erleben in einem Bewerbungs- und Auswahlprozess an allen direkten und indirekten Kontaktpunkten mit dem Unternehmen." (Verhoeven, 2016)

Ein Ziel der Promotion ist es, einen Fragebogen zu entwickeln, mit dem die *Candidate Experience*, also das individuelle Erleben von Bewerbern in spezifischen Bewerbungsprozessen, erfasst werden kann. In der Vorbereitung auf die Entwicklung des Fragebogens wurden bereits fünf Faktoren identifiziert, die dieses Erleben beeinflussen:

- Augenhöhe und Wohlwollen
- Transparenz und Nachvollziehbarkeit
- Ergebnisorientierung
- Äußeres Erscheinungsbild
- Kompetenz der Ansprechpartner

Eine Definition dieser Faktoren und beispielhafte Operationalisierungen derer finden Sie auf der nächsten Seite. Bitte lesen Sie sich diese sorgfältig durch.

Aufbauend auf diesen Faktoren wurden dann für jeden Faktor Items entwickelt, die Anzahl der Items pro Faktor ist unterschiedlich. Bitte ordnen Sie anhand der Definitionen der Faktoren die auf den folgenden Seiten vorliegenden Items jeweils einem der fünf Faktoren zu. Wichtig dabei ist, dass Sie sich stark an den auf der nächsten Seite beschriebenen Definitionen orientieren. Die Zuordnung der Items erfolgt durch Ankreuzen des jeweiligen Faktors neben jedem einzelnen Item. Sollte Ihnen die Zuordnung nicht möglich sein, kreuzen Sie bitte in der rechten Spalte „Keine Zuordnung möglich" an. Die Reihenfolge der Items folgt keiner Logik, sondern ist rein zufällig.

Bei Interesse werden im Anschluss gerne weitere Details zu dem Inhalt der Arbeit mitgeteilt.

Alle Angaben werden anonym erfasst und ausgewertet, eine Zuordnung von Ergebnissen zu einzelnen Teilnehmern ist nicht möglich.

Bitte geben Sie den ausgefüllten Fragebogen bei Dr. Viktoria Arling ab oder schicken Sie eine digitale Version an wahl.nadine@googlemail.com. Vielen Dank!

Nadine Wahl

Demografische Informationen

Geschlecht: □ männlich □ weiblich

Alter: ______________ Jahre

Studienfach: ____

Höchster Studienabschluss: □ Bachelor □ Master □ Promotion □ Habilitation

Definition der Faktoren, die zu einer positiv erlebten Candidate Experience führen

Augenhöhe und Wohlwollen

Der Aspekt Augenhöhe und Wohlwollen beschreibt im Wesentlichen die persönliche Beziehungsebene zwischen dem Kandidaten und Mitarbeitern des Unternehmens. Der Bewerber fühlt sich wertschätzend behandelt und nimmt eine angenehme Atmosphäre wahr.

Operationalisierung: Es ist wichtig, dass die Mitarbeiter des Unternehmens dem Kandidaten auf Augenhöhe begegnen, ihn respektvoll behandeln sowie Interesse an ihm und seiner Bewerbung zeigen. Beispielsweise durch höfliches und respektvolles Verhalten. Wertschätzung kann durch verbale Äußerungen oder durch nonverbale Signale, wie beispielsweise sich ausreichend Zeit für den Kandidaten zu nehmen, entgegengebracht werden.

Transparenz und Nachvollziehbarkeit

Transparenz und Nachvollziehbarkeit beschreibt eine sachliche Ebene der verbalen und schriftlichen Kommunikation. Der Bewerber fühlt sich gut informiert. Darüber hinaus umfasst dieser Aspekt die sachliche Nachvollziehbarkeit von bestimmten Vorgehensweisen oder Fragen für den Bewerber.

Operationalisierung: Beispielsweise durch die Transparenz von Anforderungen oder die Weitergabe von Informationen zur Tätigkeit, zur Organisation oder zum Auswahlverfahren durch Materialien oder die Mitarbeiter des Unternehmens wird der Aspekt der Transparenz und Nachvollziehbarkeit erfüllt.

Ergebnisorientierung

Der Aspekt der Ergebnisorientierung beinhaltet das wahrgenommene Vorankommen im Bewerbungsprozess mit dem Ziel, eine Entscheidung herbeizuführen.

Operationalisierung: Dies umfasst eine zügige Vorgehensweise in allen Schritten des Bewerbungsprozesses, sowohl bei Rückmeldungen an den Kandidaten als auch ein inhaltliches Vorankommen in Gesprächen. Eine strukturierte Planung, das Treffen von Absprachen sowie die Einhaltung dieser Planung und Absprachen (Pünktlichkeit, Verbindlichkeit) sind dabei wichtige Punkte.

Äußeres Erscheinungsbild

Das äußere Erscheinungsbild umfasst das gepflegte Erscheinen des gesamten Unternehmens in der Wahrnehmung des Bewerbers.

Operationalisierung: Das gepflegte und ansprechende Erscheinen von Mitarbeitern, Standorten, Räumlichkeiten und im Bewerbungsprozess verwendetem Equipment und Materialien (Sauberkeit, gepflegtes Aussehen, etc.).

Kompetenz der Ansprechpartner

Der Aspekt Kompetenz der Ansprechpartner beinhaltet, dass die Mitarbeiter des Unternehmens aus der Sicht des Bewerbers als kompetent und glaubwürdig wahrgenommen werden.

Operationalisierung: Die Ansprechpartner haben das relevante Wissen über das Unternehmen, die Tätigkeit, den Bewerbungsprozess und das Auswahlverfahren sowie über den jeweiligen Bewerber, um in Kontakten mit dem Bewerber kompetent zu agieren. Sie können Fragen über das Unternehmen, die Tätigkeit, den Bewerbungsprozess und das Auswahlverfahren jederzeit beantworten und wirken dadurch kompetent und glaubwürdig.

Item *Bitte ordnen Sie durch Ankreuzen in der rechten Tabellenseite jedes Item einem der Faktoren zu. Sollte Ihnen die Zuordnung nicht möglich sein, kreuzen Sie bitte in der rechten Spalte „Keine Zuordnung möglich" an.*	**Augenhöhe und Wohlwollen**	**Transparenz und Nachvollziehbarkeit**	**Ergebnisorientierung**	**Äußeres Erscheinungsbild**	**Kompetenz der Ansprechpartner**	**Keine Zuordnung möglich**
Bei der Einladung zum Auswahlverfahren wurde mir mitgeteilt, welche Gesprächspartner am Auswahlverfahren teilnehmen werden.	☐	☐	☐	☐	☐	☐
Alles in allem empfinde ich den Bewerbungsprozess als ergebnisorientiert.	☐	☐	☐	☐	☐	☐
Für mich war ersichtlich, welche Anforderungen an mich im Auswahlverfahren gestellt werden.	☐	☐	☐	☐	☐	☐
Alles in allem macht der Standort des Unternehmens auf mich einen gepflegten Eindruck.*	☐	☐	☐	☐	☐	☐
Alles in allem haben die Mitarbeiter des Unternehmens aus meiner Sicht das notwendige Wissen, um meine Fragen zu beantworten.	☐	☐	☐	☐	☐	☐
Die Mitarbeiter des Unternehmens waren bei der Einladung zum Auswahlverfahren höflich und respektvoll.	☐	☐	☐	☐	☐	☐
Das Auswahlverfahren ist fair.	☐	☐	☐	☐	☐	☐
Für mich ist nachvollziehbar, warum das Auswahlverfahren in dieser Form durchgeführt wurde.	☐	☐	☐	☐	☐	☐
Die Mitarbeiter des Unternehmens waren gut auf die Durchführung des Auswahlverfahrens vorbereitet.	☐	☐	☐	☐	☐	☐
Bei der Einladung zum Auswahlverfahren wurden mir Details zum Inhalt des Auswahlverfahrens mitgeteilt.	☐	☐	☐	☐	☐	☐
Die Mitarbeiter des Unternehmens machen einen gepflegten Eindruck.*	☐	☐	☐	☐	☐	☐
Alles in allem empfinde ich den gesamten Bewerbungsprozess bei dem Unternehmen als nachvollziehbar und fair.	☐	☐	☐	☐	☐	☐

***Die mit einem „*" gekennzeichneten Items sind von Athanas & Wald (2014) und Parasuraman et al. (1988) übernommen worden oder in Anlehnung an deren Items entwickelt worden.**

Item *Bitte ordnen Sie durch Ankreuzen in der rechten Tabellenseite jedes Item einem der Faktoren zu. Sollte Ihnen die Zuordnung nicht möglich sein, kreuzen Sie bitte in der rechten Spalte „Keine Zuordnung möglich" an.*	**Augenhöhe und Wohlwollen**	**Transparenz und Nachvollziehbarkeit**	**Ergebnisorientierung**	**Äußeres Erscheinungsbild**	**Kompetenz der Ansprechpartner**	**Keine Zuordnung möglich**
Das Auswahlverfahren wurde wie geplant durchgeführt.	☐	☐	☐	☐	☐	☐
Für mich ist ersichtlich, welche Anforderungen an mich in meiner zukünftigen Position gestellt werden.	☐	☐	☐	☐	☐	☐
Der Standort ist ansprechend und gepflegt.*	☐	☐	☐	☐	☐	☐
Die Mitarbeiter des Unternehmens geben mir das Gefühl, mich als neuen Mitarbeiter des Unternehmens gewinnen zu wollen.	☐	☐	☐	☐	☐	☐
Ich fühle mich im gesamten Bewerbungsprozess gut informiert.	☐	☐	☐	☐	☐	☐
Die Räumlichkeiten, in denen das Auswahlverfahren stattfand, waren ansprechend und gepflegt.*	☐	☐	☐	☐	☐	☐
Alles in allem empfinde ich die Mitarbeiter des Unternehmens als glaubwürdig.	☐	☐	☐	☐	☐	☐
Die Fragen, die mir im Rahmen des Auswahlverfahrens gestellt wurden, waren inhaltlich nachvollziehbar.*	☐	☐	☐	☐	☐	☐
Für mich war nachvollziehbar, warum ich eine Absage bzw. ein Angebot erhalten habe.	☐	☐	☐	☐	☐	☐
Alles in allem habe ich das Gefühl, dass die Mitarbeiter mir gegenüber wohlwollend gestimmt sind.	☐	☐	☐	☐	☐	☐
Ich fühle mich im gesamten Bewerbungsprozess wertgeschätzt.	☐	☐	☐	☐	☐	☐
Während des Auswahlverfahrens standen ausreichend Getränke zur Verfügung.	☐	☐	☐	☐	☐	☐
Mir wurde im Auswahlverfahren ein umfangreiches Bild von meiner zukünftigen Position vermittelt.	☐	☐	☐	☐	☐	☐

Item *Bitte ordnen Sie durch Ankreuzen in der rechten Tabellenseite jedes Item einem der Faktoren zu. Sollte Ihnen die Zuordnung nicht möglich sein, kreuzen Sie bitte in der rechten Spalte „Keine Zuordnung möglich" an.*	**Augenhöhe und Wohlwollen**	**Transparenz und Nachvollziehbarkeit**	**Ergebnisorientierung**	**Äußeres Erscheinungsbild**	**Kompetenz der Ansprechpartner**	**Keine Zuordnung möglich**
Das Auswahlverfahren begann pünktlich.	☐	☐	☐	☐	☐	☐
Die Mitarbeiter des Unternehmens sind glaubwürdig.	☐	☐	☐	☐	☐	☐
Die Mitarbeiter des Unternehmens zeigen Interesse an mir und meiner Bewerbung.	☐	☐	☐	☐	☐	☐
Die Mitarbeiter des Unternehmens haben sich im Auswahlverfahren mir gegenüber aufmerksam und interessiert verhalten.	☐	☐	☐	☐	☐	☐
Alles in allem habe ich das Gefühl, dass die Mitarbeiter des Unternehmens mir respektvoll und auf Augenhöhe begegnen.	☐	☐	☐	☐	☐	☐
Mir wurde im Auswahlverfahren ein umfangreiches Bild von der organisatorischen Einordnung meiner zukünftigen Position vermittelt.	☐	☐	☐	☐	☐	☐
Alles in allem machen die Mitarbeiter des Unternehmens auf mich einen gepflegten Eindruck.*	☐	☐	☐	☐	☐	☐
Für die Abgabe meiner Bewerbung war für mich ersichtlich, in welcher Form ich meine Bewerbungsunterlagen einreichen soll (Online-Bewerbung, per Email, per Post, ...).	☐	☐	☐	☐	☐	☐
Die Rückmeldung (Absage / Angebot) empfinde ich als fair und nachvollziehbar.	☐	☐	☐	☐	☐	☐
Die Mitarbeiter des Unternehmens sind telefonisch oder per E-Mail gut erreichbar.	☐	☐	☐	☐	☐	☐
Der Zeitraum vom Auswahlverfahren bis zur Rückmeldung (Absage / Angebot) war aus meiner Sicht angemessen.	☐	☐	☐	☐	☐	☐
Für mich ist nachvollziehbar, warum das Unternehmen die geforderten Bewerbungsunterlagen von mir benötigt.	☐	☐	☐	☐	☐	☐

Item *Bitte ordnen Sie durch Ankreuzen in der rechten Tabellenseite jedes Item einem der Faktoren zu. Sollte Ihnen die Zuordnung nicht möglich sein, kreuzen Sie bitte in der rechten Spalte „Keine Zuordnung möglich" an.*	**Augenhöhe und Wohlwollen**	**Transparenz und Nachvollziehbarkeit**	**Ergebnisorientierung**	**Äußeres Erscheinungsbild**	**Kompetenz der Ansprechpartner**	**Keine Zuordnung möglich**
Die Mitarbeiter des Unternehmens haben sich im Auswahlverfahren mir gegenüber respektvoll und wertschätzend verhalten.*	☐	☐	☐	☐	☐	☐
Vor der Abgabe meiner Bewerbung war für mich ersichtlich, welche Anforderungen an mich als Bewerber gestellt werden.	☐	☐	☐	☐	☐	☐
Alles in allem schreitet der Bewerbungsprozess aus meiner Sicht zügig voran.	☐	☐	☐	☐	☐	☐
Die Homepage / Karriere-Homepage des Unternehmens ist für mich als Bewerber informativ.	☐	☐	☐	☐	☐	☐
Für die Abgabe meiner Bewerbung war für mich ersichtlich, welche Unterlagen ich für meine Bewerbung benötige.	☐	☐	☐	☐	☐	☐
Der Zeitraum von der Abgabe der Bewerbung bis zu einer Eingangsbestätigung war aus meiner Sicht angemessen.	☐	☐	☐	☐	☐	☐
Alles in allem empfinde ich den gesamten Bewerbungsprozess bei dem Unternehmen als transparent.	☐	☐	☐	☐	☐	☐
Der Zeitraum von der Abgabe der Bewerbung bis zur Einladung zum Auswahlverfahren war aus meiner Sicht angemessen.	☐	☐	☐	☐	☐	☐
Bei der Einladung zum Auswahlverfahren wurden mir Regelungen zur Reisekostenerstattung mitgeteilt.	☐	☐	☐	☐	☐	☐
Der Zeitraum von der Einladung zum Auswahlverfahren bis zum Auswahlverfahren war aus meiner Sicht angemessen.	☐	☐	☐	☐	☐	☐
Bei der Einladung zum Auswahlverfahren wurden mir Details zu Ort und Dauer des Auswahlverfahrens mitgeteilt.	☐	☐	☐	☐	☐	☐

Item *Bitte ordnen Sie durch Ankreuzen in der rechten Tabellenseite jedes Item einem der Faktoren zu. Sollte Ihnen die Zuordnung nicht möglich sein, kreuzen Sie bitte in der rechten Spalte „Keine Zuordnung möglich" an.*	**Augenhöhe und Wohlwollen**	**Transparenz und Nachvollziehbarkeit**	**Ergebnisorientierung**	**Äußeres Erscheinungsbild**	**Kompetenz der Ansprechpartner**	**Keine Zuordnung möglich**
Die Mitarbeiter des Unternehmens haben mich im Auswahlverfahren gut betreut.	☐	☐	☐	☐	☐	☐
Die Mitarbeiter des Unternehmens kannten im Auswahlverfahren meinen Werdegang und meine Bewerbungsunterlagen und waren gut auf mich als Bewerber vorbereitet.*	☐	☐	☐	☐	☐	☐
Die Mitarbeiter des Unternehmens nehmen sich genug Zeit, um in Ruhe mit mir zu sprechen.	☐	☐	☐	☐	☐	☐
Bei der Abgabe meiner Bewerbung war für mich ersichtlich, was nach der Abgabe meiner Bewerbung die nächsten Schritte sind.	☐	☐	☐	☐	☐	☐
Der zeitliche Aufwand für das Auswahlverfahren wurde wie geplant eingehalten.	☐	☐	☐	☐	☐	☐
Der zeitliche Aufwand für das Auswahlverfahren war angemessen.	☐	☐	☐	☐	☐	☐
Die Atmosphäre in persönlichen Gesprächen mit Mitarbeitern des Unternehmens ist angenehm.*	☐	☐	☐	☐	☐	☐
Die Mitarbeiter des Unternehmens waren bei der Rückmeldung (Absage / Angebot) zu meiner Bewerbung höflich und respektvoll.	☐	☐	☐	☐	☐	☐
Ich habe das Auswahlverfahren als zielorientiert empfunden.	☐	☐	☐	☐	☐	☐
Bei vorhandenem Online Portal: Die Abgabe der Bewerbung über das Online Portal war effizient.	☐	☐	☒	☐	☐	☐
Bei vorhandenem Online Portal: Das Online Portal war einfach zu bedienen.	☐	☐	☐	☐	☐	☐

Item *Bitte ordnen Sie durch Ankreuzen in der rechten Tabellenseite jedes Item einem der Faktoren zu. Sollte Ihnen die Zuordnung nicht möglich sein, kreuzen Sie bitte in der rechten Spalte „Keine Zuordnung möglich" an.*	**Augenhöhe und Wohlwollen**	**Transparenz und Nachvollziehbarkeit**	**Ergebnisorientierung**	**Äußeres Erscheinungsbild**	**Kompetenz der Ansprechpartner**	**Keine Zuordnung möglich**
Die Homepage / Karriere-Homepage des Unternehmens macht auf mich einen gepflegten Eindruck.	☐	☐	☐	☐	☐	☐
Vor der Abgabe meiner Bewerbung konnte ich mir einen guten Überblick über Einstiegsmöglichkeiten bei dem Unternehmen verschaffen.	☐	☐	☐	☐	☐	☐
Vor der Abgabe meiner Bewerbung waren relevante Ansprechpartner für mich ersichtlich.	☐	☐	☐	☐	☐	☐
Der Standort ist modern ausgestattet.	☐	☐	☐	☐	☐	☐
Die Mitarbeiter des Unternehmens haben das notwendige Wissen, um mir meine Fragen zu beantworten.	☐	☐	☐	☐	☐	☐
Ich habe dauerhaft einen persönlichen Ansprechpartner im Unternehmen, an den ich mich bei Rückfragen wenden kann.	☐	☐	☐	☐	☐	☐
Bei der Abgabe meiner Bewerbung war für mich ersichtlich, wann ich eine Rückmeldung zu meiner Bewerbung bekommen würde.	☐	☐	☐	☐	☐	☐
Die Mitarbeiter des Unternehmens waren inhaltlich gut auf das Auswahlverfahren vorbereitet und haben ein strukturiertes Gespräch geführt.	☐	☐	☐	☐	☐	☐

Sonstige Anmerkungen:

Anhang B: Vorstudie II

Sehr geehrte Teilnehmerin, sehr geehrter Teilnehmer,

vielen Dank dafür, dass Sie sich bereit erklärt haben, den vorliegenden Fragebogen zu beantworten.

Der Fragebogen wird im Rahmen einer Promotion am Institut für Psychologie der RWTH Aachen durchgeführt. In der Promotion geht es um die Wahrnehmung von Bewerbern in Bewerbungsprozessen, die sogenannte *Candidate Experience*.

„*Candidate Experience* bezeichnet den Gesamteindruck, den ein potenzieller Bewerber [...] im Rahmen des Rekrutierungsprozesses vom potenziellen Arbeitgeber erhält. Es geht dabei um das individuelle Erleben in einem Bewerbungs- und Auswahlprozess an allen direkten und indirekten Kontaktpunkten mit dem Unternehmen." (Verhoeven, 2016)

Ein Ziel der Promotion ist es, einen Fragebogen zu entwickeln, mit dem die *Candidate Experience*, also das individuelle Erleben von Bewerbern in spezifischen Bewerbungsprozessen, erfasst werden kann. In der Vorbereitung auf die Entwicklung des Fragebogens wurden bereits fünf Faktoren identifiziert, die dieses Erleben beeinflussen:

- Augenhöhe und Wohlwollen
- Transparenz und Nachvollziehbarkeit
- Zeitplanung und zügiger Prozessverlauf
- Äußeres Erscheinungsbild
- Kompetenz der Ansprechpartner

Eine Definition dieser Faktoren und beispielhafte Operationalisierungen derer finden Sie auf der nächsten Seite. Bitte lesen Sie sich diese sorgfältig durch.

Aufbauend auf diesen Faktoren wurden dann für jeden Faktor Items entwickelt. Ihnen liegt eine Auswahl dieser Items vor, die Anzahl der Items pro Faktor ist unterschiedlich. Bitte ordnen Sie anhand der Definitionen der Faktoren die auf den folgenden Seiten vorliegenden Items jeweils einem der fünf Faktoren zu. Wichtig dabei ist, dass Sie sich stark an den auf der nächsten Seite beschriebenen Definitionen orientieren. Die Zuordnung der Items erfolgt durch Ankreuzen des jeweiligen Faktors neben jedem einzelnen Item. Bitte machen Sie je Item nur ein Kreuz. Sollte Ihnen die Zuordnung nicht möglich sein, kreuzen Sie bitte in der rechten Spalte „Keine Zuordnung möglich" an. Die Reihenfolge der Items folgt keiner Logik, sondern ist rein zufällig.

Bei Interesse werden im Anschluss gerne weitere Details zu dem Inhalt der Arbeit mitgeteilt.

Alle Angaben werden anonym erfasst und ausgewertet, eine Zuordnung von Ergebnissen zu einzelnen Teilnehmern ist nicht möglich.

Bitte geben Sie den ausgefüllten Fragebogen bei Dr. Viktoria Arling ab oder schicken Sie eine digitale Version an wahl.nadine@googlemail.com. Vielen Dank!

Nadine Wahl

Demografische Informationen

Geschlecht: ☐ männlich ☐ weiblich

Alter: ______________ Jahre

Studienfach: ____

Höchster Studienabschluss: ☐ Bachelor ☐ Master ☐ Promotion ☐ Habilitation

Definition der Faktoren, die zu einer positiv erlebten Candidate Experience führen

Augenhöhe und Wohlwollen

Der Aspekt Augenhöhe und Wohlwollen beschreibt im Wesentlichen die persönliche Beziehungsebene zwischen dem Kandidaten und Mitarbeitern des Unternehmens. Der Bewerber fühlt sich wertschätzend behandelt und nimmt eine angenehme Atmosphäre wahr.

Operationalisierung: Es ist wichtig, dass die Mitarbeiter des Unternehmens dem Kandidaten auf Augenhöhe begegnen, ihn respektvoll behandeln sowie Interesse an ihm und seiner Bewerbung zeigen. Beispielsweise durch höfliches und respektvolles Verhalten. Wertschätzung kann durch verbale Äußerungen oder durch nonverbale Signale, wie beispielsweise sich ausreichend Zeit für den Kandidaten zu nehmen, entgegengebracht werden.

Transparenz und Nachvollziehbarkeit

Transparenz und Nachvollziehbarkeit beschreibt eine sachliche Ebene der verbalen und schriftlichen Kommunikation. Der Bewerber fühlt sich gut informiert. Darüber hinaus umfasst dieser Aspekt die sachliche Nachvollziehbarkeit von bestimmten Vorgehensweisen oder Fragen für den Bewerber.

Operationalisierung: Beispielsweise durch die Transparenz von Anforderungen oder die Weitergabe von Informationen zur Tätigkeit, zur Organisation oder zum Auswahlverfahren durch Materialien oder die Mitarbeiter des Unternehmens wird der Aspekt der Transparenz und Nachvollziehbarkeit erfüllt.

Zeitplanung und zügiger Prozessverlauf

Der Aspekt der Zeitplanung und des zügigen Prozessverlauf beinhaltet das wahrgenommene Vorankommen im Bewerbungsprozess mit dem Ziel, eine Entscheidung herbeizuführen, sowie die Angemessenheit von Zeitaufwänden und Wartezeiten.

Operationalisierung: Dies umfasst eine zügige Vorgehensweise in allen Schritten des Bewerbungsprozesses, sowohl bei Rückmeldungen an den Kandidaten als auch ein inhaltliches Vorankommen in Gesprächen. Eine strukturierte Planung, das Treffen von Absprachen sowie die Einhaltung dieser Planung und Absprachen (Pünktlichkeit, Verbindlichkeit) sind dabei wichtige Punkte.

Äußeres Erscheinungsbild

Das äußere Erscheinungsbild umfasst das gepflegte Erscheinen des gesamten Unternehmens in der Wahrnehmung des Bewerbers.

Operationalisierung: Das gepflegte und ansprechende Erscheinen von Mitarbeitern, Standorten, Räumlichkeiten und im Bewerbungsprozess verwendetem Equipment und Materialien sowie Getränken und ggf. Essen (Sauberkeit, gepflegtes Aussehen, ausreichende Mengen, etc.).

Kompetenz der Ansprechpartner

Der Aspekt Kompetenz der Ansprechpartner beinhaltet, dass die Mitarbeiter des Unternehmens aus der Sicht des Bewerbers als kompetent und glaubwürdig wahrgenommen werden.

Operationalisierung: Die Ansprechpartner haben das relevante Wissen über das Unternehmen, die Tätigkeit, den Bewerbungsprozess und das Auswahlverfahren sowie über den jeweiligen Bewerber, um in Kontakten mit dem Bewerber kompetent zu agieren. Sie können

Fragen über das Unternehmen, die Tätigkeit, den Bewerbungsprozess und das Auswahlverfahren jederzeit beantworten und wirken dadurch kompetent und glaubwürdig.

Item Bitte ordnen Sie durch Ankreuzen in der rechten Tabellenseite jedes Item **einem** der Faktoren zu. Sollte Ihnen die Zuordnung nicht möglich sein, kreuzen Sie bitte in der rechten Spalte „Keine Zuordnung möglich" an.	**Augenhöhe und Wohlwollen**	**Transparenz und Nachvollziehbarkeit**	**Zeitplanung und zügiger Prozessverlauf**	**Äußeres Erscheinungsbild**	**Kompetenz der Ansprechpartner**	**Keine Zuordnung möglich**
Das Auswahlverfahren wurde wie geplant durchgeführt.	☐	☐	☐	☐	☐	☐
Ich fühle mich im gesamten Bewerbungsprozess dauerhaft transparent informiert.	☐	☐	☐	☐	☐	☐
Alles in allem empfinde ich die Mitarbeiter des Unternehmens als kompetent.	☐	☐	☐	☐	☐	☐
Während des Auswahlverfahrens standen ausreichend Getränke zur Verfügung.	☐	☐	☐	☐	☐	☐
Für mich ist ersichtlich, wie meine zukünftige Position ausgestaltet sein wird.	☐	☐	☐	☐	☐	☐
Das Auswahlverfahren begann pünktlich.	☐	☐	☐	☐	☐	☐
Die Mitarbeiter des Unternehmens sind telefonisch oder per E-Mail gut erreichbar, um das zügige Voranschreiten des Prozesses zu ermöglichen.	☐	☐	☐	☐	☐	☐
Die Homepage / Karriere-Homepage des Unternehmens bietet hilfreiche Informationen für mich als Bewerber.	☐	☐	☐	☐	☐	☐
Der Zeitraum von der Einladung zum Auswahlverfahren bis zum Auswahlverfahren war aus meiner Sicht angemessen.	☐	☐	☐	☐	☐	☐
Bei der Einladung zum Auswahlverfahren wurden mir Details zum Zeitpunkt und der Gesprächsdauer mitgeteilt.	☐	☐	☐	☐	☐	☐
Die Mitarbeiter des Unternehmens haben mich im Auswahlverfahren wertschätzend behandelt.	☐	☐	☐	☐	☐	☐
Der zeitliche Aufwand für das Auswahlverfahren wurde wie geplant eingehalten.	☐	☐	☐	☐	☐	☐

Item Bitte ordnen Sie durch Ankreuzen in der rechten Tabellenseite jedes Item **einem** der Faktoren zu. Sollte Ihnen die Zuordnung nicht möglich sein, kreuzen Sie bitte in der rechten Spalte „Keine Zuordnung möglich“ an.	**Augenhöhe und Wohlwollen**	**Transparenz und Nachvollziehbarkeit**	**Zeitplanung und zügiger Prozessverlauf**	**Äußeres Erscheinungsbild**	**Kompetenz der Ansprechpartner**	**Keine Zuordnung möglich**
Der zeitliche Aufwand für das Auswahlverfahren war angemessen.	☐	☐	☐	☐	☐	☐
Die Mitarbeiter des Unternehmens waren bei der Rückmeldung (Absage / Angebot) zu meiner Bewerbung wertschätzend und respektvoll.	☐	☐	☐	☐	☐	☐
Vor der Abgabe meiner Bewerbung waren mögliche Einstiegsoptionen bei dem Unternehmen für mich transparent dargestellt.	☐	☐	☐	☐	☐	☐
Mir wurde ein persönlicher Ansprechpartner im Unternehmen genannt, an den ich mich bei Rückfragen wenden konnte.	☐	☐	☐	☐	☐	☐
Bei der Abgabe meiner Bewerbung war für mich ersichtlich, wie lang der zeitliche Abstand bis zu einer Rückmeldung sein würde.	☐	☐	☐	☐	☐	☐

Sonstige Anmerkungen:

Anhang C: Finale Candidate Experience Items

Augenhöhe und Wohlwollen
Alles in allem habe ich das Gefühl, dass die Mitarbeiter mir gegenüber wohlwollend gestimmt sind.
Ich fühle mich im gesamten Bewerbungsprozess wertgeschätzt.
Die Mitarbeiter des Unternehmens geben mir das Gefühl, mich als neuen Mitarbeiter des Unternehmens gewinnen zu wollen.
Die Mitarbeiter des Unternehmens zeigen Interesse an mir und meiner Bewerbung.
Die Mitarbeiter des Unternehmens haben sich im Auswahlverfahren mir gegenüber aufmerksam und interessiert verhalten.
Die Mitarbeiter des Unternehmens haben mich im Auswahlverfahren wertschätzend behandelt.
Die Mitarbeiter des Unternehmens nehmen sich genug Zeit, um in Ruhe mit mir zu sprechen.
Die Atmosphäre in persönlichen Gesprächen mit Mitarbeitern des Unternehmens ist angenehm.
Die Mitarbeiter des Unternehmens waren bei der Rückmeldung (Absage / Zusage) zu meiner Bewerbung wertschätzend und respektvoll. (nur für Befragungszeitpunkt II)
Transparenz und Nachvollziehbarkeit
Alles in allem empfinde ich den gesamten Bewerbungsprozess bei dem Unternehmen als nachvollziehbar und fair.
Ich fühle mich im Bewerbungsprozess dauerhaft informiert.
Alles in allem empfinde ich den gesamten Bewerbungsprozess bei dem Unternehmen als transparent.
Bei der Einladung zum Auswahlverfahren wurde mir mitgeteilt, welche Gesprächspartner am Auswahlverfahren teilnehmen werden.
Für mich war ersichtlich, welche Anforderungen an mich im Auswahlverfahren gestellt werden.
Für mich ist nachvollziehbar, warum das Auswahlverfahren in dieser Form durchgeführt wurde.
Bei der Einladung zum Auswahlverfahren wurden mir Details zum Inhalt des Auswahlverfahrens mitgeteilt.
Die Fragen, die mir im Rahmen des Auswahlverfahrens gestellt wurden, waren inhaltlich

nachvollziehbar.
Für mich ist ersichtlich, wie meine zukünftige Position ausgestaltet sein wird.
Für die Abgabe meiner Bewerbung war für mich ersichtlich, in welcher Form ich meine Bewerbungsunterlagen einreichen soll (Online-Bewerbung, per Email, per Post, ...).
Für mich ist nachvollziehbar, warum das Unternehmen die geforderten Bewerbungsunterlagen von mir benötigt.
Bei der Einladung zum Auswahlverfahren wurden mir Regelungen zur Reisekostenerstattung mitgeteilt.
Bei der Abgabe meiner Bewerbung war für mich ersichtlich, was nach der Abgabe meiner Bewerbung die nächsten Schritte sind.
Vor der Abgabe meiner Bewerbung waren mögliche Einstiegsoptionen bei dem Unternehmen für mich transparent dargestellt.
Für mich war nachvollziehbar, warum ich eine Absage bzw. eine Zusage erhalten habe. (nur für Befragungszeitpunkt II)
Die Rückmeldung (Absage / Zusage) empfinde ich als fair und nachvollziehbar. (nur für Befragungszeitpunkt II)
Zeitplanung und zügiger Prozessverlauf
Ich habe das Auswahlverfahren als zielorientiert empfunden.
Alles in allem schreitet der Bewerbungsprozess aus meiner Sicht zügig voran.
Das Auswahlverfahren wurde wie geplant durchgeführt.
Das Auswahlverfahren begann pünktlich.
Die Mitarbeiter des Unternehmens sind telefonisch oder per E-Mail gut erreichbar, um das zügige Voranschreiten des Prozesses zu ermöglichen.
Der zeitliche Aufwand für das Auswahlverfahren wurde wie geplant eingehalten.
Der zeitliche Aufwand für das Auswahlverfahren war angemessen.
Bei vorhandenem Online Portal: Die Abgabe der Bewerbung über das Online Portal war effizient.
Der Zeitraum von der Abgabe der Bewerbung bis zur Einladung zum Auswahlverfahren war aus meiner Sicht angemessen.

Der Zeitraum von der Einladung zum Auswahlverfahren bis zum Auswahlverfahren war aus meiner Sicht angemessen.
Der Zeitraum vom Auswahlverfahren bis zur Rückmeldung (Absage / Angebot) war aus meiner Sicht angemessen. (nur für Befragungszeitpunkt II)
Äußeres Erscheinungsbild
Alles in allem macht der Standort des Unternehmens auf mich einen gepflegten Eindruck.
Alles in allem machen die Mitarbeiter des Unternehmens auf mich einen gepflegten Eindruck.
Die Räumlichkeiten, in denen das Auswahlverfahren stattfand, waren ansprechend und gepflegt.
Während des Auswahlverfahrens standen ausreichend Getränke zur Verfügung.
Die Homepage / Karriere-Homepage des Unternehmens macht auf mich einen gepflegten Eindruck.
Kompetenz der Ansprechpartner
Alles in allem haben die Mitarbeiter des Unternehmens aus meiner Sicht das notwendige Wissen, um meine Fragen zu beantworten.
Alles in allem empfinde ich die Mitarbeiter des Unternehmens als kompetent.
Die Mitarbeiter des Unternehmens kannten im Auswahlverfahren meinen Werdegang und meine Bewerbungsunterlagen und waren gut auf mich als Bewerber vorbereitet.
Die Mitarbeiter des Unternehmens waren inhaltlich gut auf das Auswahlverfahren vorbereitet und haben ein strukturiertes Gespräch geführt.
Mir wurde ein persönlicher Ansprechpartner im Unternehmen genannt, an den ich mich bei Rückfragen wenden konnte.

Anhang D: Empirische Studie – Befragungsteil 1

Instruktion

Sehr geehrte Teilnehmerin, sehr geehrter Teilnehmer,

vielen Dank dafür, dass Sie sich bereit erklärt haben, den vorliegenden Fragebogen zu beantworten. Der Fragebogen wird im Rahmen einer Promotion am Institut für Psychologie der RWTH Aachen durchgeführt. In der Promotion geht es um die Wahrnehmung von Bewerbern in Bewerbungsprozessen, die sogenannte *Candidate Experience*. Bei Interesse werden im Anschluss gerne weitere Details zu dem Inhalt der Arbeit mitgeteilt.

Teilnehmen können Ingenieurinnen und Ingenieure, die sich aktuell in einem Bewerbungsprozess für eine Anstellung befinden und bereits an einem Auswahlverfahren (Telefoninterviews, persönliches Gespräch, Assessment Center oder Ähnliches) teilgenommen haben, aber noch keine Rückmeldung (Absage / Zusage) erhalten haben. Es ist also notwendig, dass Sie sich aktuell als Bewerber in der Phase **nach dem Auswahlverfahren** und **vor einer Rückmeldung zu dem Auswahlverfahren** bei einem konkreten Unternehmen befinden. Alle Fragen des vorliegenden Fragebogens beziehen sich auf den Bewerbungsprozess bei **diesem einen** Unternehmen, bei dem Sie sich aktuell in der oben definierten Phase befinden.

Ihre Antworten können Sie durch Ankreuzen der jeweils zutreffenden Antwortmöglichkeit oder durch Ausfüllen der Freitextfelder geben. Bitte geben Sie hierbei intuitiv Ihren persönlichen Eindruck wieder, es gibt kein richtig oder falsch. Bitte füllen Sie den Fragebogen unbedingt bis zum Ende aus, die Beantwortung der Fragen wird etwa 15-20 Minuten in Anspruch nehmen.

Darüber hinaus gibt es eine zweite kurze Befragung, nachdem Sie die Rückmeldung (Absage / Zusage) von dem Unternehmen erhalten haben, diese nimmt lediglich etwa 3-5 Minuten in Anspruch. Der Link zu dem zweiten Befragungsteil wird Ihnen im Anschluss per Mail zugesendet. Bitte füllen Sie diesen erst aus, wenn Sie die Rückmeldung (Absage / Zusage) des Unternehmens erhalten haben.

Alle Angaben werden anonym erfasst und ausgewertet, eine Zuordnung von Ergebnissen zu einzelnen Teilnehmern ist nicht möglich. Um eine Zuordnung Ihrer beiden Befragungsteile zueinander vornehmen zu können, bitte ich Sie daher darum, folgende Codierung auszufüllen:

Codierung: Initialen der Mutter, Geburtsjahr der Mutter, Initialen des Vaters, Geburtsjahr des Vaters

Beispielsweise: BM1954PM1950

Name der Mutter: Brigitte Mustermann, geboren 1954
Name des Vaters: Peter Mustermann, geboren 1950

Bitte geben Sie hier Ihre eigene Codierung ein:

Demografische Daten

Wann sind Sie geboren?	Auswahl Jahreszahlen
Was ist Ihr Geschlecht?	Männlich Weiblich
Was ist Ihr höchster erreichter akademischer Abschluss?	Bachelor Diplom / Master Promotion Habilitation
In welchem Studiengang / in welcher Fachrichtung haben Sie diesen Abschluss erreicht?	Freitextfeld
Wie ist Ihr aktueller beruflicher Status?	Student und auf Arbeitssuche. Angestellt an einer Hochschule / Forschungseinrichtung und auf Arbeitssuche. Angestellt in der Industrie und auf Arbeitssuche. Arbeitssuchend (keine Anstellung). Sonstiges: Freitextfeld
Was streben Sie in Ihrem nächsten beruflichen Schritt an?	Anstellung an einer Hochschule / Forschungseinrichtung Anstellung in der Industrie Sonstiges: Freitextfeld

Rahmendaten zum Bewerbungsprozess

Haben Sie sich vor der Abgabe Ihrer Bewerbung, also vor dem Einreichen von Bewerbungsunterlagen, über das Unternehmen oder eine konkrete Stelle informiert bzw. in irgendeiner Art und Weise Kontakt zu dem Unternehmen gehabt? (mehrere Antwortmöglichkeiten)	Nein, ich habe mich vorher nicht informiert und hatte keinen Kontakt zu dem Unternehmen. Ja, ich habe mich über die Homepage informiert. Ja, ich habe mich über Stellenanzeigen informiert. Ja, ich habe mich über persönliche Kontakte zu Mitarbeitern informiert. Ja, ich habe mich über sonstige Quellen informiert: Freitextfeld

In welcher Form haben Sie Ihre Bewerbung bei dem Unternehmen eingereicht? (mehrere Antwortmöglichkeiten)	Bewerbung über ein Online-System. Einreichung von Bewerbungsunterlagen per E-Mail. Einreichung von Bewerbungsunterlagen per Post. Bewerbung ohne offizielles Einreichen von Bewerbungsunterlagen. Sonstiges: Freitextfeld
In welcher Form haben Sie eine Einladung zum Auswahlverfahren erhalten? (mehrere Antwortmöglichkeiten)	Über ein Online-System. Per E-Mail. Per Post. Telefonisch. Sonstiges: Freitextfeld
In welche Form wurde das Auswahlverfahren bei dem Unternehmen durchgeführt? (mehrere Antwortmöglichkeiten)	Telefoninterview. Videointerview. Persönliches Interview vor Ort. Assessment Center vor Ort. Case Studies. Andere Testverfahren. Vortrag. Probearbeiten. Sonstiges: Freitextfeld
Inwiefern hat sich das Unternehmen bei Ihnen vorgestellt? (mehrere Antwortmöglichkeiten)	Vorstellung der Mitarbeiter. Rundgang / Führung. Projektvorstellung. Unternehmenspräsentation. Sonstiges: Freitextfeld
Wer hat seitens des Unternehmens am Auswahlverfahren teilgenommen? (mehrere Antwortmöglichkeiten)	Zukünftiger Vorgesetzter. Vorgesetzter des zukünftigen Vorgesetzten. Zukünftiger Kollege. Mitarbeiter der Personalabteilung. Sonstige: Freitextfeld
Wie lang hat das Auswahlverfahren insgesamt gedauert (bei mehreren Terminen die Summe aus allen Terminen)?	Dauer etwa / Freitextfeld für Zahlen / Stunden

Wurde Ihnen nach dem Auswahlverfahren ein Zeitpunkt mitgeteilt, an dem Sie eine Rückmeldung erhalten werden?	Ja, am gleichen Tag. Ja, innerhalb von einer Woche. Ja, innerhalb von 2 Wochen. Ja, innerhalb von 4 Wochen. Ja, der Zeitpunkt lag mehr als 4 Wochen in der Zukunft. Nein, mir wurde kein Zeitpunkt für eine Rückmeldung mitgeteilt.

Im Folgenden werden Ihnen zunächst Fragen zur Dauer von bestimmten Zeiträumen im Rahmen des Bewerbungsprozesses gestellt. Kreuzen Sie zudem auf der Skala von 1 „stimme gar nicht zu“ bis 5 „stimme stark zu“ an, inwieweit Sie die Zeiträume als angemessen empfanden.

Wie viel Zeit verging von der Abgabe Ihrer Bewerbung bis zu einer Einladung zum Auswahlverfahren?	Am gleichen Tag. Weniger als eine Woche. 2-3 Wochen. 4-6 Wochen. Mehr als 6 Wochen.
Der Zeitraum von der Abgabe der Bewerbung bis zur Einladung zum Auswahlverfahren war aus meiner Sicht angemessen. (Item Zeitplanung9_t1)	1 „stimme gar nicht zu“ bis 5 „stimme stark zu“
Wie viel Zeit verging von der Einladung zum Auswahlverfahren bis zum Auswahlverfahren?	Am gleichen Tag. Weniger als eine Woche. 2-3 Wochen. 4-6 Wochen. Mehr als 6 Wochen.
Der Zeitraum von der Einladung zum Auswahlverfahren bis zum Auswahlverfahren war aus meiner Sicht angemessen. (Item Zeitplanung10_t1)	1 „stimme gar nicht zu“ bis 5 „stimme stark zu“

Candidate Experience

Augenhöhe und Wohlwollen Im Folgenden werden Ihnen Aussagen zu Ihrem Bewerbungsprozess bei dem konkreten Unternehmen gezeigt. Der Fokus liegt darauf, wie Sie die Faktoren „Augenhöhe und Wohlwollen" in dem Bewerbungsprozess wahrgenommen haben. Kreuzen Sie auf der Skala von 1 „stimme gar nicht zu" bis 5 „stimme stark zu" an, inwieweit Sie den Aussagen zustimmen. Bitte geben Sie hierbei intuitiv Ihren persönlichen Eindruck wieder, es gibt kein richtig oder falsch, es geht um Ihre individuelle Wahrnehmung.		
Augenhoehe1_t1	Alles in allem habe ich das Gefühl, dass die Mitarbeiter mir gegenüber wohlwollend gestimmt sind.	1 „stimme gar nicht zu" bis 5 „stimme stark zu" zzgl. „keine Antwort möglich"
Augenhoehe2_t1	Ich fühle mich im gesamten Bewerbungsprozess wertgeschätzt.	1 „stimme gar nicht zu" bis 5 „stimme stark zu" zzgl. „keine Antwort möglich"
Augenhoehe3_t1	Die Mitarbeiter des Unternehmens geben mir das Gefühl, mich als neuen Mitarbeiter des Unternehmens gewinnen zu wollen.	1 „stimme gar nicht zu" bis 5 „stimme stark zu" zzgl. „keine Antwort möglich"
Augenhoehe4_t1	Die Mitarbeiter des Unternehmens zeigen Interesse an mir und meiner Bewerbung.	1 „stimme gar nicht zu" bis 5 „stimme stark zu" zzgl. „keine Antwort möglich"
Augenhoehe5_t1	Die Mitarbeiter des Unternehmens haben sich im Auswahlverfahren mir gegenüber aufmerksam und interessiert verhalten.	1 „stimme gar nicht zu" bis 5 „stimme stark zu" zzgl. „keine Antwort möglich"
Augenhoehe6_t1	Die Mitarbeiter des Unternehmens haben mich im Auswahlverfahren wertschätzend behandelt.	1 „stimme gar nicht zu" bis 5 „stimme stark zu" zzgl. „keine Antwort möglich"
Augenhoehe7_t1	Die Mitarbeiter des Unternehmens nehmen sich genug Zeit, um in Ruhe mit mir zu sprechen.	1 „stimme gar nicht zu" bis 5 „stimme stark zu" zzgl. „keine Antwort möglich"

Augenhoehe8_t1	Die Atmosphäre in persönlichen Gesprächen mit Mitarbeitern des Unternehmens ist angenehm.	1 „stimme gar nicht zu“ bis 5 „stimme stark zu“ zzgl. „keine Antwort möglich“
Transparenz und Nachvollziehbarkeit Im Folgenden werden Ihnen Aussagen zu Ihrem Bewerbungsprozess bei dem konkreten Unternehmen gezeigt. Der Fokus liegt darauf, wie Sie die Faktoren „Transparenz und Nachvollziehbarkeit“ in dem Bewerbungsprozess wahrgenommen haben. Kreuzen Sie auf der Skala von 1 „stimme gar nicht zu“ bis 5 „stimme stark zu“ an, inwieweit Sie den Aussagen zustimmen. Bitte geben Sie hierbei intuitiv Ihren persönlichen Eindruck wieder, es gibt kein richtig oder falsch, es geht um Ihre individuelle Wahrnehmung.		
Transparenz1_t1	Alles in allem empfinde ich den gesamten Bewerbungsprozess bei dem Unternehmen als nachvollziehbar und fair.	1 „stimme gar nicht zu“ bis 5 „stimme stark zu“ zzgl. „keine Antwort möglich“
Transparenz2_t1	Ich fühle mich im Bewerbungsprozess dauerhaft informiert.	1 „stimme gar nicht zu“ bis 5 „stimme stark zu“ zzgl. „keine Antwort möglich“
Transparenz3_t1	Alles in allem empfinde ich den gesamten Bewerbungsprozess bei dem Unternehmen als transparent.	1 „stimme gar nicht zu“ bis 5 „stimme stark zu“ zzgl. „keine Antwort möglich“
Transparenz4_t1	Bei der Einladung zum Auswahlverfahren wurde mir mitgeteilt, welche Gesprächspartner am Auswahl verfahren teilnehmen werden.	1 „stimme gar nicht zu“ bis 5 „stimme stark zu“ zzgl. „keine Antwort möglich“
Transparenz5_t1	Für mich war ersichtlich, welche Anforderungen an mich im Auswahlverfahren gestellt werden.	1 „stimme gar nicht zu“ bis 5 „stimme stark zu“ zzgl. „keine Antwort möglich“
Transparenz6_t1	Für mich ist nachvollziehbar, warum das Auswahlverfahren in dieser Form durchgeführt wurde.	1 „stimme gar nicht zu“ bis 5 „stimme stark zu“ zzgl. „keine Antwort möglich“

Transparenz7_t1	Bei der Einladung zum Auswahlverfahren wurden mir Details zum Inhalt des Auswahlverfahrens mitgeteilt.	1 „stimme gar nicht zu" bis 5 „stimme stark zu" zzgl. „keine Antwort möglich"
Transparenz8_t1	Die Fragen, die mir im Rahmen des Auswahlverfahrens gestellt wurden, waren inhaltlich nachvollziehbar.	1 „stimme gar nicht zu" bis 5 „stimme stark zu" zzgl. „keine Antwort möglich"
Transparenz9_t1	Für mich ist ersichtlich, wie meine zukünftige Position ausgestaltet sein wird.	1 „stimme gar nicht zu" bis 5 „stimme stark zu" zzgl. „keine Antwort möglich"
Transparenz10_t1	Für die Abgabe meiner Bewerbung war für mich ersichtlich, in welcher Form ich meine Bewerbungsunterlagen einreichen soll (Online-Bewerbung, per Email, per Post, ...).	1 „stimme gar nicht zu" bis 5 „stimme stark zu" zzgl. „keine Antwort möglich"
Transparenz11_t1	Für mich ist nachvollziehbar, warum das Unternehmen die geforderten Bewerbungsunterlagen von mir benötigt.	1 „stimme gar nicht zu" bis 5 „stimme stark zu" zzgl. „keine Antwort möglich"
Transparenz12_t1	Bei der Einladung zum Auswahlverfahren wurden mir Regelungen zur Reisekostenerstattung mitgeteilt.	1 „stimme gar nicht zu" bis 5 „stimme stark zu" zzgl. „keine Antwort möglich"
Transparenz13_t1	Bei der Abgabe meiner Bewerbung war für mich ersichtlich, was nach der Abgabe meiner Bewerbung die nächsten Schritte sind.	1 „stimme gar nicht zu" bis 5 „stimme stark zu" zzgl. „keine Antwort möglich"
Transparenz14_t1	Vor der Abgabe meiner Bewerbung waren mögliche Einstiegsoptionen bei dem Unternehmen für mich transparent dargestellt.	1 „stimme gar nicht zu" bis 5 „stimme stark zu" zzgl. „keine Antwort möglich"

<table>
<tr><td colspan="3">Zeitplanung und zügiger Prozessverlauf
Im Folgenden werden Ihnen Aussagen zu Ihrem Bewerbungsprozess bei dem konkreten Unternehmen gezeigt. Der Fokus liegt darauf, wie Sie die Faktoren „Zeitplanung und zügiger Prozessverlauf“ in dem Bewerbungsprozess wahrgenommen haben.
Kreuzen Sie auf der Skala von 1 „stimme gar nicht zu“ bis 5 „stimme stark zu“ an, inwieweit Sie den Aussagen zustimmen. Bitte geben Sie hierbei intuitiv Ihren persönlichen Eindruck wieder, es gibt kein richtig oder falsch, es geht um Ihre individuelle Wahrnehmung.</td></tr>
<tr><td>Zeitplanung1_t1</td><td>Ich habe das Auswahlverfahren als zielorientiert empfunden.</td><td>1 „stimme gar nicht zu“ bis 5 „stimme stark zu“ zzgl. „keine Antwort möglich“</td></tr>
<tr><td>Zeitplanung2_t1</td><td>Alles in allem schreitet der Bewerbungsprozess aus meiner Sicht zügig voran.</td><td>1 „stimme gar nicht zu“ bis 5 „stimme stark zu“ zzgl. „keine Antwort möglich“</td></tr>
<tr><td>Zeitplanung3_t1</td><td>Das Auswahlverfahren wurde wie geplant durchgeführt.</td><td>1 „stimme gar nicht zu“ bis 5 „stimme stark zu“ zzgl. „keine Antwort möglich“</td></tr>
<tr><td>Zeitplanung4_t1</td><td>Das Auswahlverfahren begann pünktlich.</td><td>1 „stimme gar nicht zu“ bis 5 „stimme stark zu“ zzgl. „keine Antwort möglich“</td></tr>
<tr><td>Zeitplanung5_t1</td><td>Die Mitarbeiter des Unternehmens sind telefonisch oder per E-Mail gut erreichbar, um das zügige Voranschreiten des Prozesses zu ermöglichen.</td><td>1 „stimme gar nicht zu“ bis 5 „stimme stark zu“ zzgl. „keine Antwort möglich“</td></tr>
<tr><td>Zeitplanung6_t1</td><td>Der zeitliche Aufwand für das Auswahlverfahren wurde wie geplant eingehalten.</td><td>1 „stimme gar nicht zu“ bis 5 „stimme stark zu“ zzgl. „keine Antwort möglich“</td></tr>
<tr><td>Zeitplanung7_t1</td><td>Der zeitliche Aufwand für das Auswahlverfahren war angemessen.</td><td>1 „stimme gar nicht zu“ bis 5 „stimme stark zu“ zzgl. „keine Antwort möglich“</td></tr>
</table>

<table>
<tr><td>Zeitplanung8_t1</td><td>Bei vorhandenem Online Portal: Die Abgabe der Bewerbung über das Online Portal war effizient.</td><td>1 „stimme gar nicht zu“ bis 5 „stimme stark zu“ zzgl. „keine Antwort möglich“</td></tr>
<tr><td>(Zeitplanung9_t1)</td><td>Der Zeitraum von der Abgabe der Bewerbung bis zur Einladung zum Auswahlverfahren war aus meiner Sicht angemessen.</td><td>1 „stimme gar nicht zu“ bis 5 „stimme stark zu“ zzgl. „keine Antwort möglich“</td></tr>
<tr><td>(Zeitplanung10_t1)</td><td>Der Zeitraum von der Einladung zum Auswahlverfahren bis zum Auswahlverfahren war aus meiner Sicht angemessen.</td><td>1 „stimme gar nicht zu“ bis 5 „stimme stark zu“ zzgl. „keine Antwort möglich“</td></tr>
<tr><td colspan="3">Äußeres Erscheinungsbild
Im Folgenden werden Ihnen Aussagen zu Ihrem Bewerbungsprozess bei dem konkreten Unternehmen gezeigt. Der Fokus liegt darauf, wie Sie den Faktor „Äußeres Erscheinungsbild“ in dem Bewerbungsprozess wahrgenommen haben.
Kreuzen Sie auf der Skala von 1 „stimme gar nicht zu“ bis 5 „stimme stark zu“ an, inwieweit Sie den Aussagen zustimmen. Bitte geben Sie hierbei intuitiv Ihren persönlichen Eindruck wieder, es gibt kein richtig oder falsch, es geht um Ihre individuelle Wahrnehmung.</td></tr>
<tr><td>Aeusseres1_t1</td><td>Alles in allem macht der Standort des Unternehmens auf mich einen gepflegten Eindruck.</td><td>1 „stimme gar nicht zu“ bis 5 „stimme stark zu“ zzgl. „keine Antwort möglich“</td></tr>
<tr><td>Aeusseres2_t1</td><td>Alles in allem machen die Mitarbeiter des Unternehmens auf mich einen gepflegten Eindruck.</td><td>1 „stimme gar nicht zu“ bis 5 „stimme stark zu“ zzgl. „keine Antwort möglich“</td></tr>
<tr><td>Aeusseres3_t1</td><td>Die Räumlichkeiten, in denen das Auswahlverfahren stattfand, waren ansprechend und gepflegt.</td><td>1 „stimme gar nicht zu“ bis 5 „stimme stark zu“ zzgl. „keine Antwort möglich“</td></tr>
<tr><td>Aeusseres4_t1</td><td>Während des Auswahlverfahrens standen ausreichend Getränke zur Verfügung.</td><td>1 „stimme gar nicht zu“ bis 5 „stimme stark zu“ zzgl. „keine Antwort möglich“</td></tr>
</table>

Aeusseres5_t1	Die Homepage / Karriere-Homepage des Unternehmens macht auf mich einen gepflegten Eindruck.	1 „stimme gar nicht zu" bis 5 „stimme stark zu" zzgl. „keine Antwort möglich"
Kompetenz der Ansprechpartner Im Folgenden werden Ihnen Aussagen zu Ihrem Bewerbungsprozess bei dem konkreten Unternehmen gezeigt. Der Fokus liegt darauf, wie Sie den Faktor „Kompetenz der Ansprechpartner" in dem Bewerbungsprozess wahrgenommen haben. Kreuzen Sie auf der Skala von 1 „stimme gar nicht zu" bis 5 „stimme stark zu" an, inwieweit Sie den Aussagen zustimmen. Bitte geben Sie hierbei intuitiv Ihren persönlichen Eindruck wieder, es gibt kein richtig oder falsch, es geht um Ihre individuelle Wahrnehmung.		
Kompetenz1_t1	Alles in allem haben die Mitarbeiter des Unternehmens aus meiner Sicht das notwendige Wissen, um meine Fragen zu beantworten.	1 „stimme gar nicht zu" bis 5 „stimme stark zu" zzgl. „keine Antwort möglich"
Kompetenz2_t1	Alles in allem empfinde ich die Mitarbeiter des Unternehmens als kompetent.	1 „stimme gar nicht zu" bis 5 „stimme stark zu" zzgl. „keine Antwort möglich"
Kompetenz3_t1	Die Mitarbeiter des Unternehmens kannten im Auswahlverfahren meinen Werdegang und meine Bewerbungsunterlagen und waren gut auf mich als Bewerber vorbereitet.	1 „stimme gar nicht zu" bis 5 „stimme stark zu" zzgl. „keine Antwort möglich"
Kompetenz4_t1	Die Mitarbeiter des Unternehmens waren inhaltlich gut auf das Auswahlverfahren vorbereitet und haben ein strukturiertes Gespräch geführt.	1 „stimme gar nicht zu" bis 5 „stimme stark zu" zzgl. „keine Antwort möglich"
Kompetenz5_t1	Mir wurde ein persönlicher Ansprechpartner im Unternehmen genannt, an den ich mich bei Rückfragen wenden konnte.	1 „stimme gar nicht zu" bis 5 „stimme stark zu" zzgl. „keine Antwort möglich"

Gibt es über die genannten Faktoren hinaus weitere Aspekte, die Sie in Ihrem Bewerbungsprozess bei dem Unternehmen als positiv oder negativ wahrgenommen haben?

/Freitextfeld/

Eigenschaften der Tätigkeit / der Organisation

Bitte bewerten Sie die folgenden Aspekte der Stelle bei dem konkreten Unternehmen, bei dem Sie sich im Bewerbungsprozess befinden. Kreuzen Sie auf der Skala von 1 „sehr schlecht“ bis 5 „sehr gut“ an, wie Sie die einzelnen Aspekte bei der Stelle beurteilen.	Art / Inhalte der Tätigkeit Bezahlung Gehaltsentwicklung und Aufstiegschancen Jeweils 1 „sehr schlecht“ bis 5 „sehr gut“ zzgl. „keine Antwort möglich“
Bitte bewerten Sie die folgenden Aspekte des konkreten Unternehmens, bei dem Sie sich im Bewerbungsprozess befinden. Kreuzen Sie auf der Skala von 1 „sehr schlecht“ bis 5 „sehr gut“ an, wie Sie die einzelnen Aspekte bei dem Unternehmen beurteilen.	Arbeitgeberimage Standort Unternehmensgröße Bekanntheit des Unternehmens Voraussichtliche Arbeitszeiten Arbeitsumgebung (bspw. Arbeitsplatz, Geräuschkulisse, Versorgung mit Getränken, Belüftung, etc.) Jeweils 1 „sehr schlecht“ bis 5 „sehr gut“ zzgl. „keine Antwort möglich“

P-J / P-O Fit

Kreuzen Sie auf der Skala von 1 „in einem sehr geringen Ausmaß“ bis 5 „in einem sehr hohen Ausmaß“ an, um die folgende Frage zu beantworten.

Inwiefern erfüllt die Stelle die Erwartungen, die Sie an Ihre neue Tätigkeit haben?	1 „in einem sehr geringen Ausmaß“ bis 5 „in einem sehr hohen Ausmaß“
Inwiefern erfüllt der Arbeitgeber die Erwartungen, die Sie an Ihren neuen Arbeitgeber haben?	1 „in einem sehr geringen Ausmaß“ bis 5 „in einem sehr hohen Ausmaß“

Erwartung einer Zusage

Wie wahrscheinlich ist es aus Ihrer Sicht, dass Sie eine Zusage für die Stelle erhalten werden?	/ Freitextfeld Zahlen / %

Wahrgenommene Alternativen

Wie wahrscheinlich ist es aus Ihrer Sicht, dass Sie eine gleichwertige oder bessere Stelle bei einem anderen Arbeitgeber angeboten bekommen?	/ Freitextfeld Zahlen / %

Outcomes – Haltung

Kreuzen Sie im Folgenden auf der Skala von 1 „wenig ansprechend" bis 5 „sehr ansprechend" an, um die Fragen zu beantworten.

Wie ansprechend ist die Stelle für Sie?	1 „wenig ansprechend" bis 5 „sehr ansprechend"
Wie ansprechend ist der Arbeitgeber für Sie?	1 „wenig ansprechend" bis 5 „sehr ansprechend"

Würden Sie den Arbeitgeber einem guten Freund oder Bekannten weiterempfehlen?	0 „sehr unwahrscheinlich" bis 10 „sehr wahrscheinlich"

Outcomes – Intention

Wenn Ihnen die Stelle angeboten wird, wie wahrscheinlich ist es, dass Sie das Angebot annehmen?	/ Freitextfeld Zahlen / %

Persönlichkeit

Im Folgenden werden Ihnen Aussagen zu Ihrer Person gezeigt. Kreuzen Sie auf der Skala von 1 „trifft überhaupt nicht zu" bis 5 „trifft voll und ganz zu" an, inwieweit Sie den Aussagen zustimmen. Bitte geben Sie hierbei intuitiv Ihren persönlichen Eindruck wieder, es gibt kein richtig oder falsch.

Big 5 Kurzversion: von „trifft überhaupt nicht zu" (1) bis „trifft voll und ganz zu" (5)

Ich bin eher zurückhaltend, reserviert.	1 „trifft überhaupt nicht zu" bis 5 „trifft voll und ganz zu"
Ich schenke anderen leicht Vertrauen, glaube an das Gute im Menschen.	1 „trifft überhaupt nicht zu" bis 5 „trifft voll und ganz zu"
Ich bin bequem, neige zur Faulheit.	1 „trifft überhaupt nicht zu" bis 5 „trifft voll und ganz zu"
Ich bin entspannt, lasse mich durch Stress nicht aus der Ruhe bringen.	1 „trifft überhaupt nicht zu" bis 5 „trifft voll und ganz zu"
Ich habe nur wenig künstlerisches Interesse.	1 „trifft überhaupt nicht zu" bis 5 „trifft voll und ganz zu"
Ich gehe aus mir heraus, bin gesellig.	1 „trifft überhaupt nicht zu" bis 5 „trifft voll und ganz zu"
Ich neige dazu, andere zu kritisieren.	1 „trifft überhaupt nicht zu" bis 5 „trifft voll und ganz zu"
Ich erledige Aufgaben gründlich.	1 „trifft überhaupt nicht zu" bis 5 „trifft voll und ganz zu"
Ich werde leicht nervös und unsicher.	1 „trifft überhaupt nicht zu" bis 5 „trifft voll und ganz zu"
Ich habe eine aktive Vorstellungskraft, bin fantasievoll.	1 „trifft überhaupt nicht zu" bis 5 „trifft voll und ganz zu"

Berufliche Selbstwirksamkeit

Im Folgenden werden Ihnen Aussagen zu Ihrer Person gezeigt. Kreuzen Sie auf der Skala von 1 „trifft überhaupt nicht zu“ bis 6 „trifft voll und ganz zu“ an, inwieweit Sie den Aussagen zustimmen. Bitte geben Sie hierbei intuitiv Ihren persönlichen Eindruck wieder, es gibt kein richtig oder falsch.

Beruflichen Schwierigkeiten sehe ich gelassen entgegen, weil ich mich immer auf meine Fähigkeiten verlassen kann.	1 „trifft überhaupt nicht zu“ bis 6 „trifft voll und ganz zu“
Wenn ich bei der Arbeit mit einem Problem konfrontiert werde, habe ich meist mehrere Ideen, wie ich damit fertig werde.	1 „trifft überhaupt nicht zu“ bis 6 „trifft voll und ganz zu“
Was auch immer in meinem Berufsleben passiert, ich werde schon klarkommen.	1 „trifft überhaupt nicht zu“ bis 6 „trifft voll und ganz zu“
Durch meine vergangenen beruflichen Erfahrungen bin ich gut auf meine berufliche Zukunft vorbereitet.	1 „trifft überhaupt nicht zu“ bis 6 „trifft voll und ganz zu“
Ich erreiche die beruflichen Ziele, die ich mir setze.	1 „trifft überhaupt nicht zu“ bis 6 „trifft voll und ganz zu“
Ich fühle mich den meisten beruflichen Anforderungen gewachsen.	1 „trifft überhaupt nicht zu“ bis 6 „trifft voll und ganz zu“

Geschafft!

Vielen Dank für Ihre Teilnahme an der ersten Befragung.

Darüber hinaus gibt es eine zweite Befragung, nachdem Sie die Rückmeldung (Absage / Zusage) von dem Unternehmen

erhalten haben. Bitte melden Sie sich bei Nadine Wahl, sobald die Rückmeldung (Absage / Zusage) von dem Unternehmen

erfolgt ist. Der Link zu dem zweiten Befragungsteil wird Ihnen im Anschluss per Mail zugesendet. Bitte füllen Sie diesen erst aus,

wenn Sie die Rückmeldung (Absage / Zusage) des Unternehmens erhalten haben.

Sollten Sie Fragen und Anmerkungen zu der Befragung oder zur Vorgehensweise haben, kommen Sie gerne auf mich zu:

wahl.nadine@googlemail.com

Vielen herzlichen Dank für Ihre Teilnahme!

Nadine Wahl

Anhang E: Empirische Studie – Befragungsteil 2

Instruktion

Sehr geehrte Teilnehmerin, sehr geehrter Teilnehmer,

vielen Dank dafür, dass Sie sich bereit erklärt haben, den zweiten Teil des Fragebogens zu beantworten.

Teilnehmen können Ingenieurinnen und Ingenieure, die sich aktuell in einem Bewerbungsprozess für eine Anstellung befinden und bereits an einem Auswahlverfahren (Telefoninterviews, persönliches Gespräch, Assessment Center oder Ähnliches) teilgenommen haben und eine Rückmeldung (Absage / Zusage) erhalten haben. Es ist also notwendig, dass Sie sich aktuell als Bewerber in der Phase nach der Rückmeldung zu dem Auswahlverfahren bei einem konkreten Unternehmen befinden. Alle Fragen des vorliegenden Fragebogens beziehen sich auf den Bewerbungsprozess bei diesem einen Unternehmen.

Ihre Antworten können Sie durch Ankreuzen der jeweils zutreffenden Antwortmöglichkeit oder durch Ausfüllen der Freitextfelder geben. Bitte geben Sie hierbei intuitiv Ihren persönlichen Eindruck wieder, es gibt kein richtig oder falsch. Bitte füllen Sie den Fragebogen unbedingt bis zum Ende aus, die Beantwortung der Fragen wird etwa 10-15 Minuten in Anspruch nehmen.

Alle Angaben werden anonym erfasst und ausgewertet, eine Zuordnung von Ergebnissen zu einzelnen Teilnehmern ist nicht möglich. Um eine Zuordnung Ihrer beiden Befragungsteile zueinander vornehmen zu können, bitte ich Sie daher darum, folgende Codierung auszufüllen:

Codierung: Initialen der Mutter, Geburtsjahr der Mutter, Initialen des Vaters, Geburtsjahr des Vaters

Beispielsweise: BM1954PM1950

Name der Mutter: Brigitte Mustermann, geboren 1954
Name des Vaters: Peter Mustermann, geboren 1950

Bitte geben Sie hier Ihre eigene Codierung ein:

Wie lange liegt der erste Befragungszeitpunkt zurück?	Einen Tag. Weniger als eine Woche. 2-3 Wochen. 4-6 Wochen. Mehr als 6 Wochen.
In welcher Form hatten Sie nach dem ersten Befragungszeitpunkt Kontakt zu dem Unternehmen?	Telefoninterview. Videointerview. Persönliches Interview vor Ort. Assessment Center vor Ort. Case Studies. Andere Testverfahren. Vortrag. Probearbeiten. Rückmeldung zum Auswahlverfahren (telefonisch). Rückmeldung zum Auswahlverfahren (per E-Mail). Kein Kontakt nach dem ersten Befragungszeitpunkt. Sonstiges: Freitextfeld
Inwiefern hat sich das Unternehmen bei Ihnen vorgestellt?	Vorstellung der Mitarbeiter. Rundgang / Führung. Projektvorstellung. Unternehmenspräsentation. Sonstiges: Freitextfeld
Wer hat seitens des Unternehmens am Auswahlverfahren teilgenommen? (mehrere Antworten möglich)	Zukünftiger Vorgesetzter. Vorgesetzter des zukünftigen Vorgesetzten. Zukünftiger Kollege. Mitarbeiter der Personalabteilung. Sonstige: Freitextfeld
Wie lang hat das Auswahlverfahren insgesamt gedauert (bei mehreren Terminen die Summe aus allen Terminen)?	Dauer etwa / Freitextfeld für Zahlen / Stunden

Wurde Ihnen nach dem Auswahlverfahren ein Zeitpunkt mitgeteilt, an dem Sie eine Rückmeldung erhalten werden?	Ja, am gleichen Tag. Ja, innerhalb von einer Woche. Ja, innerhalb von 2 Wochen. Ja, innerhalb von 4 Wochen. Ja, der Zeitpunkt lag mehr als 4 Wochen in der Zukunft. Nein, mir wurde kein Zeitpunkt für eine Rückmeldung mitgeteilt.

Im Folgenden werden Ihnen zunächst Fragen zur Dauer von bestimmten Zeiträumen im Rahmen des Bewerbungsprozesses gestellt. Kreuzen Sie zudem auf der Skala von 1 „stimme gar nicht zu“ bis 5 „stimme stark zu“ an, inwieweit Sie die Zeiträume als angemessen empfanden.

Wie viel Zeit verging vom Auswahlverfahren bis zur Rückmeldung (Absage / Zusage)?	Am gleichen Tag. Weniger als eine Woche. 2-3 Wochen. 4-6 Wochen. Mehr als 6 Wochen.
Der Zeitraum vom Auswahlverfahren bis zur Rückmeldung (Absage / Zusage) war aus meiner Sicht angemessen. (Item Zeitplanung11_t2)	1 „stimme gar nicht zu“ bis 5 „stimme stark zu“

Candidate Experience

Augenhöhe und Wohlwollen Im Folgenden werden Ihnen Aussagen zu Ihrem Bewerbungsprozess bei dem konkreten Unternehmen gezeigt. Der Fokus liegt darauf, wie Sie die Faktoren „Augenhöhe und Wohlwollen“ in dem Bewerbungsprozess wahrgenommen haben. Kreuzen Sie auf der Skala von 1 „stimme gar nicht zu“ bis 5 „stimme stark zu“ an, inwieweit Sie den Aussagen zustimmen. Bitte geben Sie hierbei intuitiv Ihren persönlichen Eindruck wieder, es gibt kein richtig oder falsch, es geht um Ihre individuelle Wahrnehmung.		
Augenhoehe1_t2	Alles in allem hatte ich das Gefühl, dass die Mitarbeiter mir gegenüber wohlwollend gestimmt sind.	1 „stimme gar nicht zu“ bis 5 „stimme stark zu“ zzgl. „keine Antwort möglich“

Augenhoehe2_t2	Ich fühlte mich im gesamten Bewerbungsprozess wertgeschätzt.	1 „stimme gar nicht zu" bis 5 „stimme stark zu" zzgl. „keine Antwort möglich"
Augenhoehe3_t2	Die Mitarbeiter des Unternehmens gaben mir das Gefühl, mich als neuen Mitarbeiter des Unternehmens gewinnen zu wollen.	1 „stimme gar nicht zu" bis 5 „stimme stark zu" zzgl. „keine Antwort möglich"
Augenhoehe4_t2	Die Mitarbeiter des Unternehmens zeigten Interesse an mir und meiner Bewerbung.	1 „stimme gar nicht zu" bis 5 „stimme stark zu" zzgl. „keine Antwort möglich"
Augenhoehe5_t2	Die Mitarbeiter des Unternehmens haben sich im Auswahlverfahren mir gegenüber aufmerksam und interessiert verhalten.	1 „stimme gar nicht zu" bis 5 „stimme stark zu" zzgl. „keine Antwort möglich"
Augenhoehe6_t2	Die Mitarbeiter des Unternehmens haben mich im Auswahlverfahren wertschätzend behandelt.	1 „stimme gar nicht zu" bis 5 „stimme stark zu" zzgl. „keine Antwort möglich"
Augenhoehe7_t2	Die Mitarbeiter des Unternehmens nahmen sich genug Zeit, um in Ruhe mit mir zu sprechen.	1 „stimme gar nicht zu" bis 5 „stimme stark zu" zzgl. „keine Antwort möglich"
Augenhoehe8_t2	Die Atmosphäre in persönlichen Gesprächen mit Mitarbeitern des Unternehmens war angenehm.	1 „stimme gar nicht zu" bis 5 „stimme stark zu" zzgl. „keine Antwort möglich"
Augenhoehe9_t2	Die Mitarbeiter des Unternehmens waren bei der Rückmeldung (Absage / Zusage) zu meiner Bewerbung wertschätzend und respektvoll.	1 „stimme gar nicht zu" bis 5 „stimme stark zu" zzgl. „keine Antwort möglich"

Transparenz und Nachvollziehbarkeit Im Folgenden werden Ihnen Aussagen zu Ihrem Bewerbungsprozess bei dem konkreten Unternehmen gezeigt. Der Fokus liegt darauf, wie Sie die Faktoren „Transparenz und Nachvollziehbarkeit“ in dem Bewerbungsprozess wahrgenommen haben. Kreuzen Sie auf der Skala von 1 „stimme gar nicht zu“ bis 5 „stimme stark zu“ an, inwieweit Sie den Aussagen zustimmen. Bitte geben Sie hierbei intuitiv Ihren persönlichen Eindruck wieder, es gibt kein richtig oder falsch, es geht um Ihre individuelle Wahrnehmung.		
Transparenz1_t2	Alles in allem empfand ich den gesamten Bewerbungsprozess bei dem Unternehmen als nachvollziehbar und fair.	1 „stimme gar nicht zu“ bis 5 „stimme stark zu“ zzgl. „keine Antwort möglich“
Transparenz2_t2	Ich fühlte mich im Bewerbungsprozess dauerhaft informiert.	1 „stimme gar nicht zu“ bis 5 „stimme stark zu“ zzgl. „keine Antwort möglich“
Transparenz3_t2	Alles in allem empfand ich den gesamten Bewerbungsprozess bei dem Unternehmen als transparent.	1 „stimme gar nicht zu“ bis 5 „stimme stark zu“ zzgl. „keine Antwort möglich“
Transparenz4_t2	Bei der Einladung zum Auswahlverfahren wurde mir mitgeteilt, welche Gesprächspartner am Auswahlverfahren teilnehmen werden.	1 „stimme gar nicht zu“ bis 5 „stimme stark zu“ zzgl. „keine Antwort möglich“
Transparenz5_t2	Für mich war ersichtlich, welche Anforderungen an mich im Auswahlverfahren gestellt werden.	1 „stimme gar nicht zu“ bis 5 „stimme stark zu“ zzgl. „keine Antwort möglich“
Transparenz6_t2	Für mich war nachvollziehbar, warum das Auswahlverfahren in dieser Form durchgeführt wurde.	1 „stimme gar nicht zu“ bis 5 „stimme stark zu“ zzgl. „keine Antwort möglich“
Transparenz7_t2	Bei der Einladung zum Auswahlverfahren wurden mir Details zum Inhalt des Auswahlverfahrens mitgeteilt.	1 „stimme gar nicht zu“ bis 5 „stimme stark zu“ zzgl. „keine Antwort möglich“

Transparenz8_t2	Die Fragen, die mir im Rahmen des Auswahlverfahrens gestellt wurden, waren inhaltlich nachvollziehbar.	1 „stimme gar nicht zu" bis 5 „stimme stark zu" zzgl. „keine Antwort möglich"
Transparenz9_t2	Für mich war ersichtlich, wie meine zukünftige Position ausgestaltet sein wird.	1 „stimme gar nicht zu" bis 5 „stimme stark zu" zzgl. „keine Antwort möglich"
Transparenz10_t2	Für die Abgabe meiner Bewerbung war für mich ersichtlich, in welcher Form ich meine Bewerbungsunterlagen einreichen soll (Online-Bewerbung, per Email, per Post, ...).	1 „stimme gar nicht zu" bis 5 „stimme stark zu" zzgl. „keine Antwort möglich"
Transparenz11_t2	Für mich war nachvollziehbar, warum das Unternehmen die geforderten Bewerbungsunterlagen von mir benötigt.	1 „stimme gar nicht zu" bis 5 „stimme stark zu" zzgl. „keine Antwort möglich"
Transparenz12_t2	Bei der Einladung zum Auswahlverfahren wurden mir Regelungen zur Reisekostenerstattung mitgeteilt.	1 „stimme gar nicht zu" bis 5 „stimme stark zu" zzgl. „keine Antwort möglich"
Transparenz13_t2	Bei der Abgabe meiner Bewerbung war für mich ersichtlich, was nach der Abgabe meiner Bewerbung die nächsten Schritte sind.	1 „stimme gar nicht zu" bis 5 „stimme stark zu" zzgl. „keine Antwort möglich"
Transparenz14_t2	Vor der Abgabe meiner Bewerbung waren mögliche Einstiegsoptionen bei dem Unternehmen für mich transparent dargestellt.	1 „stimme gar nicht zu" bis 5 „stimme stark zu" zzgl. „keine Antwort möglich"
Transparenz15_t2	Für mich war nachvollziehbar, warum ich eine Absage bzw. eine Zusage erhalten habe. (nur t2)	1 „stimme gar nicht zu" bis 5 „stimme stark zu" zzgl. „keine Antwort möglich"
Transparenz16_t2	Die Rückmeldung (Absage / Zusage) empfinde ich als fair und nachvollziehbar. (nur t2)	1 „stimme gar nicht zu" bis 5 „stimme stark zu" zzgl. „keine Antwort möglich"

Zeitplanung und zügiger Prozessverlauf Im Folgenden werden Ihnen Aussagen zu Ihrem Bewerbungsprozess bei dem konkreten Unternehmen gezeigt. Der Fokus liegt darauf, wie Sie die Faktoren „Zeitplanung und zügiger Prozessverlauf" in dem Bewerbungsprozess wahrgenommen haben. Kreuzen Sie auf der Skala von 1 „stimme gar nicht zu" bis 5 „stimme stark zu" an, inwieweit Sie den Aussagen zustimmen. Bitte geben Sie hierbei intuitiv Ihren persönlichen Eindruck wieder, es gibt kein richtig oder falsch, es geht um Ihre individuelle Wahrnehmung.		
Zeitplanung1_t2	Ich habe das Auswahlverfahren als zielorientiert empfunden.	1 „stimme gar nicht zu" bis 5 „stimme stark zu" zzgl. „keine Antwort möglich"
Zeitplanung2_t2	Alles in allem schritt der Bewerbungsprozess aus meiner Sicht zügig voran.	1 „stimme gar nicht zu" bis 5 „stimme stark zu" zzgl. „keine Antwort möglich"
Zeitplanung3_t2	Das Auswahlverfahren wurde wie geplant durchgeführt.	1 „stimme gar nicht zu" bis 5 „stimme stark zu" zzgl. „keine Antwort möglich"
Zeitplanung4_t2	Das Auswahlverfahren begann pünktlich.	1 „stimme gar nicht zu" bis 5 „stimme stark zu" zzgl. „keine Antwort möglich"
Zeitplanung5_t2	Die Mitarbeiter des Unternehmens waren telefonisch oder per E-Mail gut erreichbar, um das zügige Voranschreiten des Prozesses zu ermöglichen.	1 „stimme gar nicht zu" bis 5 „stimme stark zu" zzgl. „keine Antwort möglich"
Zeitplanung6_t2	Der zeitliche Aufwand für das Auswahlverfahren wurde wie geplant eingehalten.	1 „stimme gar nicht zu" bis 5 „stimme stark zu" zzgl. „keine Antwort möglich"
Zeitplanung7_t2	Der zeitliche Aufwand für das Auswahlverfahren war angemessen.	1 „stimme gar nicht zu" bis 5 „stimme stark zu" zzgl. „keine Antwort möglich"

<table>
<tr><td>Zeitplanung8_t2</td><td>Bei vorhandenem Online Portal: Die Abgabe der Bewerbung über das Online Portal war effizient.</td><td>1 „stimme gar nicht zu“ bis 5 „stimme stark zu“ zzgl. „keine Antwort möglich“</td></tr>
<tr><td>(Zeitplanung11_t2)</td><td>Der Zeitraum vom Auswahlverfahren bis zur Rückmeldung (Absage / Angebot) war aus meiner Sicht angemessen.</td><td>1 „stimme gar nicht zu“ bis 5 „stimme stark zu“ zzgl. „keine Antwort möglich“</td></tr>
<tr><td colspan="3">Äußeres Erscheinungsbild
Im Folgenden werden Ihnen Aussagen zu Ihrem Bewerbungsprozess bei dem konkreten Unternehmen gezeigt. Der Fokus liegt darauf, wie Sie den Faktor „Äußeres Erscheinungsbild“ in dem Bewerbungsprozess wahrgenommen haben.
Kreuzen Sie auf der Skala von 1 „stimme gar nicht zu“ bis 5 „stimme stark zu“ an, inwieweit Sie den Aussagen zustimmen. Bitte geben Sie hierbei intuitiv Ihren persönlichen Eindruck wieder, es gibt kein richtig oder falsch, es geht um Ihre individuelle Wahrnehmung.</td></tr>
<tr><td>Aeusseres1_t2</td><td>Alles in allem machte der Standort des Unternehmens auf mich einen gepflegten Eindruck.</td><td>1 „stimme gar nicht zu“ bis 5 „stimme stark zu“ zzgl. „keine Antwort möglich“</td></tr>
<tr><td>Aeusseres2_t2</td><td>Alles in allem machten die Mitarbeiter des Unternehmens auf mich einen gepflegten Eindruck.</td><td>1 „stimme gar nicht zu“ bis 5 „stimme stark zu“ zzgl. „keine Antwort möglich“</td></tr>
<tr><td>Aeusseres3_t2</td><td>Die Räumlichkeiten, in denen das Auswahlverfahren stattfand, waren ansprechend und gepflegt.</td><td>1 „stimme gar nicht zu“ bis 5 „stimme stark zu“ zzgl. „keine Antwort möglich“</td></tr>
<tr><td>Aeusseres4_t2</td><td>Während des Auswahlverfahrens standen ausreichend Getränke zur Verfügung.</td><td>1 „stimme gar nicht zu“ bis 5 „stimme stark zu“ zzgl. „keine Antwort möglich“</td></tr>
<tr><td>Aeusseres5_t2</td><td>Die Homepage / Karriere-Homepage des Unternehmens machte auf mich einen gepflegten Eindruck.</td><td>1 „stimme gar nicht zu“ bis 5 „stimme stark zu“ zzgl. „keine Antwort möglich“</td></tr>
</table>

<table>
<tr><td colspan="3">Kompetenz der Ansprechpartner
Im Folgenden werden Ihnen Aussagen zu Ihrem Bewerbungsprozess bei dem konkreten Unternehmen gezeigt. Der Fokus liegt darauf, wie Sie den Faktor „Kompetenz der Ansprechpartner“ in dem Bewerbungsprozess wahrgenommen haben.
Kreuzen Sie auf der Skala von 1 „stimme gar nicht zu“ bis 5 „stimme stark zu“ an, inwieweit Sie den Aussagen zustimmen. Bitte geben Sie hierbei intuitiv Ihren persönlichen Eindruck wieder, es gibt kein richtig oder falsch, es geht um Ihre individuelle Wahrnehmung.</td></tr>
<tr><td>Kompetenz1_t2</td><td>Alles in allem hatten die Mitarbeiter des Unternehmens aus meiner Sicht das notwendige Wissen, um meine Fragen zu beantworten.</td><td>1 „stimme gar nicht zu“ bis 5 „stimme stark zu“ zzgl. „keine Antwort möglich“</td></tr>
<tr><td>Kompetenz2_t2</td><td>Alles in allem empfand ich die Mitarbeiter des Unternehmens als kompetent.</td><td>1 „stimme gar nicht zu“ bis 5 „stimme stark zu“ zzgl. „keine Antwort möglich“</td></tr>
<tr><td>Kompetenz3_t2</td><td>Die Mitarbeiter des Unternehmens kannten im Auswahlverfahren meinen Werdegang und meine Bewerbungsunterlagen und waren gut auf mich als Bewerber vorbereitet.</td><td>1 „stimme gar nicht zu“ bis 5 „stimme stark zu“ zzgl. „keine Antwort möglich“</td></tr>
<tr><td>Kompetenz4_t2</td><td>Die Mitarbeiter des Unternehmens waren inhaltlich gut auf das Auswahlverfahren vorbereitet und haben ein strukturiertes Gespräch geführt.</td><td>1 „stimme gar nicht zu“ bis 5 „stimme stark zu“ zzgl. „keine Antwort möglich“</td></tr>
<tr><td>Kompetenz5_t2</td><td>Mir wurde ein persönlicher Ansprechpartner im Unternehmen genannt, an den ich mich bei Rückfragen wenden konnte.</td><td>1 „stimme gar nicht zu“ bis 5 „stimme stark zu“ zzgl. „keine Antwort möglich“</td></tr>
</table>

Gibt es über die genannten Faktoren hinaus weitere Aspekte, die Sie in Ihrem Bewerbungsprozess bei dem Unternehmen als positiv oder negativ wahrgenommen haben?

/ Freitextfeld /

Eigenschaften der Tätigkeit / der Organisation

Bitte bewerten Sie die folgenden Aspekte der Stelle bei dem konkreten Unternehmen, bei dem Sie sich im Bewerbungsprozess befinden. Kreuzen Sie auf der Skala von 1 „sehr schlecht“ bis 5 „sehr gut“ an, wie Sie die einzelnen Aspekte bei der Stelle beurteilen.	Art / Inhalte der Tätigkeit Bezahlung Gehaltsentwicklung und Aufstiegschancen Jeweils 1 „sehr schlecht“ bis 5 „sehr gut“ zzgl. „keine Antwort möglich“
Bitte bewerten Sie die folgenden Aspekte des konkreten Unternehmens, bei dem Sie sich im Bewerbungsprozess befinden. Kreuzen Sie auf der Skala von 1 „sehr schlecht“ bis 5 „sehr gut“ an, wie Sie die einzelnen Aspekte bei dem Unternehmen beurteilen.	Arbeitgeberimage Standort Unternehmensgröße Bekanntheit des Unternehmens Voraussichtliche Arbeitszeiten Arbeitsumgebung (bspw. Arbeitsplatz, Geräuschkulisse, Versorgung mit Getränken, Belüftung, etc.) Jeweils 1 „sehr schlecht“ bis 5 „sehr gut“ zzgl. „keine Antwort möglich“

P-J / P-O Fit

Kreuzen Sie auf der Skala von 1 „in einem sehr geringen Ausmaß“ bis 5 „in einem sehr hohen Ausmaß“ an, um die folgende Frage zu beantworten.

Inwiefern erfüllt die Stelle die Erwartungen, die Sie an Ihre neue Tätigkeit haben?	1 „in einem sehr geringen Ausmaß“ bis 5 „in einem sehr hohen Ausmaß“
Inwiefern erfüllt der Arbeitgeber die Erwartungen, die Sie an Ihren neuen Arbeitgeber haben?	1 „in einem sehr geringen Ausmaß“ bis 5 „in einem sehr hohen Ausmaß“

Erwartung einer Zusage

Wie wahrscheinlich war es aus Ihrer Sicht, dass Sie eine Zusage für die Stelle erhalten werden?	/ Freitextfeld Zahlen / %

Wahrgenommene Alternativen

Wie wahrscheinlich war es aus Ihrer Sicht, dass Sie eine gleichwertige oder bessere Stelle bei einem anderen Arbeitgeber angeboten bekommen?	/ Freitextfeld Zahlen / %

Outcomes – Haltung

Kreuzen Sie im Folgenden auf der Skala von 1 „wenig ansprechend" bis 5 „sehr ansprechend" an, um die Fragen zu beantworten.

Wie ansprechend ist die Stelle für Sie?	1 „wenig ansprechend" bis 5 „sehr ansprechend"
Wie ansprechend ist der Arbeitgeber für Sie?	1 „wenig ansprechend" bis 5 „sehr ansprechend"

Würden Sie den Arbeitgeber einem guten Freund oder Bekannten weiterempfehlen?	0 „sehr unwahrscheinlich" bis 10 „sehr wahrscheinlich"

Outcomes – Entscheidung

Wie ist der Bewerbungsprozess bei dem Arbeitgeber verlaufen?	Ich habe eine Absage erhalten. Ich habe eine Zusage erhalten, aber das Angebot abgelehnt. Ich habe eine Zusage erhalten und habe das Angebot angenommen.

Outcomes Intention

Vorausgesetzt die Stelle wäre Ihnen angeboten worden, wie wahrscheinlich wäre es gewesen, dass Sie das Angebot annehmen?	/ Freitextfeld Zahlen / %

Geschafft!

Herzlichen Dank für Ihre Teilnahme!

Sollten Sie Fragen und Anmerkungen zu der Befragung oder zur Vorgehensweise haben, kommen Sie gerne auf mich zu:

wahl.nadine@googlemail.com

Nadine Wahl

Anhang F: Ergebnistabellen Item- und Skalenanalysen

Übersicht:

Tabelle 7.1: Itemstatistiken Stichprobe I / Erster Befragungszeitpunkt
Tabelle 7.2: Itemstatistiken Stichprobe II / Erster Befragungszeitpunkt
Tabelle 7.3: Itemstatistiken Stichprobe I / Zweiter Befragungszeitpunkt
Tabelle 7.4: Itemstatistiken Stichprobe II / Zweiter Befragungszeitpunkt
Tabelle 7.5: Korrelationen (nach Kendall, 1-seitig) aller Candidate Experience Items mit allen Candidate Experience Skalen / Erster Befragungszeitpunkt (Stichprobe I und II)
Tabelle 7.6: Korrelationen (nach Kendall, 1-seitig) aller Candidate Experience Items mit allen Candidate Experience Skalen / Zweiter Befragungszeitpunkt (Stichprobe I und II)

Tabelle 7.1: Itemstatistiken Stichprobe I / Erster Befragungszeitpunkt

	Stichprobe I (Promovierende) / Erster Befragungsteil															
	N	Minimum	Maximum	Mittelwert	Std.-Abweichung	Varianz	Kolmogorov Smirnov (paarweise) Statistik	Signifikanz	Shapiro Wilk (paarweise) Statistik	Signifikanz	Schiefe	Kurtosis	Item-schwierigkeit	Trennschärfe	Cronbachs Alpha, wenn Item gelöscht	Cronbachs Alpha für Skala
	mit allen Items													ohne Zeitplanung8		
Augenhoehe1_t1	63	3	5	4,30	0,61	0,38	0,308	0,000	0,758	0,000	-0,274	-0,585	82,50	0,648	0,878	0,889
Augenhoehe2_t1	63	2	5	4,14	0,86	0,74	0,259	0,000	0,803	0,000	-0,915	0,420	78,50	0,634	0,877	N = 61
Augenhoehe3_t1	63	2	5	3,81	0,90	0,80	0,235	0,000	0,868	0,000	-0,305	-0,634	70,25	0,662	0,875	
Augenhoehe4_t1	62	3	5	4,42	0,67	0,44	0,324	0,000	0,744	0,000	-0,724	-0,520	85,50	0,580	0,882	
Augenhoehe5_t1	63	2	5	4,30	0,82	0,67	0,280	0,000	0,762	0,000	-1,168	1,095	82,50	0,580	0,882	
Augenhoehe6_t1	63	2	5	4,29	0,77	0,59	0,283	0,000	0,790	0,000	-0,765	-0,154	82,25	0,726	0,869	
Augenhoehe7_t1	63	1	5	4,14	1,15	1,32	0,296	0,000	0,749	0,000	-1,345	1,010	78,50	0,772	0,866	
Augenhoehe8_t1	62	2	5	4,34	0,81	0,65	0,293	0,000	0,744	0,000	-1,280	1,451	83,50	0,770	0,864	
Transparenz1_t1	62	2	5	3,98	0,69	0,48	0,364	0,000	0,743	0,000	-0,910	1,960	74,50	0,544	0,753	0,775
Transparenz2_t1	62	1	5	3,65	0,98	0,95	0,255	0,000	0,878	0,000	-0,641	0,324	66,25	0,527	0,748	N = 43
Tranparenz3_t1	62	2	5	3,82	0,84	0,71	0,293	0,000	0,847	0,000	-0,507	-0,095	70,50	0,525	0,750	
Transparenz4t1	63	1	5	4,27	1,27	1,62	0,399	0,000	0,625	0,000	-1,645	1,432	81,75	0,169	0,785	
Transparenz5_t1	63	1	5	3,19	1,11	1,22	0,241	0,000	0,886	0,000	-0,391	-0,129	54,75	0,733	0,724	
Tranparenz6_t1	62	2	5	3,90	0,84	0,71	0,304	0,000	0,831	0,000	-0,658	0,150	72,50	0,588	0,745	
Transparenz7_t1	63	1	5	2,54	1,16	1,35	0,203	0,000	0,901	0,000	0,411	-0,584	38,50	0,387	0,761	
Transparenz8_t1	62	3	5	4,32	0,62	0,39	0,295	0,000	0,759	0,000	-0,344	-0,615	83,00	0,247	0,772	
Tranparenz9_t1	63	2	5	3,78	0,77	0,60	0,312	0,000	0,835	0,000	-0,462	0,142	69,50	0,486	0,756	
Transparenz10_t1	51	3	5	4,63	0,56	0,32	0,412	0,000	0,647	0,000	-1,224	0,594	90,75	0,182	0,775	
Transparenz11_t1	62	3	5	4,60	0,56	0,31	0,395	0,000	0,667	0,000	-0,986	-0,014	90,00	0,209	0,774	
Tranparenz12_t1	57	1	5	2,63	1,87	3,49	0,335	0,000	0,692	0,000	0,391	-1,785	40,75	0,307	0,791	
Transparenz13_t1	62	1	5	3,42	1,21	1,46	0,233	0,000	0,893	0,000	-0,467	-0,697	60,50	0,266	0,774	
Transparenz14_t1	58	1	5	3,36	1,04	1,08	0,191	0,000	0,904	0,000	-0,300	-0,167	59,00	0,601	0,741	
Zeitplanung1_t1	63	3	5	4,14	0,62	0,38	0,321	0,000	0,771	0,000	-0,095	-0,377	78,50	0,480	0,749	0,771
Zeitplanung2_t1	62	2	5	3,92	1,00	0,99	0,226	0,000	0,845	0,000	-0,553	-0,730	73,00	0,573	0,730	N = 38
Zeitplanung3_t1	59	1	5	4,32	0,86	0,74	0,293	0,000	0,745	0,000	-1,527	2,986	83,00	0,685	0,723	
Zeitplanung4_t1	62	1	5	4,24	1,21	1,47	0,331	0,000	0,653	0,000	-1,688	1,738	81,00	0,412	0,765	
Zeitplanung5_t1	44	1	5	4,09	1,07	1,15	0,262	0,000	0,780	0,000	-1,367	1,612	77,25	0,614	0,721	
Zeitplanung6_t1	54	1	5	4,22	1,02	1,04	0,277	0,000	0,741	0,000	-1,570	2,356	80,50	0,400	0,758	
Zeitplanung7_t1	61	1	5	4,05	1,01	1,01	0,237	0,000	0,827	0,000	-0,911	0,260	76,25	0,493	0,743	
Zeitplanung8_t1	12	2	5	4,17	0,94	0,88	0,263	0,022	0,807	0,011	-1,177	1,334	79,25			
Zeitplanung9_t1	63	1	5	4,24	1,03	1,06	0,279	0,000	0,722	0,000	-1,699	2,910	81,00	0,157	0,783	
Zeitplanung10_t1	63	2	5	4,14	0,84	0,71	0,242	0,000	0,816	0,000	-0,786	0,122	78,50	0,356	0,762	
Aeusseres1_t1	59	1	5	4,14	0,92	0,84	0,250	0,000	0,811	0,000	-0,969	0,908	78,50	0,435	0,509	0,606
Aeusseres2_t1	61	3	5	4,57	0,59	0,35	0,388	0,000	0,678	0,000	-1,049	0,151	89,25	0,537	0,500	N = 57
Aeusseres3_t1	59	2	5	4,34	0,82	0,68	0,315	0,000	0,759	0,000	-1,097	0,540	83,50	0,553	0,450	
Aeusseres4_t1	59	1	5	4,27	1,05	1,10	0,316	0,000	0,716	0,000	-1,598	2,096	81,75	0,193	0,662	
Aeusseres5_t1	61	2	5	4,03	0,89	0,80	0,221	0,000	0,840	0,000	-0,500	-0,662	75,75	0,227	0,618	
Kompetenz1_t1	63	3	5	4,44	0,67	0,44	0,337	0,000	0,734	0,000	-0,802	-0,429	86,00	0,486	0,686	0,727
Kompetenz2_t1	63	3	5	4,56	0,56	0,32	0,373	0,000	0,686	0,000	-0,789	-0,393	89,00	0,571	0,673	N = 61
Kompetenz3_t1	63	2	5	4,13	0,85	0,73	0,244	0,000	0,824	0,000	-0,573	-0,571	78,25	0,517	0,668	
Kompetenz4_t1	63	1	5	4,19	0,91	0,83	0,257	0,000	0,794	0,000	-1,181	1,441	79,75	0,649	0,608	
Kompetenz5_t1	61	1	5	4,25	1,12	1,26	0,356	0,000	0,709	0,000	-1,390	0,995	81,25	0,358	0,761	

Tabelle 7.2: Itemstatistiken Stichprobe II / Erster Befragungszeitpunkt

Stichprobe II (Assessment Center Kandidaten) / Erster Befragungsteil																	
	N	Minimum	Maximum	Mittelwert	Std.-Abweichung	Varianz	Kolmogorov Smirnov (paarweise) Statistik	Signifikanz	Shapiro Wilk (paarweise) Statistik	Signifikanz	Schiefe	Kurtosis	Item-schwierigkeit	Trennschärfe	Cronbachs Alpha, wenn Item gelöscht	Cronbachs Alpha für Skala
	mit allen Items													ohne Zeitplanung8		
Augenhoehe1_t1	92	3	5	4,35	0,62	0,38	0,289	0,000	0,755	0,000	-0,391	-0,637	83,75	0,380	0,808	0,811
Augenhoehe2_t1	92	1	5	4,33	0,73	0,53	0,268	0,000	0,749	0,000	-1,292	3,423	83,25	0,667	0,769	N = 91
Augenhoehe3_t1	91	1	5	3,96	0,94	0,89	0,255	0,000	0,843	0,000	-0,890	0,816	74,00	0,506	0,797	
Augenhoehe4_t1	92	2	5	4,28	0,72	0,51	0,266	0,000	0,790	0,000	-0,662	-0,086	82,00	0,510	0,792	
Augenhoehe5_t1	92	2	5	4,24	0,75	0,56	0,248	0,000	0,798	0,000	-0,746	0,249	81,00	0,582	0,781	
Augenhoehe6_t1	92	3	5	4,34	0,63	0,40	0,279	0,000	0,761	0,000	-0,418	-0,652	83,50	0,561	0,786	
Augenhoehe7_t1	92	2	5	4,39	0,77	0,59	0,329	0,000	0,746	0,000	-1,104	0,592	84,75	0,474	0,797	
Augenhoehe8_t1	92	2	5	4,46	0,75	0,56	0,353	0,000	0,715	0,000	-1,302	1,217	86,50	0,565	0,784	
Transparenz1_t1	90	2	5	4,14	0,79	0,62	0,249	0,000	0,817	0,000	-0,687	0,121	78,50	0,524	0,816	0,830
Transparenz2_t1	92	2	5	3,82	0,89	0,79	0,213	0,000	0,866	0,000	-0,201	-0,789	70,50	0,481	0,818	N = 82
Tranparenz3_t1	92	1	5	3,80	1,00	0,99	0,252	0,000	0,869	0,000	-0,682	0,057	70,00	0,523	0,815	
Transparenz4t1	89	1	5	2,42	1,26	1,59	0,225	0,000	0,871	0,000	0,631	-0,577	35,50	0,440	0,824	
Transparenz5_t1	92	1	5	3,13	1,00	0,99	0,189	0,000	0,906	0,000	-0,199	-0,440	53,25	0,584	0,810	
Tranparenz6_t1	92	1	5	3,92	1,04	1,08	0,268	0,000	0,834	0,000	-0,983	0,564	73,00	0,558	0,812	
Transparenz7_t1	91	1	5	2,48	1,09	1,19	0,210	0,000	0,889	0,000	0,254	-0,455	37,00	0,439	0,822	
Transparenz8_t1	92	2	5	4,00	0,73	0,53	0,261	0,000	0,828	0,000	-0,176	-0,570	75,00	0,506	0,817	
Tranparenz9_t1	92	1	5	4,07	0,84	0,70	0,317	0,000	0,784	0,000	-1,162	1,947	76,75	0,466	0,819	
Transparenz10_t1	91	1	5	4,70	0,64	0,41	0,447	0,000	0,513	0,000	-3,005	12,229	92,50	0,299	0,829	
Transparenz11_t1	92	2	5	4,63	0,61	0,37	0,414	0,000	0,626	0,000	-1,729	3,350	90,75	0,477	0,820	
Tranparenz12_t1	91	2	5	4,70	0,64	0,41	0,447	0,000	0,503	0,000	-2,747	8,511	92,50	0,208	0,833	
Transparenz13_t1	91	2	5	4,12	0,91	0,82	0,252	0,000	0,818	0,000	-0,704	-0,431	78,00	0,401	0,823	
Transparenz14_t1	90	1	5	4,18	0,76	0,58	0,252	0,000	0,792	0,000	-0,944	2,050	79,50	0,626	0,810	
Zeitplanung1_t1	91	1	5	4,21	0,81	0,66	0,255	0,000	0,787	0,000	-1,172	2,119	80,25	0,536	0,702	0,746
Zeitplanung2_t1	90	2	5	4,14	0,77	0,60	0,237	0,000	0,822	0,000	-0,555	-0,230	78,50	0,497	0,710	N = 69
Zeitplanung3_t1	90	4	5	4,69	0,47	0,22	0,437	0,000	0,582	0,000	-0,830	-1,342	92,25	0,374	0,733	
Zeitplanung4_t1	92	4	5	4,80	0,40	0,16	0,492	0,000	0,485	0,000	-1,560	0,443	95,00	0,458	0,729	
Zeitplanung5_t1	71	2	5	4,61	0,67	0,44	0,414	0,000	0,631	0,000	-1,750	2,927	90,25	0,430	0,722	
Zeitplanung6_t1	92	3	5	4,66	0,54	0,29	0,429	0,000	0,621	0,000	-1,328	0,842	91,50	0,459	0,721	
Zeitplanung7_t1	92	1	5	3,87	0,88	0,77	0,233	0,000	0,844	0,000	-0,631	0,834	71,75	0,604	0,687	
Zeitplanung8_t1	22	2	5	4,23	0,81	0,66	0,253	0,001	0,795	0,000	-1,046	1,230	80,75			
Zeitplanung9_t1	92	1	5	4,42	0,76	0,58	0,319	0,000	0,711	0,000	-1,001	4,074	85,50	0,310	0,741	
Zeitplanung10_t1	92	1	5	4,22	0,88	0,77	0,249	0,000	0,775	0,000	-1,348	2,507	80,50	0,273	0,754	
Aeusseres1_t1	92	4	5	4,75	0,44	0,19	0,467	0,000	0,538	0,000	-1,174	-0,636	93,75	0,526	0,565	0,656
Aeusseres2_t1	92	4	5	4,83	0,38	0,15	0,502	0,000	0,459	0,000	-1,749	1,083	95,75	0,548	0,572	N = 87
Aeusseres3_t1	92	3	5	4,66	0,56	0,31	0,433	0,000	0,614	0,000	-1,445	1,176	91,50	0,421	0,598	
Aeusseres4_t1	92	3	5	4,77	0,49	0,24	0,482	0,000	0,506	0,000	-2,115	3,814	94,25	0,367	0,622	
Aeusseres5_t1	87	2	5	4,21	0,75	0,56	0,242	0,000	0,805	0,000	-0,700	0,213	80,25	0,341	0,676	
Kompetenz1_t1	91	4	5	4,71	0,45	0,21	0,450	0,000	0,566	0,000	-0,965	-1,094	92,75	0,493	0,672	0,709
Kompetenz2_t1	92	3	5	4,72	0,50	0,25	0,454	0,000	0,579	0,000	-1,512	1,380	93,00	0,402	0,689	N = 82
Kompetenz3_t1	92	1	5	4,38	0,82	0,68	0,318	0,000	0,728	0,000	-1,539	2,822	84,50	0,593	0,601	
Kompetenz4_t1	92	2	5	4,62	0,63	0,39	0,413	0,000	0,632	0,000	-1,702	2,964	90,50	0,663	0,587	
Kompetenz5_t1	83	1	5	4,29	1,01	1,01	0,338	0,000	0,725	0,000	-1,349	0,967	82,25	0,370	0,745	

Tabelle 7.3: Itemstatistiken Stichprobe I / Zweiter Befragungszeitpunkt

Stichprobe I (Promovierende) / Zweiter Befragungsteil																
	N	Minimum	Maximum	Mittelwert	Std.-Abweichung	Varianz	Kolmogorov Smirnov (paarweise) Statistik	Signifikanz	Shapiro Wilk (paarweise) Statistik	Signifikanz	Schiefe	Kurtosis	Item-schwierigkeit	Trennschärfe	Cronbachs Alpha, wenn Item gelöscht	Cronbachs Alpha für Skala
	mit allen Items													ohne Zeitplanung8		
Augenhoehe1_t2	52	2	5	4,17	0,90	0,81	0,263	0,000	0,804	0,000	-0,857	-0,084	79,25	0,812	0,870	0,893
Augenhoehe2_t2	52	1	5	3,94	1,15	1,31	0,245	0,000	0,828	0,000	-0,862	-0,063	73,50	0,719	0,876	N = 49
Augenhoehe3_t2	52	1	5	3,94	0,98	0,96	0,274	0,000	0,841	0,000	-0,926	0,622	73,50	0,688	0,879	
Augenhoehe4_t2	52	2	5	4,29	0,87	0,76	0,293	0,000	0,761	0,000	-1,165	0,760	82,25	0,710	0,878	
Augenhoehe5_t2	52	1	5	4,13	0,89	0,79	0,247	0,000	0,806	0,000	-1,151	1,885	78,25	0,621	0,884	
Augenhoehe6_t2	52	1	5	4,19	0,91	0,83	0,255	0,000	0,792	0,000	-1,215	1,771	79,75	0,777	0,873	
Augenhoehe7_t2	52	1	5	4,13	1,07	1,14	0,272	0,000	0,778	0,000	-1,286	1,273	78,25	0,550	0,890	
Augenhoehe8_t2	52	1	5	4,23	0,96	0,93	0,269	0,000	0,756	0,000	-1,449	1,990	80,75	0,753	0,874	
Augenhoehe9_t2	49	1	5	3,98	1,20	1,44	0,262	0,000	0,790	0,000	-1,170	0,521	74,50	0,402	0,908	
Transparenz1_t2	52	1	5	3,79	0,98	0,95	0,336	0,000	0,810	0,000	-1,129	1,323	69,75	0,722	0,800	0,827
Transparenz2_t2	52	1	5	3,50	1,35	1,82	0,279	0,000	0,844	0,000	-0,696	-0,722	62,50	0,770	0,793	N = 30
Tranparenz3_t2	52	1	5	3,48	1,24	1,55	0,219	0,000	0,885	0,000	-0,558	-0,573	62,00	0,798	0,792	
Transparenz4t2	52	1	5	4,27	1,07	1,14	0,330	0,000	0,714	0,000	-1,572	1,987	81,75	0,240	0,827	
Transparenz5_t2	52	1	5	3,56	1,04	1,08	0,204	0,000	0,896	0,000	-0,434	-0,119	64,00	0,477	0,814	
Tranparenz6_t2	52	2	5	4,04	0,79	0,63	0,308	0,000	0,804	0,000	-0,811	0,798	76,00	0,221	0,828	
Transparenz7_t2	52	1	5	3,29	1,21	1,46	0,241	0,000	0,886	0,000	-0,516	-0,622	57,25	0,558	0,809	
Transparenz8_t2	51	2	5	4,25	0,72	0,51	0,247	0,000	0,790	0,000	-0,762	0,616	81,25	0,313	0,824	
Tranparenz9_t2	52	2	5	4,00	0,82	0,67	0,288	0,000	0,829	0,000	-0,674	0,289	75,00	0,172	0,830	
Transparenz10_t2	45	1	5	4,56	0,73	0,53	0,352	0,000	0,574	0,000	-2,826	12,121	89,00	0,410	0,822	
Transparenz11_t2	49	2	5	4,59	0,64	0,41	0,390	0,000	0,638	0,000	-1,830	4,306	89,75	0,294	0,825	
Tranparenz12_t2	49	1	5	2,86	1,80	3,25	0,257	0,000	0,754	0,000	0,156	-1,843	46,50	0,187	0,852	
Transparenz13_t2	48	1	5	3,63	1,10	1,22	0,279	0,000	0,870	0,000	-0,678	-0,250	65,75	0,516	0,813	
Transparenz14_t2	45	1	5	3,33	0,93	0,86	0,240	0,000	0,896	0,001	-0,020	-0,073	58,25	0,494	0,815	
Transparenz15_t2	45	1	5	3,49	1,31	1,71	0,230	0,000	0,876	0,000	-0,485	-0,929	62,25	0,496	0,813	
Transparenz16_t2	43	1	5	3,79	1,34	1,79	0,236	0,000	0,819	0,000	-0,850	-0,436	69,75	0,544	0,810	
Zeitplanung1_t2	52	1	5	3,96	1,01	1,02	0,227	0,000	0,831	0,000	-0,993	1,068	74,00	0,601	0,849	0,864
Zeitplanung2_t2	52	1	5	3,46	1,28	1,63	0,279	0,000	0,863	0,000	-0,589	-0,780	61,50	0,696	0,837	N = 37
Zeitplanung3_t2	50	1	5	3,94	1,19	1,40	0,260	0,000	0,806	0,000	-1,106	0,441	73,50	0,777	0,827	
Zeitplanung4_t2	52	2	5	4,12	1,10	1,20	0,290	0,000	0,750	0,000	-0,979	-0,402	78,00	0,457	0,863	
Zeitplanung5_t2	41	1	5	3,83	1,22	1,50	0,238	0,000	0,833	0,000	-0,951	0,105	70,75	0,629	0,846	
Zeitplanung6_t2	50	1	5	4,10	1,07	1,15	0,283	0,000	0,765	0,000	-1,236	0,735	77,50	0,734	0,837	
Zeitplanung7_t2	51	1	5	4,10	0,96	0,93	0,237	0,000	0,818	0,000	-1,038	0,925	77,50	0,564	0,854	
Zeitplanung8_t2	13	2	5	3,85	0,99	0,97	0,331	0,000	0,815	0,010	-0,876	0,294	71,25			
Zeitplanung11_t2	52	1	5	3,58	1,38	1,90	0,198	0,000	0,853	0,000	-0,588	-0,872	64,50	0,516	0,861	
Aeusseres1_t2	52	2	5	4,27	0,87	0,75	0,301	0,000	0,779	0,000	-0,939	0,006	81,75	0,492	0,509	0,625
Aeusseres2_t2	52	2	5	4,40	0,66	0,44	0,296	0,000	0,731	0,000	-1,092	1,901	85,00	0,412	0,564	N = 50
Aeusseres3_t2	52	3	5	4,40	0,69	0,48	0,324	0,000	0,747	0,000	-0,742	-0,587	85,00	0,620	0,471	
Aeusseres4_t2	52	1	5	4,29	1,09	1,19	0,301	0,000	0,659	0,000	-1,929	3,298	82,25	0,182	0,706	
Aeusseres5_t2	50	2	5	4,16	0,79	0,63	0,236	0,000	0,822	0,000	-0,555	-0,403	79,00	0,331	0,594	
Kompetenz1_t2	52	2	5	4,46	0,67	0,45	0,328	0,000	0,715	0,000	-1,276	2,181	86,50	0,635	0,592	0,696
Kompetenz2_t2	52	2	5	4,29	0,80	0,64	0,275	0,000	0,777	0,000	-1,055	0,842	82,25	0,608	0,584	N = 51
Kompetenz3_t2	52	2	5	4,15	0,78	0,60	0,268	0,000	0,806	0,000	-0,800	0,628	78,75	0,263	0,716	
Kompetenz4_t2	52	1	5	4,04	0,89	0,78	0,329	0,000	0,776	0,000	-1,313	2,377	76,00	0,576	0,590	
Kompetenz5_t2	51	1	5	4,20	1,13	1,28	0,310	0,000	0,728	0,000	-1,437	1,233	80,00	0,308	0,738	

Tabelle 7.4: Itemstatistiken Stichprobe II / Zweiter Befragungszeitpunkt

Stichprobe II (Assessment Center Kandidaten) / Zweiter Befragungsteil																
	N	Minimum	Maximum	Mittelwert	Std.-Abweichung	Varianz	Kolmogorov Smirnov (paarweise) Statistik	Signifikanz	Shapiro Wilk (paarweise) Statistik	Signifikanz	Schiefe	Kurtosis	Item-schwierigkeit	Trennschärfe	Cronbachs Alpha, wenn Item gelöscht	Cronbachs Alpha für Skala
	mit allen Items													ohne Zeitplanung8		
Augenhoehe1_t2	49	2	5	4,31	0,82	0,68	0,270	0,000	0,737	0,000	-1,338	1,784	82,75	0,739	0,914	0,923
Augenhoehe2_t2	49	1	5	4,12	0,97	0,94	0,266	0,000	0,794	0,000	-1,250	1,468	78,00	0,744	0,913	N = 48
Augenhoehe3_t2	49	1	5	3,92	1,12	1,24	0,264	0,000	0,817	0,000	-1,149	0,983	73,00	0,719	0,916	
Augenhoehe4_t2	49	1	5	4,27	1,00	0,99	0,280	0,000	0,719	0,000	-1,757	3,330	81,75	0,754	0,912	
Augenhoehe5_t2	49	1	5	4,24	0,93	0,86	0,262	0,000	0,756	0,000	-1,507	2,572	81,00	0,738	0,913	
Augenhoehe6_t2	49	2	5	4,29	0,74	0,54	0,263	0,000	0,787	0,000	-0,841	0,550	82,25	0,774	0,913	
Augenhoehe7_t2	49	2	5	4,31	0,90	0,80	0,291	0,000	0,725	0,000	-1,386	1,409	82,75	0,682	0,917	
Augenhoehe8_t2	49	1	5	4,29	0,98	0,96	0,318	0,000	0,741	0,000	-1,449	1,807	82,25	0,708	0,916	
Augenhoehe9_t2	48	1	5	4,46	0,85	0,72	0,342	0,000	0,656	0,000	-2,146	5,701	86,50	0,714	0,915	
Transparenz1_t2	49	2	5	4,06	0,88	0,77	0,248	0,000	0,832	0,000	-0,704	-0,087	76,50	0,551	0,821	0,835
Transparenz2_t2	48	1	5	3,69	1,06	1,11	0,221	0,000	0,888	0,000	-0,463	-0,484	67,25	0,596	0,816	N = 43
Tranparenz3_t2	49	1	5	3,73	1,04	1,07	0,213	0,000	0,884	0,000	-0,489	-0,364	68,25	0,636	0,813	
Transparenz4t2	47	1	5	2,57	1,16	1,34	0,222	0,000	0,892	0,000	0,560	-0,288	39,25	0,483	0,824	
Transparenz5_t2	49	1	5	3,16	0,94	0,89	0,268	0,000	0,856	0,000	-0,651	0,549	54,00	0,427	0,827	
Tranparenz6_t2	49	1	5	3,80	0,94	0,87	0,260	0,000	0,868	0,000	-0,688	0,519	70,00	0,517	0,823	
Transparenz7_t2	49	1	5	2,63	1,19	1,40	0,214	0,000	0,892	0,000	0,531	-0,390	40,75	0,249	0,843	
Transparenz8_t2	48	1	5	4,00	0,83	0,68	0,313	0,000	0,797	0,000	-1,186	2,848	75,00	0,531	0,823	
Tranparenz9_t2	49	1	5	3,98	0,90	0,81	0,325	0,000	0,796	0,000	-1,205	1,943	74,50	0,533	0,822	
Transparenz10_t2	48	1	5	4,54	0,87	0,76	0,387	0,000	0,570	0,000	-2,526	6,870	88,50	0,147	0,841	
Transparenz11_t2	48	1	5	4,40	0,79	0,63	0,277	0,000	0,648	0,000	-2,189	7,225	85,00	0,595	0,821	
Tranparenz12_t2	47	1	5	4,57	0,80	0,64	0,383	0,000	0,560	0,000	-2,775	9,429	89,25	0,197	0,837	
Transparenz13_t2	48	1	5	4,04	0,94	0,89	0,295	0,000	0,805	0,000	-1,193	1,574	76,00	0,381	0,830	
Transparenz14_t2	48	1	5	4,17	0,88	0,78	0,258	0,000	0,790	0,000	-1,307	2,474	79,25	0,257	0,836	
Transparenz15_t2	48	1	5	4,13	1,02	1,05	0,285	0,000	0,762	0,000	-1,502	2,295	78,25	0,552	0,820	
Transparenz16_t2	48	1	5	4,25	0,96	0,92	0,263	0,000	0,729	0,000	-1,751	3,808	81,25	0,587	0,818	
Zeitplanung1_t2	49	1	5	4,10	0,92	0,84	0,272	0,000	0,804	0,000	-1,218	1,853	77,50	0,650	0,793	0,827
Zeitplanung2_t2	49	1	5	4,12	1,01	1,03	0,289	0,000	0,762	0,000	-1,508	2,381	78,00	0,742	0,778	N = 29
Zeitplanung3_t2	48	1	5	4,54	0,80	0,64	0,363	0,000	0,585	0,000	-2,634	8,835	88,50	0,429	0,822	
Zeitplanung4_t2	49	1	5	4,69	0,71	0,51	0,442	0,000	0,480	0,000	-3,425	14,774	92,25	0,448	0,824	
Zeitplanung5_t2	31	1	5	4,35	0,95	0,90	0,300	0,000	0,679	0,000	-2,044	4,857	83,75	0,706	0,785	
Zeitplanung6_t2	48	1	5	4,46	0,82	0,68	0,328	0,000	0,646	0,000	-2,242	0,015	00,50	0,315	0,833	
Zeitplanung7_t2	49	1	5	3,86	0,94	0,88	0,234	0,000	0,864	0,000	-0,660	0,492	71,50	0,559	0,807	
Zeitplanung8_t2	10	3	5	4,10	0,74	0,54	0,254	0,067	0,833	0,036	-0,166	-0,734	77,50			
Zeitplanung11_t2	49	1	5	4,04	1,27	1,62	0,346	0,000	0,745	0,000	-0,961	-0,436	76,00	0,650	0,800	
Aeusseres1_t2	49	1	5	4,65	0,72	0,52	0,419	0,000	0,523	0,000	-3,149	13,038	91,25	0,742	0,866	0,891
Aeusseres2_t2	49	1	5	4,80	0,65	0,42	0,481	0,000	0,349	0,000	-4,647	25,490	95,00	0,797	0,858	N = 49
Aeusseres3_t2	49	1	5	4,59	0,73	0,54	0,384	0,000	0,574	0,000	-2,807	11,103	89,75	0,771	0,860	
Aeusseres4_t2	49	1	5	4,67	0,80	0,64	0,454	0,000	0,472	0,000	-3,137	10,753	91,75	0,721	0,872	
Aeusseres5_t2	49	1	5	4,14	0,82	0,67	0,308	0,000	0,757	0,000	-1,471	3,927	78,50	0,671	0,884	
Kompetenz1_t2	49	1	5	4,49	0,71	0,51	0,315	0,000	0,605	0,000	-2,504	10,809	87,25	0,529	0,676	0,730
Kompetenz2_t2	49	1	5	4,57	0,71	0,50	0,360	0,000	0,569	0,000	-2,843	12,437	89,25	0,540	0,675	N = 44
Kompetenz3_t2	46	2	5	4,33	0,70	0,49	0,267	0,000	0,764	0,000	-0,960	1,305	83,25	0,606	0,633	
Kompetenz4_t2	49	2	5	4,47	0,68	0,46	0,333	0,000	0,712	0,000	-1,335	2,272	86,75	0,639	0,627	
Kompetenz5_t2	45	2	5	4,44	0,79	0,62	0,338	0,000	0,697	0,000	-1,578	2,491	86,00	0,274	0,795	

Tabelle 7.5: Korrelationen (nach Kendall) aller Candidate Experience Items mit allen Candidate Experience Skalen / Erster Befragungszeitpunkt (Stichprobe I und II)

Item	Stichprobe I (Promovierende) / Erster Befragungsteil							Stichprobe II (Assessment Center Kandidaten) / Erster Befragungsteil						
	N	Korrelation mit Skala Kendall-Tau-b (1-seitig)	Korrelation mit Skala Augenhöhe Kendall-Tau-b (2-seitig)	Korrelation mit Skala Transparenz Kendall-Tau-b (2-seitig)	Korrelation mit Skala Zeitplanung Kendall-Tau-b (2-seitig)	Korrelation mit Skala Äußeres Kendall-Tau-b (2-seitig)	Korrelation mit Skala Kompetenz Kendall-Tau-b (2-seitig)	N	Korrelation mit Skala Kendall-Tau-b (1-seitig)	Korrelation mit Skala Augenhöhe Kendall-Tau-b (2-seitig)	Korrelation mit Skala Transparenz Kendall-Tau-b (2-seitig)	Korrelation mit Skala Zeitplanung Kendall-Tau-b (2-seitig)	Korrelation mit Skala Äußeres Kendall-Tau-b (2-seitig)	Korrelation mit Skala Kompetenz Kendall-Tau-b
	mit allen Items							mit allen Items						
Augenhoehe1_t1	63	,723**	- -	,240*	,346**	,333**	,242*	92	,519**	- -	,219*	,295**	,186*	0,15
Augenhoehe2_t1	63	,723**	- -	,240*	,485**	,284**	,333**	92	,767**	- -	,248**	,374**	0,13	,276**
Augenhoehe3_t1	63	,761**	- -	,300**	,308**	,233*	,362**	91	,674**	- -	,199*	,179*	0,16	0,15
Augenhoehe4_t1	62	,666**	- -	0,15	0,09	0,11	,232*	92	,644**	- -	,416**	,239**	0,17	,402**
Augenhoehe5_t1	63	,689**	- -	0,18	0,17	0,14	,380**	92	,705**	- -	,278**	,172*	0,12	,308**
Augenhoehe6_t1	63	,798**	- -	,289**	,329**	,296**	,380**	92	,672**	- -	,256**	,207*	0,17	,257**
Augenhoehe7_t1	63	,855**	- -	0,19	,313**	,252*	,292**	92	,623**	- -	,303**	,253**	0,15	,373**
Augenhoehe8_t1	62	,833**	- -	0,17	,330**	,371**	,394**	92	,690**	- -	,309**	,223**	0,10	,265**
Transparenz1_t1	62	,565**	,408**	- -	,437**	,436**	,358**	90	,624**	,248**	- -	,282**	0,07	,317**
Transparenz2_t1	62	,585**	,341**	- -	,484**	,402**	,371**	92	,599**	0,10	- -	,244**	,182*	,246**
Tranparenz3_t1	62	,564**	,463**	- -	,456**	,395**	,346**	92	,648**	,351**	- -	,206*	,185*	,278**
Transparenz4_t1	63	,416**	-0,04	- -	0,04	0,02	0,06	89	,578**	,272**	- -	0,14	0,10	,208*
Transparenz5_t1	63	,729**	0,15	- -	,297**	,279**	,394**	92	,639**	,181*	- -	,236**	0,05	0,15
Tranparenz6_t1	62	,482**	0,14	- -	,254*	,222*	,225*	92	,613**	,404**	- -	,402**	0,08	,333**
Transparenz7_t1	63	,527**	0,10	- -	0,18	0,11	,254*	91	,500**	,182*	- -	0,05	,225**	,192*
Transparenz8_t1	62	,345**	,393**	- -	,246*	,358**	,340**	92	,561**	,357**	- -	,335**	,193*	,291**
Tranparenz9_t1	63	,473**	0,20	- -	0,13	,284**	,279**	92	,579**	0,15	- -	,299**	0,05	,270**
Transparenz10_t1	51	,261*	0,06	- -	0,16	0,08	0,05	91	,357**	0,09	- -	,200*	,294**	,278**
Transparenz11_t1	62	0,169	0,01	- -	0,11	0,09	0,13	92	,519**	,178*	- -	,254**	,197*	,391**
Tranparenz12_t1	57	,566**	-0,05	- -	0,11	0,15	0,13	91	,271**	,198*	- -	,242**	,248**	,302**
Transparenz13_t1	62	,434**	-0,01	- -	0,13	0,13	0,04	91	,535**	0,15	- -	,372**	,190*	,331**
Transparenz14_t1	58	,577**	0,14	- -	,289**	,268*	,285**	90	,619**	,320**	- -	,386**	0,11	,413**
Zeitplanung1_t1	63	,563**	,238*	,366**	- -	,281**	,254*	91	,661**	,363**	,488**	- -	,185*	,314**
Zeitplanung2_t1	62	,679**	,387**	,387**	- -	,322**	,329**	90	,691**	,261**	,337**	- -	,205*	0,14
Zeitplanung3_t1	59	,681**	0,20	,278**	- -	,379**	,292**	90	,464**	,204*	,274**	- -	,190*	,257**
Zeitplanung4_t1	62	,603**	,263*	0,13	- -	,270**	,237*	92	,601**	,178*	,252**	- -	,409**	,279**
Zeitplanung5_t1	44	,804**	0,16	,247*	- -	,441**	,257*	71	,586**	0,14	,282**	- -	,347**	,221*
Zeitplanung6_t1	54	,633**	0,21	,235*	- -	,271*	,388**	92	,621**	,279**	,306**	- -	,332**	,369**
Zeitplanung7_t1	61	,625**	,462**	,262**	- -	,311**	,408**	92	,694**	,219**	,239**	- -	0,15	,285**
Zeitplanung8_t1	12	,780**	0,19	,498*	- -	,749**	,510*	22	,485*	0,25	0,32	- -	0,21	0,25
Zeitplanung9_t1	63	,555**	0,15	0,14	- -	0,15	0,17	92	,475**	,200*	,237**	- -	0,01	,206*
Zeitplanung10_t1	63	,509**	,253*	,254*	- -	0,17	0,19	92	,493**	0,12	0,03	- -	0,02	0,13
Aeusseres1_t1	59	,669**	0,18	,313**	,371**	- -	,226*	92	,696**	,287**	,231**	,263**	- -	,346**
Aeusseres2_t1	61	,662**	,246*	,279**	,293**	- -	,237*	92	,663**	,284**	,265**	,314**	- -	,364**
Aeusseres3_t1	59	,749**	,245*	,349**	,326**	- -	,372**	92	,676**	0,16	,232**	,221*	- -	,210*
Aeusseres4_t1	59	,560**	0,09	0,08	0,07	- -	0,00	92	,591**	0,01	0,13	,276**	- -	0,14
Aeusseres5_t1	61	,596**	0,14	,318**	,307**	- -	,293**	87	,690**	,210*	,169*	0,13	- -	,291**
Kompetenz1_t1	63	,656**	,244*	,306**	,317**	,268*	- -	91	,596**	,315**	,422**	,261**	,343**	- -
Kompetenz2_t1	63	,673**	,284**	,230*	,220*	0,19	- -	92	,578**	,256**	,292**	,294**	,368**	- -
Kompetenz3_t1	63	,718**	,241*	,257**	,340**	0,16	- -	92	,774**	,216*	,237**	,266**	,199*	- -
Kompetenz4_t1	63	,813**	,406**	,367**	,293**	,286**	- -	92	,797**	,387**	,463**	,336**	,286**	- -
Kompetenz5_t1	61	,667**	,356**	,360**	,417**	,358**	- -	83	,701**	,273**	,387**	,230**	,187*	- -

Tabelle 7.6: Korrelationen (nach Kendall) aller Candidate Experience Items mit allen Candidate Experience Skalen / Zweiter Befragungszeitpunkt (Stichprobe I und II)

Item	Stichprobe I (Promovierende) / Zweiter Befragungsteil							Stichprobe II (Assessment Center Kandidaten) / Zweiter Befragungsteil						
	N	Korrelation mit Skala Kendall-Tau-b (1-seitig)	Korrelation mit Skala Augenhöhe Kendall-Tau-b (2-seitig)	Korrelation mit Skala Transparenz Kendall-Tau-b (2-seitig)	Korrelation mit Skala Zeitplanung Kendall-Tau-b (2-seitig)	Korrelation mit Skala Äußeres Kendall-Tau-b (2-seitig)	Korrelation mit Skala Kompetenz Kendall-Tau-b (2-seitig)	N	Korrelation mit Skala Kendall-Tau-b (1-seitig)	Korrelation mit Skala Augenhöhe Kendall-Tau-b (2-seitig)	Korrelation mit Skala Transparenz Kendall-Tau-b (2-seitig)	Korrelation mit Skala Zeitplanung Kendall-Tau-b (2-seitig)	Korrelation mit Skala Äußeres Kendall-Tau-b (2-seitig)	Korrelation mit Skala Kompetenz Kendall-Tau-b
	mit allen Items							mit allen Items						
Augenhoehe1_t2	52	,868**	- -	,410**	,383**	,232*	,478**	49	,791**	- -	,348**	,256*	-0,08	,408**
Augenhoehe2_t2	52	,826**	- -	,366**	,457**	,233*	,467**	49	,806**	- -	,414**	,380**	-0,16	,394**
Augenhoehe3_t2	52	,808**	- -	,341**	,416**	0,09	,422**	49	,796**	- -	,437**	,222*	0,10	,397**
Augenhoehe4_t2	52	,809**	- -	,332**	,219*	0,07	,421**	49	,814**	- -	,423**	,296*	0,08	,414**
Augenhoehe5_t2	52	,739**	- -	,317**	,276*	0,22	,394**	49	,797**	- -	,398**	,233*	-0,04	,453**
Augenhoehe6_t2	52	,865**	- -	,294**	,431**	,308**	,540**	49	,812**	- -	,580**	,314**	0,07	,551**
Augenhoehe7_t2	52	,727**	- -	,278*	,418**	0,20	,449**	49	,749**	- -	,390**	,346**	,277*	,528**
Augenhoehe8_t2	52	,840**	- -	,476**	,341**	,268*	,461**	49	,776**	- -	,480**	,353**	0,06	,466**
Augenhoehe9_t2	49	,558**	- -	,394**	,436**	0,21	,431**	48	,774**	- -	,496**	,332**	0,18	,470**
Transparenz1_t2	52	,768**	,573**	- -	,593**	0,21	,406**	49	,663**	,533**	- -	,373**	0,21	,473**
Transparenz2_t2	52	,709**	,469**	- -	,622**	0,16	,273*	48	,657**	,427**	- -	,454**	0,13	,391**
Tranparenz3_t2	52	,741**	,478**	- -	,583**	0,18	,363**	49	,686**	,540**	- -	,368**	0,17	,478**
Transparenz4_t2	52	,369**	0,05	- -	0,08	0,06	0,06	47	,564**	,237*	- -	0,20	0,16	,379**
Transparenz5_t2	52	,632**	,254*	- -	0,16	0,07	0,21	49	,611**	,243*	- -	0,19	0,07	0,23
Tranparenz6_t2	52	,465**	0,20	- -	0,14	0,03	0,21	49	,684**	,311**	- -	,341**	0,02	,361**
Transparenz7_t2	52	,670**	0,19	- -	,221*	0,09	0,09	49	,463**	0,02	- -	0,10	0,14	0,15
Transparenz8_t2	51	,420**	,436**	- -	,236*	0,18	,358**	48	,753**	,439**	- -	,407**	0,19	,469**
Tranparenz9_t2	52	,371**	,288**	- -	0,21	0,11	,287*	49	,726**	,321**	- -	,288*	0,18	,463**
Transparenz10_t2	45	,558**	0,13	- -	0,22	0,05	0,14	48	,546**	,284*	- -	,274*	,370**	,256*
Transparenz11_t2	49	,388**	0,10	- -	0,15	0,03	0,13	48	,779**	,433**	- -	,476**	0,21	,514**
Tranparenz12_t2	49	,389**	-0,06	- -	-0,06	0,16	-0,10	47	,575**	0,12	- -	,288*	0,18	,318*
Transparenz13_t2	48	,584**	,235*	- -	0,14	0,06	0,12	48	,632**	,319**	- -	,310**	,377**	,474**
Transparenz14_t2	45	,606**	0,19	- -	,291*	0,17	0,24	48	,588**	,234*	- -	,320**	0,19	,289*
Transparenz15_t2	45	,575**	,383**	- -	,297**	0,02	0,21	48	,735**	,499**	- -	,270*	0,11	,494**
Transparenz16_t2	43	,626**	,408**	- -	,443**	0,12	,264*	48	,767**	,454**	- -	,463**	0,17	,585**
Zeitplanung1_t2	52	,715**	,453**	,485**	- -	0,11	,422**	49	,732**	,530**	,598**	- -	0,16	,481**
Zeitplanung2_t2	52	,832**	,307**	,350**	- -	0,10	,278*	49	,847**	,285*	,385**	- -	,318**	,453**
Zeitplanung3_t2	50	,871**	,430**	,452**	- -	,271*	,487**	48	,688**	,257*	,402**	- -	,307*	,359**
Zeitplanung4_t2	52	,627**	,298**	,332**	- -	,273*	,342**	49	,696**	0,21	,300*	- -	,250*	,329**
Zeitplanung5_t2	41	,747**	,379**	,469**	- -	0,16	,427**	31	,788**	,528**	,551**	- -	0,14	,541**
Zeitplanung6_t2	50	,843**	,416**	,307**	- -	0,21	,415**	48	,591**	0,22	,288*	- -	,370**	,367**
Zeitplanung7_t2	51	,789**	,537**	,349**	- -	,239*	,499**	49	,606**	0,13	,235*	- -	0,17	0,20
Zeitplanung8_t2	13	,792**	0,28	0,30	- -	0,40	0,15	10	0,259	0,14	0,22	- -	0,31	0,30
Zeitplanung11_t2	52	,731**	,312**	,209*	- -	0,09	,234*	49	,576**	0,16	,237*	- -	-0,08	,259*
Aeusseres1_t2	52	,736**	0,17	0,21	0,14	- -	0,17	49	,837**	,380**	,436**	,307**	- -	,421**
Aeusseres2_t2	52	,657**	,274*	,248*	0,14	- -	,365**	49	,867**	0,20	0,23	,298*	- -	,302*
Aeusseres3_t2	52	,791**	0,13	0,09	0,19	- -	,259*	49	,858**	0,17	0,21	0,18	- -	,313*
Aeusseres4_t2	52	,614**	,311**	0,09	,292**	- -	,278*	49	,833**	-0,09	0,08	0,16	- -	0,13
Aeusseres5_t2	50	,590**	-0,02	0,06	0,09	- -	0,09	49	,803**	-0,07	0,20	0,15	- -	0,20
Kompetenz1_t2	52	,763**	,294*	0,21	,382**	0,21	- -	49	,858**	,475**	,558**	,440**	,315*	- -
Kompetenz2_t2	52	,768**	,461**	,369**	,421**	,327**	- -	49	,841**	,447**	,398**	,365**	0,17	- -
Kompetenz3_t2	52	,504**	,460**	0,22	0,17	0,13	- -	46	,792**	,418**	,521**	,389**	0,23	- -
Kompetenz4_t2	52	,761**	,575**	,255*	,282*	,280*	- -	49	,846**	,530**	,572**	,445**	,351**	- -
Kompetenz5_t2	51	,636**	,376**	,241*	,430**	0,14	- -	45	,600**	,386**	,427**	,345**	0,22	- -

Anhang G: Grafische Darstellung von Input-Variablen mit unterschiedlichen Testwertverteilungen

Übersicht:

Abbildung 7.1: Stichprobenvergleich Verteilungen Eigenschaften der Tätigkeit / Erster Befragungszeitpunkt
Abbildung 7.2: Stichprobenvergleich Verteilungen Person-Job-Fit / Erster Befragungszeitpunkt
Abbildung 7.3: Stichprobenvergleich Verteilungen Person-Job-Fit / Zweiter Befragungszeitpunkt
Abbildung 7.4: Stichprobenvergleich Verteilungen Person-Organisation-Fit / Erster Befragungszeitpunkt
Abbildung 7.5: Stichprobenvergleich Verteilungen Person-Organisation-Fit / Zweiter Befragungszeitpunkt

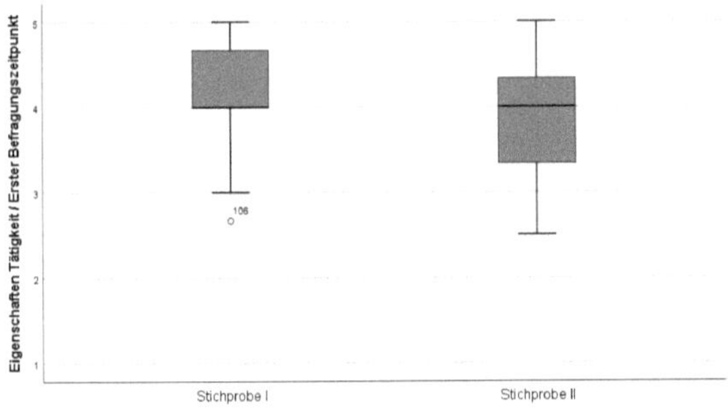

Abbildung 7.1: Stichprobenvergleich Verteilungen Eigenschaften der Tätigkeit / Erster Befragungszeitpunkt

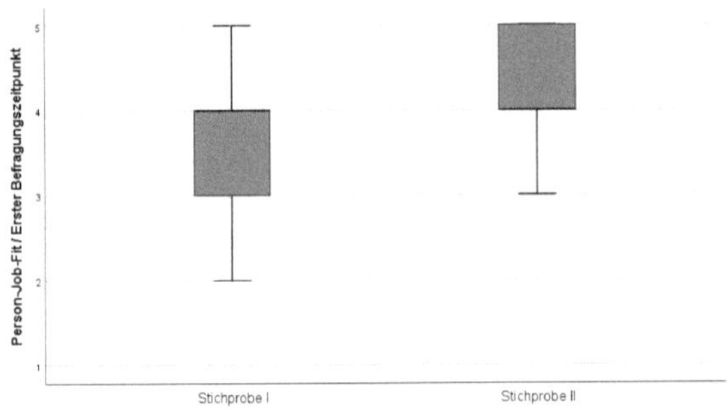

Abbildung 7.2: Stichprobenvergleich Verteilungen Person-Job-Fit / Erster Befragungszeitpunkt

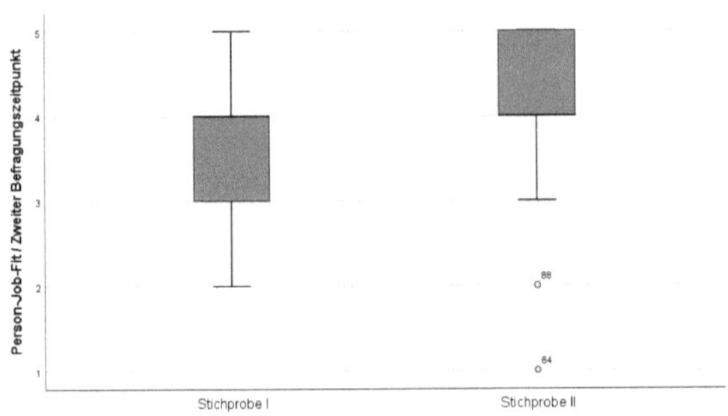

Abbildung 7.3: Stichprobenvergleich Verteilungen Person-Job-Fit / Zweiter Befragungszeitpunkt

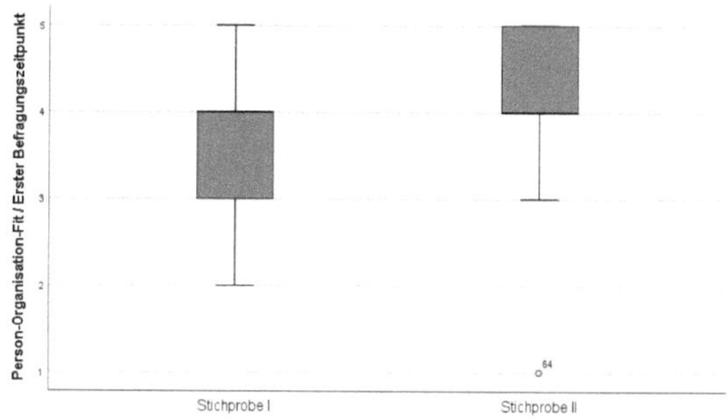

Abbildung 7.4: Stichprobenvergleich Verteilungen Person-Organisation-Fit / Erster Befragungszeitpunkt

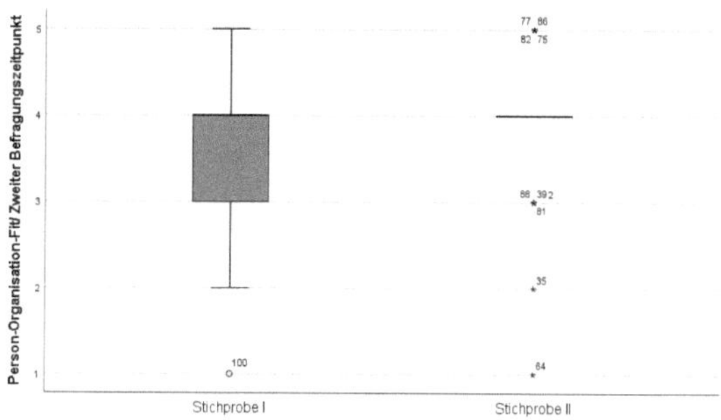

Abbildung 7.5: Stichprobenvergleich Verteilungen Person-Organisation-Fit / Zweiter Befragungszeitpunkt

FSC
www.fsc.org
MIX
Papier | Fördert gute Waldnutzung
FSC® C083411

Zeitfracht Medien GmbH
Ferdinand-Jühlke-Straße 7
99095 Erfurt, Deutschland
produktsicherheit@kolibri360.de